TURING 图灵程序设计丛书

基于SQL、R、Python

从入门到实战 数据预处理

[日]本桥智光——著

[日]HOXO-M株式会社——审校

陈涛——译

人民邮电出版社

北京

图书在版编目（CIP）数据

数据预处理从入门到实战：基于SQL、R、Python /（日）本桥智光著；陈涛译. -- 北京：人民邮电出版社，2021.2（2022.9重印）
（图灵程序设计丛书）
ISBN 978-7-115-55232-7

Ⅰ. ①数… Ⅱ. ①本… ②陈… Ⅲ. ①程序语言—程序设计 Ⅳ. ①TP312

中国版本图书馆CIP数据核字(2020)第219669号

内 容 提 要

在大数据、人工智能时代，数据分析必不可少。本书以数据分析中至关重要的数据预处理为主题，通过 54 道例题具体介绍了基于 SQL、R、Python 的处理方法和相关技巧。全书共 4 个部分：第 1 部分介绍预处理的基础知识；第 2 部分介绍以数据结构为对象的预处理，包括数据提取、数据聚合、数据连接、数据拆分、数据生成和数据扩展；第 3 部分介绍以数据内容为对象的预处理，涉及数值型、分类型、日期时间型、字符型和位置信息型；第 4 部分为预处理实战，介绍与实际业务相同的预处理流程。

本书适合新手数据科学家、系统工程师、具备编程及数理基础的技术人才，以及对数据挖掘和数据分析等感兴趣的人阅读。

◆ 著 [日] 本桥智光
审　校 [日] HOXO-M株式会社
译　陈　涛
责任编辑 杜晓静
责任印制 周昇亮

◆ 人民邮电出版社出版发行　北京市丰台区成寿寺路 11 号
邮编 100164　电子邮件 315@ptpress.com.cn
网址 https://www.ptpress.com.cn
固安县铭成印刷有限公司印刷

◆ 开本：800×1000 1/16
印张：17　2021 年 2 月第 1 版
字数：421 千字　2022 年 9 月河北第 4 次印刷
著作权合同登记号 图字：01-2018-7600 号

定价：89.00 元

读者服务热线：(010)84084456-6009　印装质量热线：(010)81055316
反盗版热线：(010)81055315
广告经营许可证：京东市监广登字 20170147 号

译者序

打开各类招聘网站，选择“数据分析”相关职位，总会出现“熟悉 Python 语言”“熟悉 R 语言”“熟悉 SQL 语言”“熟悉常用的数据预处理方法”等字眼，而这些内容本书都有涵盖，这正是我当初选择翻译本书的原因。本书最大的特色有两点：一是对数据分析领域三大常用工具（Python、R、SQL）均有介绍，用不同的工具对比解决相同的案例问题能较好地开阔读者的思路；二是覆盖了各种类型的数据预处理，从数值型、分类型数据到文本型、日期时间型、空间型数据，从数据表的关联查询、透视表的生成到训练数据、测试数据、验证数据的拆分，非常全面。

本书结构清晰，主要分为 4 个部分：第 1 部分对数据预处理类型、流程等进行介绍；第 2 部分按数据提取、聚合、连接、拆分、生成、扩展等各种操作介绍预处理方法；第 3 部分按数值、分类（因子）、日期时间、文本、（空间）位置信息等各种数据类型介绍预处理方法；第 4 部分结合聚合分析、推荐系统、预测建模等 3 个典型、综合的案例介绍预处理方法。

阅读本书，你将学会如何灵活运用工具处理缺失数据、如何基于时间序列合理构建预测模型，也可以迅速入门自然语言处理、推荐系统。在这个过程中，你会体会到 Python 的简洁、R 语言中管道用法的流畅，会发现灵活切换不同工具处理数据是多么幸福。

对数据分析、深度学习等领域感兴趣的朋友不妨将其作为一本桌边工具书，在遇到问题时翻一翻，久之便可熟能生巧。建议读者朋友在细读此书之前学习一下吴恩达关于深度学习的课程，了解数据预处理究竟是为什么而生，最终要产出什么格式的数据，如此学习将事半功倍。在阅读本书时，建议大家自己动手跟踪调试一下代码，了解每步操作的结果如何，进而更好地理解各种函数、类对象的功能。

学习日语在前，入门数据分析在后，我一直在思考如何让自己掌握的不同类型的技能综合起来发挥效能。我经常阅读图灵社区的图书，于是便萌生了自己翻译一本书的想法，因而有了今天的成果。未来的日子，我将坚持总结、沉淀，期待完全属于自己的原创性成果。

在本书翻译过程中，父母、妻子给予了我无条件的支持，在此表示衷心的感谢，同时祝愿我儿陈臻健康茁壮成长。希望借着本书的出版认识更多志同道合的朋友，也希望能有更多的知识输出。

成功源于
平淡、孤独而漫长的磨炼

任何工作都有辉煌的瞬间，例如足球运动员进球的瞬间，厨师大火收汁后菜肴出锅的瞬间，专家顾问做报告的瞬间。而对于数据科学家，最辉煌的大概就是有了奇妙的发现或创建出高精度模型的那个瞬间。辉煌的瞬间是否会到来，与前一阶段准备工作的好坏密切相关，比如精准定位，无缝传球；凑齐绝佳的食材，做好准备；进行严密的调查，得到完美的资料。不同于那一刻辉煌的瞬间，准备的过程往往平淡无奇且漫长，但成败也正是在这一阶段决定的。如果你的目标是成为一流的数据科学家，那就要把平淡无奇的预处理做到极致。让我们一起朝着成为优秀数据科学家的目标前进吧！

前言

写作初衷

当前，大数据、数据科学以及人工智能等备受瞩目，它们全部与数据分析有关。虽然人们对数据分析有些期望过剩，但是许多机构的确通过数据分析创造了巨大效益，因此所有行业都无法忽视数据分析带来的巨大能量。

在这一背景下，出现了许多有关数据分析的文章和图书。几乎所有文章和图书都像下面这样描述数据分析中的预处理。

- 预处理的工作量占数据分析任务的 80%
- 预处理是数据分析中必不可少的工程

为什么预处理如此重要呢？这是因为它会对后续的数据分析质量产生极大影响。

在进行统计分析之前，我们通常需要准备各种能用于统计处理的数据。如果预处理不够充分而导致能用于统计分析的数据种类太少，那么我们从数据中得到的启发就会变少；如果在样本不均衡的情况下进行统计处理，就会从结果中得到错误的认识。因此，预处理会大大影响统计分析的质量。

针对预测模型的输入数据进行的预处理，则会对预测模型的精度和精度测量的准确性产生较大影响。预测模型的精度不仅会受到机器学习模型和调参的影响，更会受到经过预处理得出的特征值的巨大影响。即使是在以预测模型的精度为评分标准的机器学习竞赛中，预测精度大幅提高的情况也大多发生在发现新的特征值时。此外，要想精确地测量预测精度，就需要通过预处理将数据划分为用于创建预测模型的数据和用于测量模型精度的数据。如果这一步做不好，就无法准确测量出模型的精度。

如上所述，预处理非常重要，会对后续的数据分析质量产生巨大影响。然而，市面上关于预处理的专业图书少之又少。原因大概是预处理不够引人注意，而且比较难理解，更重要的一点是，它是一项难以总结的技术。

预处理不像统计学或机器学习那样是一门学问，其知识不够系统，很多知识是在实际工作中总结出来的。此外，要想学习预处理，还必须掌握实现预处理所需的编程知识、分析基础知识，以及用于判断要进行何种预处理的统计学知识和机器学习知识，而这些知识很难放到一本书中讲清楚。因此，各种图书和文章只是对预处理进行碎片式的介绍，没有进行系统讲解。

本书将直面上述问题，基于数据分析项目的真实经验，总结实用的预处理技术。与此同时，本书还将一并讲解必要的分析基础、编程、统计学和机器学习知识，力求让新手也能顺利完成数据预处理。

本书涉及的数据对象如下所示。

- 数值
- 字符
- 逻辑值

对于以下多媒体数据，本书未涉及。

- 图片
- 语音
- 视频

需要注意的是，本书未对字符编码的统一等数据清洗[①]操作进行讲解。

目标读者

如果你会使用编程语言编写简单的程序，那么本书对你来说应该不难；如果你是初学者，那么建议你在阅读本书的同时也放一本编程语言入门书在手边（参考文献见本书末尾）；如果你只想粗略地了解预处理的流程，那么即使不懂得程序的具体细节，你也能有所收获。

本书适合新手数据科学家阅读，同时能为想学习数据分析业务的系统工程师提供借鉴。在此衷心希望，新手数据科学家能从中学到一些朴素但重要的知识（比如预处理的类型、基本的编程知识和底层知识等），对数据分析感兴趣的工程师能轻松利用现有技能，从数据预处理开始挑战自我。

本书不仅介绍了数据分析中的预处理方法，还介绍了实现预处理的编程技术。这是因为，身为数据科学家，必须既能理解系统又能正确实现计算过程。通过以下两个例子，你就能体会到数据科

① 虽然有时数据清洗也被纳入预处理的范畴，但本书将数据清洗和预处理视为不同的操作。在本书中，数据清洗是用于应对数据不完备这一意外情况的处理。数据清洗操作并不简单，但如果数据完整，就不需要进行数据清洗了。

学家不关心计算成本是一件多么危险的事了。

- 为了提高数据分析精度（相当于增加 100 万日元的年利润），每年花费 1000 万日元加强数据分析基础设施建设
- 因为采用了复杂且先进的机器学习模型，计算需要花费 120 分钟，所以预测系统使用的是 120 分钟前的数据。而如果构建一个计算时间只需 5 分钟的简单模型，并将前面的复杂模型替换为这个简单模型，那么预测系统使用的就是 5 分钟前的数据，模型精度会大幅提高，系统成本也会降低

怎么样？是不是觉得难以置信？但这样的情况确实存在。在数据分析项目中，确实需要同时具备系统开发知识和数据分析知识的数据科学家。有这样的数据科学家在，在问题讨论阶段就能避免上述问题发生。

本书结构

本书由以下 4 部分构成。

- 第 1 部分　预处理入门
- 第 2 部分　对数据结构的预处理
- 第 3 部分　对数据内容的预处理
- 第 4 部分　预处理实战

第 1 部分将介绍预处理在数据分析中的作用、预处理的类型，以及用各编程语言实现预处理的方法。

第 2 部分和第 3 部分将介绍本书的主要内容，即具体的预处理技术。1-3 节会详细解释这两个部分中预处理的不同之处。

第 4 部分将运用第 2 部分和第 3 部分介绍的预处理技术讲解实际工作中的预处理流程，并通过例题讲解如何使用第 2 部分和第 3 部分介绍的技术。

例题和代码

第 2 部分和第 3 部分对预处理的介绍主要由以下内容构成。

1. 预处理的模式与效果

2. 例题及基于 SQL、R、Python 的理想代码和一般代码
3. 关于写 SQL、R、Python 代码的建议

笔者为每个预处理问题都准备了例题（图 0-1）。

提取列

目标数据集是酒店预订记录，请提取预订记录表中的 `reserve_id` 列、`hotel_id` 列、`customer_id` 列

图 0-1 例题

在本书中，笔者会选择一种编程语言解题，并提供理想代码（图 0-2）和一般代码（图 0-3）。一般代码的问题可能在于书写方式很糟糕，也可能在于选择的编程语言不适合处理该例题，或者使用包或库更方便。建议大家一边阅读一边思考如何将一般代码修改成理想代码。

SQL 理想代码

图 0-2 理想代码

R 一般代码

图 0-3 一般代码

本书还介绍了代码中的关键点（图 0-4）。

关键点

通过给提取的列添加 `AS`，可以暂时更改列名。该方法可以用于缩短列名，或者在提取的列的含义发生变化时根据含义更改列名。

图 0-4 关键点

关于示例代码

本书示例代码可以通过以下网址下载。

ituring.cn/book/2650①

跟在各例题之后的目录分别表示其所在章（节）的示例代码，如下所示。

1-7 节：▶load_data
第 2 章：▶002_selection
第 3 章：▶003_aggregation

① 请至“随书下载”处下载本书源码文件。——编者注

第 4 章：▶004_join

第 5 章：▶005_split

第 6 章：▶006_generate

第 7 章：▶007_spread

第 8 章：▶008_number

第 9 章：▶009_category

第 10 章：▶010_datetime

第 11 章：▶011_character

第 12 章：▶012_gis

第 13 章：▶013_problem

这些目录下面是和例题对应的代码文件，书中代码的右上角显示了相应的文件名（图 0-5）。

SQL 理想代码　　sql_1.sql

```
SELECT
  -- 选择 reserve_id 列（使用 AS 将列名改为 rsv_time）
```

图 0-5　代码的文件名

关于数据

本书中用于预处理的数据都是记录数据。关于记录数据，请参考 1-1 节。

关于版本

在本书中，各种预处理都通过 SQL、R、Python 这 3 种语言实现，因此我们可以掌握各语言的特性，了解各语言在处理不同的预处理问题时有哪些优缺点。SQL 的版本为 Redshift（本书后文中的 SQL 都是指 Redshift SQL），Python 的版本为 3.6，R 的版本为 3.4。此外，本书未对各语言的安装过程进行说明，不知道安装方法或不太了解编程语言的读者可以查阅本书末尾的参考文献。

目录

第1部分 预处理入门

第1章 什么是预处理

在开始阅读本书前，我们先来做好准备工作。本章将介绍预处理的作用和流程，要进行预处理的数据对象，SQL、R、Python 的用法，以及本书讲解时用到的数据集。

第 1 章 什么是预处理

1-1 数据

下面介绍一下本书要处理的数据。

记录数据

究竟何为数据呢？在 IT 领域，数据指的是数值数据，实体以 0 和 1 这两个二进制数表示。数据有各种各样的形式，主要包括以下 3 种。

- 由数值和字符等构成的记录数据
- 图片、语音和视频等多媒体数据
- 表示数据之间关联的图数据

记录数据是一组数据，每组数据又包含多个数据类型不同的值。如图 1-1 所示，图中用实线框起来的一行（row）就是一条记录，各种类型的数据以某种单位被收录其中，比如图中的记录就收录了与一次预订信息相关的不同类型的数据。而图中用虚线框起来的一列（column）则是由相同类型的数据组合而成的记录。

列

	reserve_id	hotel_id	customer_id	reserve_datatime	checkin_date	checkin_time	checkout_date	people_num	total_price
	r1	h_2051	c_1	2016/6/21 7:41	2016/7/16	12:30:00	2016/7/20	1	35200
	r2	h_1767	c_2	2016/3/1 5:31	2016/10/13	10:30:00	2016/10/15	1	84400
行	r3	h_1446	c_3	2016/3/6 22:51	2016/4/1	9:30:00	2016/4/5	3	100800
	r4	h_785	c_4	2016/5/4 16:46	2016/10/14	10:00:00	2016/10/17	1	54800
	r5	h_2760	c_5	2016/5/22 12:47	2016/6/9	11:30:00	2016/6/11	5	131000

图 1-1 记录数据示例

以前数据分析的对象大多是记录数据，但随着深度学习的问世，之前难以处理的**多媒体数据**也应用得越来越广泛。这是因为，深度学习可以自动实现一直以来由人进行的预处理操作，并且可以用较低的成本实现高精度的模型。不过，要想通过深度学习实现自动化的预处理，必须先准备大量的数据。假如对于某些问题，我们无法准备足够的数据[①]，那么就很难使用深度学习。此外，多媒体数据通常比记录数据大，计算成本容易变得很高，从商业的角度来看，这也是一个有待解决的问题。因此，虽然多媒体数据的应用日益广泛，但许多机构仍然优先使用记录数据进行分析。

图数据曾在社会服务领域备受期待，然而除了选择强影响力人物等个别情况外，图数据的应用场景很少，目前还没有广泛运用到现实世界中。

因此，数据分析的主要对象至今仍是记录数据。但是，由于深度学习也可以应用于记录数据，所以有些人认为今后将不再需要对记录数据进行预处理。然而，预处理工作恐怕暂时不会被完全取代，因为记录数据除了用于构建作为深度学习主要用例的预测模型之外，还用于其他很多数据分析场景。另外，记录数据也一样难以满足自动化所需的数据量要求，在很多情况下，基于人为经验和领域知识（domain knowledge）的预处理构建的预测模型，其精度更高。

综上所述，记录数据的预处理未来仍将是数据分析中的一项重要技术。本书将介绍的正是记录数据的预处理。

数据类型

数据类型是指字符串或数值等数据格式。数据类型有很多种，看上去一样的数据，其数据类型不一定相同。

例如，代表性别的列中有一个表示男性的数据。如果该列的数据类型是字符串，那么该数据会被保存为“男性”这一字符串的二进制数据；如果该列的数据类型是分类型，那么数据的保存形式又会大不相同。分类型数据分为两部分：一部分是保存可能的数据值模式的主数据（全部保存在一列中）；另一部分是表示数据值在主数据中对应哪个数据的索引数据（按每个数据值保存）。比如在表示性别的列中，主数据是 [0 = 男性 , 1 = 女性]，其中的“男性”是用索引号 0 表示的，它是一个数值型数据。

前面提到过，本书主要介绍记录数据的预处理。在此之前，我们需要了解一下行和列的概念，这是因为行的预处理和列的预处理在处理内容上有很大不同。当以行为单位执行预处理时，处理的是类型不同的数据；当以列为单位执行预处理时，处理的却是类型相同的数据。关于这一点，1–3 节也会详细说明，不过，以列为单位的预处理和以行为单位的预处理会分别在第 2 部分和第 3 部分介绍。

1–2 预处理的作用

预处理中有一个“预”字，是“预先”的意思，大家或许会把它想象成一项准备工作。没错，

① 针对需要大量数据的问题，目前人们正在研究迁移学习等模型重用方法以及只需较少数据的高效学习方法。

数据分析的预处理就是为数据分析进行的准备工作。那么数据分析究竟需要什么样的准备工作呢？所谓数据分析，大致可以分为 3 种类型。

1. 创建特征、表和图
2. 机器学习（无监督学习）
3. 机器学习（有监督学习）

在详细介绍上述内容之前，这里先简单介绍一下机器学习。

机器学习

机器学习是指在输入数据后，根据算法进行分析，从而提取规则、知识表示和判断标准等的过程。具体来说，机器学习可以输出预测模型或输入数据的分组（聚类）标准。通过输出的预测模型，我们可以对未知数据进行预测，或者对给定的数据进行分组。机器学习技术有很多种，如多元回归分析、决策树、*K*-means 和深度学习等。

无监督学习和有监督学习

无监督学习指的是没有监督数据的机器学习，而**有监督学习**指的是有监督数据的机器学习。监督数据又称为学习数据或训练数据[①],下文我们将统一称为训练数据。使用训练数据对机器学习模型进行训练，并将新数据输入到经过训练的机器学习模型中，即可使模型输出对应于新输入数据的预测结果。在测量模型的精度时，这部分新输入的数据称为**测试数据**。此外，在使用机器学习模型时输入的数据目前还没有通用的名称，本书中将其称为“应用数据”。在有监督学习中，训练数据和应用数据的不同之处在于前者带标签，后者不带标签。在把训练数据用于训练机器学习模型时，需要给出标签，而应用数据本来就没有标签，我们需要将其输入机器学习模型，从而预测出对应的标签。测试数据则和训练数据一样带有标签，但我们只在测试模型精度时使用测试数据，无须像应用数据那样将其输入到机器学习模型中。在无监督学习中，因为没有预测对象，所以训练数据和应用数据没有差别。另外，我们将输入到机器学习模型中的列称为解释变量或特征量（feature）。

如上所述，在无监督学习中，输入训练数据后，模型会输出新数据。例如，聚类等无监督学习会根据输入的训练数据计算数据之间的距离，然后根据距离对数据进行分类，最终输出与各个输入数据对应的类别编号。如果要对应用数据执行跟训练数据同样的转换，那么可以通过在已经训练好的无监督学习模型中输入应用数据来实现。而有监督学习是通过训练数据训练机器学习模型，然后在训练好的模型中输入应用数据，从而输出与应用数据相对应的预测结果。比如，多元回归分析等有监督学习模型就是利用训练数据，训练用于预测的线性函数参数，然后在线性预测模型中输入应用数据，从而输出与每个应用数据对应的预测值。图 1–2 对无监督学习和有监督学习进行了汇总。

---

① 在有监督学习中，也可以翻译为“训练集”。——译者注

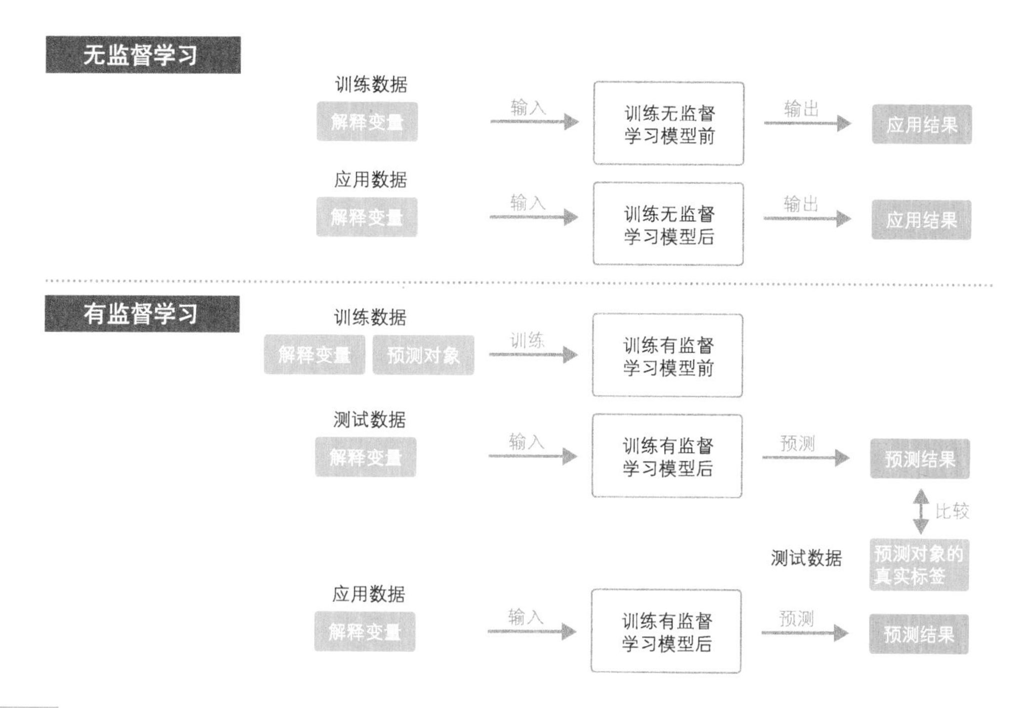

图 1-2 无监督学习和有监督学习

本书未对机器学习的相关知识进行详细介绍。现在有不少机器学习的专业图书，大家可自行查阅。

用于数据分析的3种预处理

本节开头提到了 3 种类型的数据分析，下面就来介绍一下这 3 种数据分析对应的预处理工作的目的和内容。

用于“1. 创建特征、表和图”的预处理

此类预处理旨在准备可以进行特征计算或轻松转换为表和图的数据。数据必须具有所需的全部列，并且具有所需范围的、按照易于处理的单位进行聚合的行。假设你的公司经营着多家商店，你肯定想知道每家商店的月平均销售额和最大销售额。对于此类聚合分析，可以像这样进行预处理：为每家商店创建月销售额记录，从而轻松获取想要了解的信息。此外，通过准备每月不同年龄的顾客数等与销售额相关的特征，我们还可以很轻松地统计出销量与特征之间的关系。

用于“2. 无监督学习”的预处理

此类预处理的目的也在于准备数据，只不过准备的是拥有无监督学习模型所需的解释变量的数据。和上一条一样，准备的数据要包含所需的列和所需范围的行。不仅如此，还需要根据机器学习模型的种类将这些数据转换成适合机器学习模型处理的数据类型。例如，把“性别”列从字符串数

据转换为分类型数据之后，机器学习模型才能认识到“性别”列只有男性和女性这两种值。此外，在进行聚类时，我们需要计算数据之间的距离，如果不同列的数据值差异较大，则某个列的数据值会对距离计算结果产生较大影响。为解决这一问题，我们需要采用归一化方法（详见 8-3 节）进行预处理，将列值的范围对齐。

用于“3. 有监督学习”的预处理

此类预处理的目的在于准备有监督学习模型所需的训练数据、测试数据和应用数据。执行与应用数据相同的处理，再加上预测的标签数据，即可生成训练数据和测试数据。另外，训练数据和测试数据本质上是相同的数据，所以我们可以对准备好的数据进行拆分，从而得到训练数据和测试数据（详见第 5 章）。

与前面一样，这里也需要根据机器学习模型的种类进行预处理，从而将数据转换成适合机器学习模型处理的数据类型。假设有一个逻辑回归模型，其输入是性别和年龄，输出是关于用户对广告的反应的预测。逻辑回归模型是线性函数的线性模型，其实就是对线性函数施加对数变换，将线性模型的连续输出映射到 0 和 1 的二值输出。在该逻辑回归模型中，当选择性别和年龄作为输入时，能呈现出“年龄越大越容易受广告影响”“女性更容易受广告影响”等趋势，但无法呈现出“年龄越接近 30 岁越容易受广告影响”“30 多岁的女性更容易受广告影响”等趋势。因此，必须进行预处理，将年龄数据转换为分类型数据（详见 8-2 节），或者将年龄和性别组合成新的分类特征值（详见 9-4 节）。

综上所述，预处理工作的目的主要有 3 类，由于所需数据因后续处理的不同而不同，所以采用的预处理方法也有所不同。预处理的种类比较多，我们可以按照如下步骤选取：首先，明确数据分析的目的，判断用于实现该目的的分析属于上面 3 种预处理中的哪一种；然后，结合数据和所用机器学习模型的特性，确定所需的预处理方法。此外，我们需要完成的预处理工作中也会包含一些常用的基本的预处理，大多数预处理工作可以通过组合基本的预处理来实现。

1-3 预处理的流程

上一节介绍了预处理的作用，本节主要介绍预处理的流程。为了让大家掌握预处理的流程，我们根据处理对象将预处理分为以下两类。

- 对数据结构的预处理
- 对数据内容的预处理

对数据结构的预处理

对数据结构的预处理是指对多行数据及其全部属性列进行的处理操作。数据预处理的前期阶段通常涉及大量数据操作，比如提取特定数据、连接数据，或者通过特定规则将多行数据聚合为一行。下面是几个具体例子。

- 通过随机采样随机提取行（详见 2-3 节）
- 把购买记录和产品主数据以产品 ID 为主键连接，生成包含产品信息的购买记录（详见 4-1 节）
- 为有监督学习模型拆分训练数据和测试数据（详见 5-1 节）
- 由于关于用户对广告的反应的数据较少，所以通过过采样增加数据（详见 6-2 节）

对数据内容的预处理

对数据内容的预处理是指针对每行中的数据值执行的处理操作。在处理内容方面，这类预处理与对数据结构的预处理不同，它是可以针对每一行独立进行处理的小规模数据操作，因此通常在数据预处理流程的后半部分执行，我们也经常通过改变条件反复对其进行调整。比如，将表示日期和时间的列转换为表示月份的列，或者通过数值列的组合计算来生成新的数值列。下面是几个具体例子。

- 将表示年龄的数值转换为表示年代的、具有 10 个区间的分类型数据（详见 8-2 节）
- 将表示日期的数据转换为表示星期的数据（详见 10-2 节）
- 通过两点的经纬度计算两点间的距离（详见 12-2 节）

预处理的步骤

前面说过，根据处理对象的不同，预处理可分为两类。下面，我们基于这一点介绍一下预处理的大致步骤。

如上一节所述，预处理工作会因后续数据分析的内容而异。虽然预处理种类繁多，但也存在一些典型模式和步骤，如图 1-3 所示。

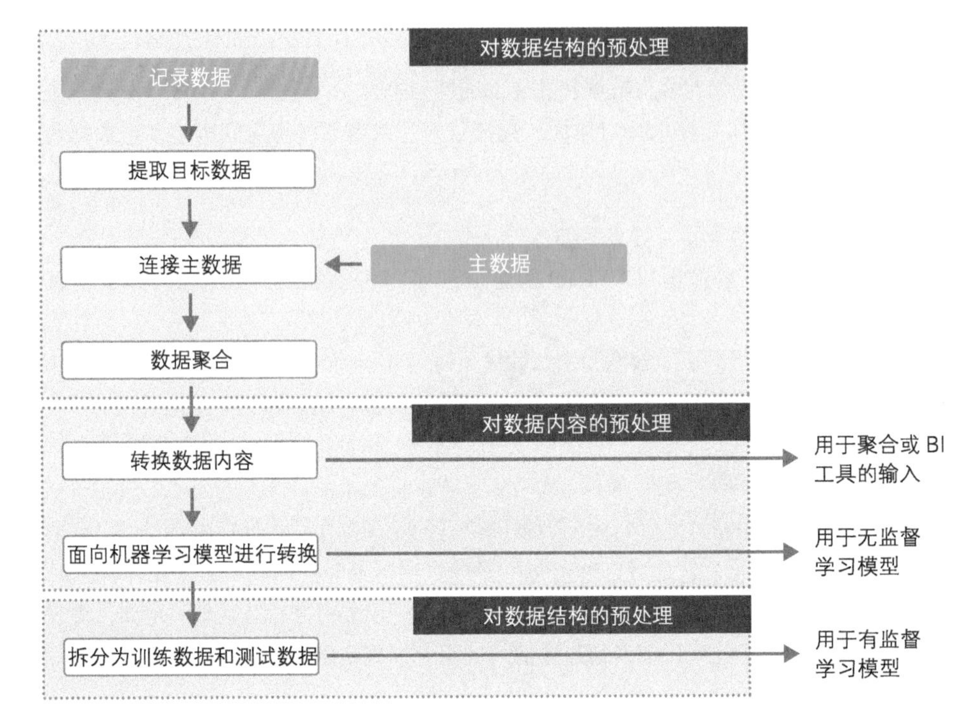

图 1-3　**预处理的典型模式**

在典型模式中，我们首先要通过提取目标数据减少数据量。如果还没有提取目标数据就先连接了主数据或对数据内容进行了转换，那么那些原本不需要处理的数据也会被施加预处理，这会导致计算成本增加。当然，如果需要根据连接主数据后的数据值或样本量筛选目标数据，那么把提取目标数据的操作放到后面也是可以的。

在提取目标数据后，要先对数据进行连接或聚合，从而得到用于分析的数据。然后，对数据内容进行预处理。

如果将数据用于聚合或 BI（Business Intelligence，商业智能）工具的输入信息，那么只需进行最低程度的数据内容转换（如转换数据类型等）即可完成预处理；如果将数据用作机器学习模型的输入信息，则需要根据模型的特性进行各种各样的预处理。此外，因为我们还需要根据机器学习模型的结果多次添加或更改数据，所以数据预处理的工作最好放在完成数据添加或更改之后的最后阶段进行。

如果是为有监督学习做准备的预处理，则还需要将准备好的数据拆分为训练数据和测试数据。而应用数据可以免去这项处理，只要进行和训练数据、测试数据相同的预处理即可。

本书第 2 部分介绍对数据结构的预处理，第 3 部分介绍对数据内容的预处理，第 4 部分将结合实际案例解释预处理的流程。

1–4 3种编程语言

我们需要使用各种各样的工具实现预处理，比如 Excel 和一些专门用于分析的收费软件，本书将以如下 3 种比较受数据科学家青睐的编程语言为工具。

下面列举的 3 种编程语言基本上可以免费使用，但部分用于执行 SQL 代码的数据库会收费。

- SQL（应用于 BigQuery、Redshift 等数据库的数据操作语言）
- R
- Python

上述 3 种编程语言都能用于预处理，但它们之间有很大的不同，各自的特征如表 1-1 所示。

表 1-1　3 种编程语言各自的特征

	SQL（DataBase）	R	Python（版本 3）
操作环境	数据库（也可以处理超过内存大小的数据）	R 进程（处理的基本是内存中的数据）	Python 进程（处理的基本是内存中的数据）
代码量	多	略少	一般
处理速度	快	略慢	快
分布式处理	可编写适当的 SQL 语句实现自动化处理	可以实现，但代码量很大	可以实现，但代码量很大
系统化环境	丰富	不太丰富	丰富
计算功能	只实现了部分功能，无法用于机器学习	丰富	丰富
绘图功能	无	丰富	丰富

表 1-1 仅表示一般情况，并非在所有情况下都是如此。比如，有些人就可以用 R 编写出能高速处理的代码，或用 Python 编写出简洁的代码，所以表 1-1 仅供参考。虽然我们也可以使用单一的编程语言实现所有预处理，但如果使用多种语言，那么实现效率会更高。

正确使用编程语言

考虑到各编程语言的特征，我们通常会按如下方式区分使用。

1. R 和 Python 最多只能处理内存大小的数据（因为 R 和 Python 是基于内存的编程语言），而 SQL 能够借助数据库资源处理超过内存大小的数据。因此，在针对大批量数据执行提取操作时，使用 SQL 比较好
2. 在将数据从纵向转换为横向（详见第 7 章）时，如果用 SQL 描述，代码会变得非常冗长，而如果使用 R 和 Python，一个命令就能搞定，所以通常使用 R 和 Python 实现

3. R 适用于即时分析，因为它可以一边记录执行结果一边执行分析工作，实现起来很轻松（Python 需要借助 Jupyter Notebook 工具才能实现即时分析）
4. 当需要系统地进行预处理时，由于 SQL 和 Python 的系统化环境比较丰富，和其他系统的兼容性更强，所以通常选择这两种语言

如上所述，不同的编程语言适用于不同的处理，而且在不同的预处理阶段，最适合的编程语言也有所不同。一般来说，对数据结构的预处理使用 SQL，对数据内容的预处理则分两种情况：在需要生成报告或进行即时分析时使用 R；在需要进行系统化处理时使用 Python。

读到这里，可能有部分读者无法接受以上关于编程语言的一些观点，认为“SQL 才是一切的基础，应该使用 SQL”“有大量分析包的 R 才是最好的编程语言，应该使用 R”“所有系统性的处理操作都可以用 Python 编写，Python 才是最好的编程语言”“用 C 语言从头开始写算法的人才是真正的数据科学家”……本书对这些观点不置可否，大家可以通过社交网络进一步交流。

1-5 包和库

本节将对例题中用到的包和库[①]进行介绍。

用于数据分析的包和库

在使用 R 和 Python 分析数据时，需要用到包和库，本节将对书中大多数例题用到的包和库进行说明。另外，例题的答案代码中有时会省去相关包和库的导入代码。

用于数据分析的 R 包

R 中提供了许多包，本书将使用哈德利・威克姆（Hadley Wickham）开发的非常受欢迎的 tidyverse 包集合实现预处理，它可以将用于数据读取、预处理、可视化和建模的包全部导入。本书将会用到 tidyverse 包集合中的 dplyr 包（这里的 tidyverse 版本是 1.2.1）。下面是包的安装方法和导入方法。

包的安装方法

```
# 安装 tidyverse 包集合（如果已安装，则不需要这一步）
install.packages('tidyverse')
```

① 通常，第三方模块在 R 中称为“包”，在 Python 中称为“库”。

包的导入方法

```
# 导入 tidyverse 包集合
library(tidyverse)
```

用于数据分析的 Python 库

Python 在诞生之初并不是一种用于数据分析的编程语言，然而随着其普及程度的提高，以及 NumPy 库和 Pandas 库的出现，Python 也开始广泛用于数据分析。本书主要使用 NumPy 库和 Pandas 库（虽然在很多情况下直接使用 Scipy 库会更快，但因为 Scipy 库容易使代码复杂化，所以本书没有对其进行介绍），其中 NumPy 库的版本是 1.14.1，Pandas 库的版本是 0.22.0。下面是库的安装方法和导入方法。

库的安装方法

```
# 在终端执行以下命令（要事先确保能调用 pip3 命令）
# 使用 pip3 命令，在 Python 中安装 NumPy 库
pip3 install numpy
# 使用 pip3 命令，在 Python 中安装 Pandas 库
pip3 install pandas
```

库的导入方法

```
# 导入 NumPy 库（as np 是程序调用 NumPy 库时的缩写设置）
import numpy as np
# 导入 Pandas 库（as pd 是程序调用 Pandas 库时的缩写设置）
import pandas as pd
```

1-6 数据集

本节主要介绍书中例题所用的数据集，主要包括以下 4 种。

1. 酒店预订记录
2. 工厂产品记录
3. 月度指标记录
4. 文本数据集

接下来，我们逐个看一下以上数据集的内容。如下页所示，在描述数据集时，括号内是相应的

属性在程序中的名称，冒号后面是初始数据类型。另外，以上数据集均可通过下面的 URL 下载。

ituring.cn/book/2650

酒店预订记录

该数据集汇集了酒店的预订信息，由预订记录表（图 1-4）、酒店主表（图 1-5）和顾客主表（图 1-6）组成。酒店主表和预订记录表可通过酒店 ID 关联，顾客主表和预订记录表可通过顾客 ID 关联。该数据集是本书主要使用的数据集。

- 预订记录表（reserve_tb）
  - 预订 ID（reserve_id）：字符串
  - 酒店 ID（hotel_id）：字符串
  - 顾客 ID（customer_id）：字符串
  - 预订时间（reserve_datetime）：字符串
  - 入住日期（checkin_date）：字符串
  - 入住时间（checkin_time）：字符串
  - 退房日期（checkout_date）：字符串
  - 顾客数（people_num）：整数
  - 住宿费总额（total_price）：整数

reserve_id	hotel_id	customer_id	reserve_datetime	checkin_date	checkin_time	checkout_date	people_num	total_price
r1	h_75	c_l	2016-03-06 13:09:42	2016-03-26	10:00:00	2016-03-29	4	97200
r2	h_219	c_l	2016-07-16 23:39:55	2016-07-20	11:30:00	2016-07-21	2	20600
r3	h_179	c_l	2016-09-24 10:03:17	2016-10-19	09:00:00	2016-10-22	2	33600
r4	h_214	c_l	2017-03-08 03:20:10	2017-03-29	11:00:00	2017-03-30	4	194400
r5	h_16	c_l	2017-09-05 19:50:37	2017-09-22	10:30:00	2017-09-23	3	68100

图 1-4　预订记录表

- 酒店主表（hotel_tb）
  - 酒店 ID（hotel_id）：字符串
  - 基本费用（base_price）：整数
  - 大区域名称（big_area_name）：字符串
  - 小区域名称（small_area_name）：字符串
  - 世界坐标系[①]中酒店的纬度（hotel_latitude）：十进制浮点数
  - 世界坐标系中酒店的经度（hotel_longitude）：十进制浮点数
  - 是否为商务酒店（is_business）：布尔值

① 即世界大地测量系统（World Geodetic System，WGS）。——译者注

	hotel_id	base_price	big_area_name	small_area_name	hotel_latitude	hotel_longitude	is_business
	h_1	26100	D	D-2	43.06457	141.5114	TRUE
	h_2	26400	A	A-1	35.71532	139.9394	TRUE
	h_3	41300	E	E-4	35.28157	136.9886	FALSE
	h_4	5200	C	C-3	38.43129	140.7956	FALSE
	h_5	13500	G	G-3	33.59729	130.5339	TRUE

图 1-5 酒店主表

- 顾客主表（customer_tb）：字符串
  - 顾客 ID（customer_id）：字符串
  - 年龄（age）：整数
  - 性别（sex）：字符串
  - 日本坐标系[①] 中家庭住址的纬度（home_latitude）：十进制浮点数
  - 日本坐标系中家庭住址的经度（home_longitude）：十进制浮点数

customer_id	age	sex	home_latitude	home_longitude
c_1	41	man	35.09219	136.5123
c_2	38	man	35.32508	139.4106
c_3	49	woman	35.12054	136.5112
c_4	43	man	43.03487	141.2403
c_5	31	man	35.10266	136.5238
c_6	52	man	34.44077	135.3905

图 1-6 顾客主表

工厂产品记录

该数据集汇集了工厂产品的相关信息和生产结果，由一个生产记录表（图 1-7）构成。该数据集主要在数据填充类例题中使用。

- 生产记录表（production_tb）
  - 产品类型（type）：字符串
  - 产品长度（length）：十进制浮点数
  - 产品厚度（thickness）：十进制浮点数
  - 是否为残次品（fault_flg）：布尔值

	type	length	thickness	fault_flg
1	E	-72.148771	-10.83181509	False
2	E	-92.941864	-11.56728219	False
3	C	144.103774	8.39900550	False
4	C	33.280723	2.48928480	False
5	C	105.296397	7.90080243	False

图 1-7 生产记录表

① 即日本大地测量系统（Japan Geodetic Datum，JGD），又称东京基准（Tokyo Datum）。——译者注

月度指标记录

该数据集汇集了零售店的月销售额等指标，由零售店月度指标记录表（图 1-8）构成。该数据集主要在时序数据的例题中使用。

- 零售店月度指标记录表（monthly_index_tb）
  - 目标年月（year_month）：字符串
  - 月销售额（sales_amount）：整数
  - 月顾客数（customer_number）：整数

year_month	sales_amount	customer_number
2010-01	7191240	6885
2010-02	6253663	6824
2010-03	6868320	7834
2010-04	7147388	8552
2010-05	8755929	8171

图 1-8　月度指标记录表

文本数据集

该数据集汇集了超过著作权保护期的文学作品中的文章，主要在字符串预处理相关的例题中使用。虽然内容跟商业文章不同，但二者的预处理内容没有太大差别。

每篇文章保存在不同的文本文件中，这些文本文件以文章的作品名称命名，保存在 txt 文件夹下。

1-7 读取数据

本节主要介绍如何使用各编程语言读取数据。关于例题中处理的记录数据，如果用 SQL，需要从数据库中读取；如果用 R 或 Python，则需要从 csv 文件中读取。请注意，后面各章节例题的答案代码均省略了数据读取部分。

本书只在第 11 章中处理文本数据，并且只使用 R 代码或 Python 代码对其进行读取。由于数据读取和预处理是结合在一起的，所以这里就不详细介绍了。

示例代码▶load_data/ddl

使用 SQL 读取数据

要想使用 SQL 处理数据，就得先创建一个空表，用于存储记录数据。在创建空表时，需要定义数据类型和分配键（详见 2-2 节）。用于定义表的 SQL 语句称为 DDL（Data Definition Language，数据库模式定义语言）。预订记录表的 DDL 如下所示。本书未对 DDL 进行详细说明，如果你想了解有关 DDL 的更多信息，请查阅 AWS（Amazon Web Services，亚马逊云服务）的官方文档。

ddl_reserve.sql（节选）

```
-- 将生成的表名称指定为 work.reserve_tb
CREATE TABLE work.reserve_tb
(
  -- 创建 reserve_id 列（数据类型为文本，添加非空约束）
  reserve_id TEXT NOT NULL,

  -- 创建 hotel_id 列（数据类型为文本，添加非空约束）
  hotel_id TEXT NOT NULL,

  -- 创建 customer_id 列（数据类型为文本，添加非空约束）
  customer_id TEXT NOT NULL,

  -- 创建 reserve_datetime 列（数据类型为 timestamp 时间戳）
  -- 添加非空约束
  reserve_datetime TIMESTAMP NOT NULL,

  -- 创建 checkin_date 列（时间类型为日期，添加非空约束）
  checkin_date DATE NOT NULL,

  -- 创建 checkin_time 列（数据类型为文本，添加非空约束）
  checkin_time TEXT NOT NULL,

  -- 创建 checkout_date 列（时间类型为日期，添加非空约束）
  checkout_date DATE NOT NULL,

  -- 创建 people_num 列（数据类型为整数型，添加非空约束）
  people_num INTEGER NOT NULL,

  -- 创建 total_price 列（数据类型为整数型，添加非空约束）
  total_price INTEGER NOT NULL,

  -- 将 reserve_id 列设置为主键（表中唯一标识记录的列）
  PRIMARY KEY(reserve_id),

  -- 将 hotel_id 列设置为外键（表示与其他表内容相同的列）
  -- 外键引用的对象是 hotel 主表中的 hotel_id
  -- 外键引用对象所在的表中必须先创建该键
  -- 外键引用对象必须是表的主键
  FOREIGN KEY(hotel_id) REFERENCES work.hotel_tb(hotel_id),

  -- 将 customer_id 列设置为外键（表示与其他表内容相同的列）
```

```
  -- 外键引用的对象是顾客主表中的 customer_id
  FOREIGN KEY(customer_id) REFERENCES work.customer_tb(customer_id)
)
-- 将数据的分配方法设置为 KEY
DISTSTYLE KEY

-- 将 checkin_date 设置为分配列①
DISTKEY (checkin_date);
```

Redshift 中不存在时间（TIME）类型，所以 checkin_time 列只能定义为字符串类型或者日期固定的时间戳（TIMESTAMP）类型。

在创建 DDL 后，要将数据加载到表中。在加载数据之前，需要将数据文件提前上传到 AWS 的 S3（云存储服务）中，然后使用 COPY 命令将数据加载到 Redshift 里。这样一来，数据就会被加载到表中。用于复制预订记录表的 COPY 命令如下所示。本书未介绍将文件上传至 AWS 云存储服务 S3 中的方法，不懂的读者请参考 AWS 的官方文档。

ddl_reserve.sql（节选）

```
-- 设置要加载的数据表为 work.reserve_tb
COPY work.reserve_tb

-- 将要加载的 csv 文件数据源设置为 S3 云服务器上的 reserve.csv
FROM 's3://awesomebk/reserve.csv'

-- 设置用于访问 S3 时的 AWS 认证信息
CREDENTIALS 'aws_access_key_id=XXXXX;aws_secret_access_key=XXXXX'

-- 设置要使用的地区（云服务的地区）
REGION AS 'us-east-1'

-- 由于 CSV 文件的第 1 行是列名，所以此处设置为不加载第 1 行
CSV IGNOREHEADER AS 1

-- 设置 DATE 类型的格式
DATEFORMAT 'YYYY-MM-DD'

-- 设置 TIMESTAMP 类型的格式
TIMEFORMAT 'YYYY-MM-DD HH:MI:SS';
```

将数据加载到表中后，就能用 SQL 轻松地从表中提取数据了。获取预订记录表的 SQL 语句如下所示。在本书的例题中，我们假设所有数据都已经在数据库中以表格的形式准备好了。

---

① DISTKEY（分配键）和 SORTKEY（排序键）是 Redshift 中两种比较常见的优化表设计方式。——译者注

```
-- 通过 SELECT 语句选取数据
-- 使用 * 可以选择所有列
-- 通过 FROM 设置从表 work.reserve_tb 中获取数据
SELECT * FROM work.reserve_tb
```

使用 R 读取数据

在 R 中，可以将 csv 文件直接作为 data.frame[①] 读取。R 中的 data.frame 跟 SQL 中的表一样，是一种能够以行或列为单位处理数据的数据格式。

data_loader.R（节选）

```
# 使用 read.csv 函数将 reserve.csv 文件作为 data.frame 读取
# 通过 fileEncoding 设置读取文件的字符编码
# 将 header 设置为 TRUE，从而将 csv 文件的第 1 行作为列名读取
# 将 stringsAsFactors 设置为 FALSE，表示不将字符串类型转换为分类型数据（详见第 9 章）

reserve_tb <- read.csv('data/reserve.csv', fileEncoding='UTF-8',
header=TRUE, stringsAsFactors=FALSE)
```

使用 Python 读取数据

在 Python 中，可以使用 Pandas 库直接将 csv 文件作为 DataFrame 读取。Pandas 库中的 DataFrame 和 R 的 data.frame 一样，都是能够以行或列为单位处理的数据格式。

data_loader.py（节选）

```
# 使用 Pandas 库的 read_csv 函数将 customer.csv 文件作为 DataFrame 读取
# 通过 encoding 设置读取文件的字符编码
reserve_tb = pd.read_csv('data/reserve.csv', encoding='UTF-8')
```

---

① 本书规定，在 R 中称为 data.frame，在 Python 中称为 DataFrame。

第2部分
对数据结构的预处理

首先是对数据整体的预处理。对数据结构的预处理往往在前期阶段进行，处理的数据量较大。假如这一步出了错，数据分析的方向就会跑偏，所以要十分小心。

第 2 章　数据提取

首先要介绍的预处理任务是数据提取。这项任务看起来简单，但其实不容易做好。恰当的提取处理非常重要，既能削减无用的处理操作，也能减少处理的数据量。本书主要介绍以下 4 种提取操作。

1. 提取指定的列
2. 按指定条件提取
3. 不基于数据值的采样
4. 基于聚合 ID 的采样

在执行以上操作时，编程语言的选择要视数据大小而定。如果是内存能承受的数据大小，用 R 或 Python 即可。但提取前的数据一般会很大，所以最好使用 SQL 来实现。

2-1 提取指定的列

SQL
R
Python

记录数据通常有多个列，但我们很少使用所有列进行数据分析。例如，顾客分析中的“高柳慎一”“市川太祐”等人名数据就没有多大的价值。之所以这么说，并不是因为这些数据本身没有价值，而是因为这些人名数据大多是唯一的，不能用来帮我们掌握趋势。另外，出于安全方面的考虑，通常会对这些数据进行脱敏处理，从而使得这些人名数据变得毫无意义。因此，通过只提取需要的列，可以减少每行记录的数据量，方便我们执行后面的分析任务——这就是提取数据列的意义所在。尤其是当列中数据为字符串类型时，该列的存储大小会比数值型数据的列要大，因此在不需要使用该列的情况下，要尽可能将其排除。

Q 提取列

目标数据集是酒店预订记录，请提取预订记录表中的 reserve_id 列、hotel_id 列、customer_id 列和 reserve_datetime 列（图 2-1）。

reserve_id	hotel_id	customer_id	reserve_datetime	checkin_date	checkin_time	checkout_date	people_num	total_price
r1	h_75	c_1	2016-03-06 13:09:42	2016-03-26	10:00:00	2016-03-29	4	97200
r2	h_219	c_1	2016-07-16 23:39:55	2016-07-20	11:30:00	2016-07-21	2	20600
r3	h_179	c_1	2016-09-24 10:03:17	2016-10-19	09:00:00	2016-10-22	2	33600
r4	h_214	c_1	2017-03-08 03:20:10	2017-03-29	11:00:00	2017-03-30	4	194400
r5	h_16	c_1	2017-09-05 19:50:37	2017-09-22	10:30:00	2017-09-23	3	68100
r6	h_241	c_1	2017-11-27 18:47:05	2017-12-04	12:00:00	2017-12-06	3	36000
r7	h_256	c_1	2017-12-29 10:38:36	2018-01-25	10:30:00	2018-01-28	1	103500
r8	h_241	c_1	2018-05-26 08:42:51	2018-06-08	10:00:00	2018-06-09	1	6000
r9	h_217	c_2	2016-03-05 13:31:06	2016-03-25	09:30:00	2016-03-27	3	68400
r10	h_240	c_2	2016-06-25 09:12:22	2016-07-14	11:00:00	2016-07-17	4	320400

↓ 仅提取所需的列

reserve_id	hotel_id	customer_id	reserve_datetime	checkin_date	checkin_time	checkout_date
r1	h_75	c_1	2016-03-06 13:09:42	2016-03-26	10:00:00	2016-03-29
r2	h_219	c_1	2016-07-16 23:39:55	2016-07-20	11:30:00	2016-07-21
r3	h_179	c_1	2016-09-24 10:03:17	2016-10-19	09:00:00	2016-10-22
r4	h_214	c_1	2017-03-08 03:20:10	2017-03-29	11:00:00	2017-03-30
r5	h_16	c_1	2017-09-05 19:50:37	2017-09-22	10:30:00	2017-09-23
r6	h_241	c_1	2017-11-27 18:47:05	2017-12-04	12:00:00	2017-12-06
r7	h_256	c_1	2017-12-29 10:38:36	2018-01-25	10:30:00	2018-01-28
r8	h_241	c_1	2018-05-26 08:42:51	2018-06-08	10:00:00	2018-06-09
r9	h_217	c_2	2016-03-05 13:31:06	2016-03-25	09:30:00	2016-03-27
r10	h_240	c_2	2016-06-25 09:12:22	2016-07-14	11:00:00	2016-07-17

图 2-1 提取列

示例代码▶002_selection/01

基于 SQL 的预处理

在 SQL 中，只需在 SELECT 语句后指定列名，即可提取相应的列。

SQL 理想代码

sql_1.sql

```
SELECT
  -- 选择 reserve_id 列（使用 AS 将列名改为 rsv_time）
  reserve_id AS rsv_time,

  -- 选择 hotel_id 列、customer_id 列和 reserve_datetime 列
  hotel_id, customer_id, reserve_datetime,

  -- 选择 checkin_date 列、checkin_time 列和 checkout_date 列
  checkin_date, checkin_time, checkout_date

FROM work.reserve_tb
```

关键点

通过给提取的列添加 AS，可以暂时更改列名。该方法可以用于缩短列名，或者在提取的列的含义发生变化时根据含义更改列名。

基于 R 的预处理

使用 R 提取列的方法有很多，R 中的 data.frame 函数和 dplyr 包中的函数不仅可以用于提取列，还提供了各种按特定模式提取列的功能。然而，如果不采用正确的方式编写相关代码，在提取列时就会出现各种问题，比如让人搞不清楚要提取的是哪个列，或者向原始数据中添加新的列后，要提取的列发生了移位。我们不能只满足于编写勉强能运行的代码，而要学会编写更加灵活的理想代码。

R 一般代码

r_1_not_awesome.R（节选）

```
# 将二维数组 reserve_tb 的第一维度设置为空，提取所有的行
# 将二维数组 reserve_tb 的第二维度指定为数值向量，提取多个列
reserve_tb[, c(1, 2, 3, 4, 5, 6, 7)]
```

为二维数组 data.frame 的第一维度指定行号，为第二维度指定列号，即可提取特定的行或列。行号和列号用数值设置，在提取多行或多列时则用数值向量设置。

关键点

通过数值向量指定要提取的列并不是一个好方法，因为如果原始数据中添加了新列，或者列的顺序发生了变化，那么代码的执行结果也会随之发生变化。比如在 data.frame 中添加一个新列后，列号就会发生位移。此外，如果用数值指定列，我们就很难弄清要提取的是哪个列，代码的可读性也将大打折扣。

不怕麻烦是通往成功的第一步。

R 理想代码

r_2_awesome.R（节选）

```
# 将二维数组 reserve_tb 的第二维度指定为字符串向量，提取相应的列
reserve_tb[, c('reserve_id', 'hotel_id', 'customer_id', 'reserve_datetime',
               'checkin_date', 'checkin_time', 'checkout_date')]
```

在 data.frame 中，行号和列号不一定要指定为数值向量，也可以指定为字符串向量。

关键点

使用字符串向量指定要提取的列，能够规避使用数值向量指定时出现的问题。即使向原始数据中添加新列，

或者列的顺序发生了变化，代码的执行结果也不会发生改变。此外，用字符串指定要提取的列的方法也更清晰易懂，能够提高代码的可读性。这才是理想的代码。

R 理想代码

r_3_awesome.R（节选）

```
# 利用 dplyr 包，使用 %>% 将 reserve_tb 传递给下一行的函数
reserve_tb %>%

  # 在 select 函数的参数中设置要提取的列的列名，提取相应的列
  select(reserve_id, hotel_id, customer_id, reserve_datetime,
         checkin_date, checkin_time, checkout_date) %>%

  # 将提取的数据转换为 R 中的 data.frame（后面的例题中会省略这一步操作）
  as.data.frame()
```

dplyr 包可以通过 %>% 将输出传递给下一个函数作为输入。比如，df %>% f1() 表示将 df 传递给 f1() 函数，等同于 f1(df)；同样，df %>% f1() %>% f2() 相当于 f2(f1(df))。这里的 %>% 称为管道。通过管道，复杂的预处理也能用简洁且可读性强的代码实现。另外，dplyr 包本身是用 C++ 实现的，处理速度非常快。在不借助 dplyr 包的情况下使用 R 进行预处理，就像在不允许跳跃的情况下玩超级马里奥一样，难度非常大。因此，大家要积极地使用 dplyr 包。

把要提取的列的列名指定为 dplyr 包中 select 函数的参数，即可提取相应的列。如果要提取多个列，将列名用逗号连接起来即可。

在使用 dplyr 包执行处理时，数据会被隐式地转换为 dplyr 包的 data.frame 类型，其与 R 中的 data.frame 类型可以互相兼容，所以问题不大。如果想转换回 R 中的 data.frame 类型，可以使用 as.data.frame 函数实现。

关键点

本段代码使用 dplyr 包中的 select 函数提取列，与前一段代码一样，灵活性和可读性都很强，比较理想。另外，因为这里使用了 dplyr 包，所以只要在 select 函数后添加管道，即可轻松添加新的处理操作。

R 一般代码

r_4 _not_awesome.R（节选）

```
reserve_tb %>%

  # 在 select 函数的参数中设置要提取的列的列名，提取相应的列
  # 借助 starts_with 函数提取以 check 开头的列
  select(reserve_id, hotel_id, customer_id, reserve_datetime,
         starts_with('check'))
```

在 dplyr 包的 select 函数的参数中，我们不仅可以使用列名指定列，还可以使用函数指定列，比如使用 starts_with 函数可以返回所有以特定字符串开头的列名。在本段代码中，参数为 check，因此返回的是 checkin_date 列、checkin_time 列和 checkout_date 列。

像 starts_with 这种返回列名的函数还有以下几种。

- starts_with(string)：返回指定字符串的前向匹配列
- ends_with(string)：返回指定字符串的后向匹配列
- contains(string)：返回包含指定字符串的列
- matches(string)：返回与指定正则表达式相匹配的列

关键点

使用了 starts_with 函数的代码比先前的代码要短，乍一看很不错，其实不然。因为这种写法无法让我们清楚地知道要提取的是哪些列，而且如果之后又添加了带 check 的列，提取结果就会发生变化。上述函数只适合在临时检查结果时使用，需要长期使用的代码最好不要采取这种方式。

基于 Python 的预处理

在使用 Python 提取列时，一种比较简单的方法是使用 Pandas 库中的 DataFrame 数据结构。不过，列的指定方法多种多样，要想写出可读性强、对数据变化适应性强的理想代码，选择恰当的指定方法非常重要。

Python 一般代码

python_2_not_awesome.py（节选）

```
# 将 iloc 函数二维数组的第一维度指定为“:”，提取所有行
# 将 iloc 函数二维数组的第二维度指定为由列号组成的数组，提取相应的列
# 0:6 等同于 [0, 1, 2, 3, 4, 5]
reserve_tb.iloc[:, 0:6]
```

DataFrame 提供了 loc、iloc 和 ix 这 3 个用于提取行或列的函数。将函数二维数组的第一维度指定为要提取的行，将第二维度指定为要提取的列，即可提取行或列。对于要提取的行或列，在 loc 函数中需要通过行名或列名指定，在 iloc 函数中需要通过行号或列号指定，在 ix 函数中则既可以通过行名或列名提取，也可以通过行号或列号提取。若要提取所有的行或列，需要使用“:”。乍一看，ix 函数比较方便，但由于在使用 ix 函数时不容易弄清行或列是以名称为条件还是以编号为条件进行提取的，所以最近人们也不再推荐使用 ix 函数了。我们在编写代码时要避免使用 ix 函数。

关键点

用列号指定要提取的列是一种反模式，要尽量避免。

Python 理想代码

python_3_awesome.py（节选）

```
# 在 reserve_tb 中指定包含列名的字符串数组，提取相应的列
reserve_tb[['reserve_id', 'hotel_id', 'customer_id',
            'reserve_datetime', 'checkin_date', 'checkin_time',
            'checkout_date']]
```

关键点

和 R 一样，通过列名指定要提取的列比较好。

Python 理想代码

python_4_awesome.py（节选）

```
# 将 loc 函数二维数组的第二维度指定为由列名组成的数组，提取相应的列
reserve_tb.loc[:, ['reserve_id', 'hotel_id', 'customer_id',
                   'reserve_datetime', 'checkin_date',
                   'checkin_time', 'checkout_date']]
```

关键点

与前面的示例代码一样，通过列名指定要提取的列比较好。

Python 理想代码

python_5_awesome.py（节选）

```
# 用 drop 函数删除不需要的列
# axis=1 表示按列删除
# inplace=True 表示使更改作用于 reserve_tb
reserve_tb.drop(['people_num', 'total_price'], axis=1, inplace=True)
```

drop 函数用于删除指定的行或列。axis=0 表示按行删除，axis=1 表示按列删除。把 inplace 设置为 False 表示将已删除行或列的 DataFrame 作为返回值返回，设置为 True 则表示函数不返回值，而是直接在原来的 DataFrame 的基础上删除、更新行或列。

关键点

本段代码通过从 DataFrame 中删除不想要的列实现了提取列的目的。代码中指定的是要删除的列的列名。与直接指定要提取的列的列名相比，这种做法很难直观地显示要提取的列，代码的可读性较差，但通过将 inplace 选项的参数设置为 True，可以实现比前者更快的代码处理速度。这是因为，直接从原来的 DataFrame 中删除不必要的列，无须执行复制操作，降低了处理操作的内存需求。因此，本段代码虽然可读性稍差，但处理效率较高，也是比较理想的代码。

2-2 按指定条件提取

SQL
R
Python

虽说现在是大数据时代，但直接处理大量数据的情况还是比较少见的，因为每次分析所需的数据条件和数据量都不同。在提取所需数据时，一般会根据指定的列值条件压缩数据。如果能通过提取减少数据量，计算成本也会降低。不过，尽管大家都希望尽可能地减少数据量，但我们很难判断数据量究竟要减少到什么程度才好。

所需的数据量因后续处理不同而不同。比如，即使都是针对机器学习预测模型的预处理，根据所利用的机器学习模型种类的不同，用于训练模型的数据量和数据类型也有较大不同，我们经常需要根据分析结果多次更改数据压缩条件，所以压缩条件必须便于更改。

在 SQL 中，还必须注意提取条件的指定方法，因为只有采用合适的指定方法才能实现高速提取数据。这里的关键在于索引（index）的设置。即使不查看数据内容，通过索引也能预先将数据按条件区分。

这里借助一个简单的示例表格 `table_a` 说明索引的效果。`table_a` 中包含 `checkin_date` 列和 `checkout_date` 列，其中 `checkin_date` 列添加了索引，这是一个根据 `checkin_date` 列的日期值进行数据分割的应用场景。

比如，现在要提取 `checkin_date` 列中日期值在 2016-10-12 至 2016-10-13 之间的数据。如果 `checkin_date` 列没有添加索引，则需要对 `table_a` 中所有数据的 `checkin_date` 值进行遍历才能提取出所需数据（图 2-2）。而如果 `checkin_date` 列添加了索引，则只有 `checkin_date` 在 2016-10-12 至 2016-10-13 之间的数据才是目标数据，不用遍历 `checkin_date` 列的所有值即可提取所需数据（图 2-3）。

在添加了索引的情况下，访问的数据量会减少，而且整体数据量越大，减少得越明显。比如，在从 4 年（1461 天）的数据中提取 `checkin_date` 在 2016-10-12 至 2016-10-13 之间的数据记录时，如果没有添加索引，就必须遍历 1461 天的数据；如果添加了索引，不用遍历数据内容即可直接定位这两天的数据记录。仅从访问的数据量来看，就相差了大约 700 倍（1461 天 ÷2 天）。而且，由于索引有效时不用遍历 `checkin_date` 的值，所以访问速度也差别很大。因此，在使用 SQL 提取数据行时，一定要尽可能地使用索引。

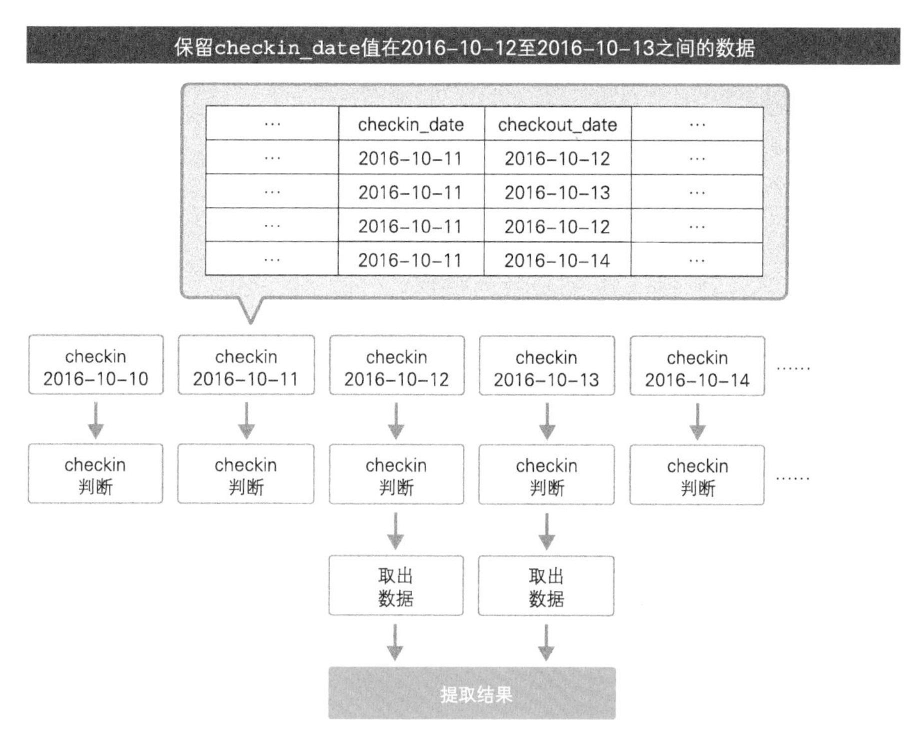

图 2-2 索引无效的情况

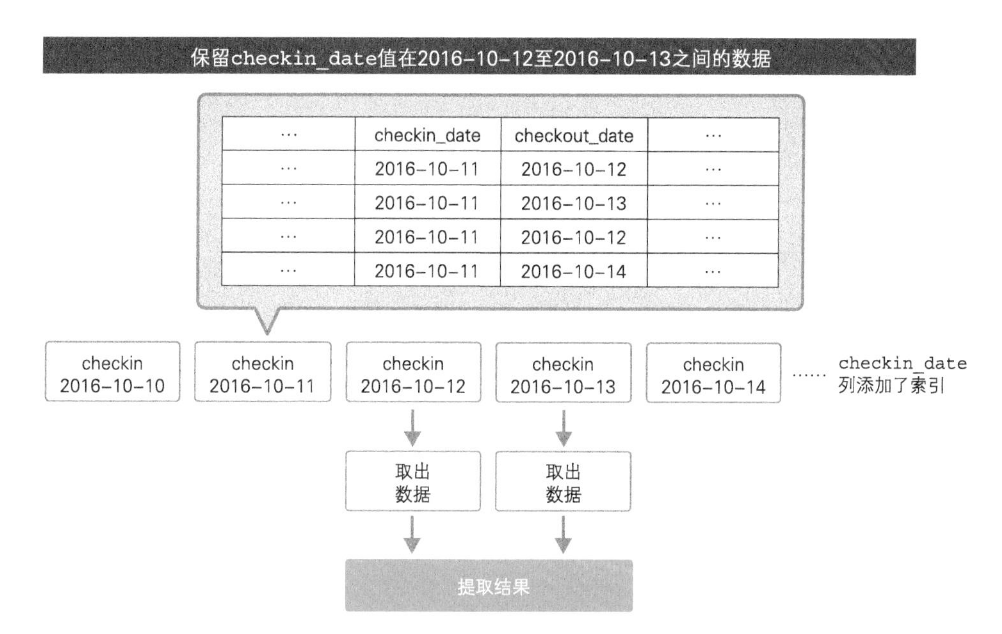

图 2-3 索引有效的情况

按条件提取数据行

目标数据集是酒店预订记录，请从酒店预订记录表中提取 checkin_date 在 2016-10-12 至 2016-10-13 之间的数据行（图 2-4）。这里的 checkin_date 列已经添加了索引。

reserve_id	hotel_id	customer_id	reserve_datetime	checkin_date	checkin_time	checkout_date	people_num	total_price
r281	h_260	c_66	2017-11-14 08:52:36	2017-12-07	10:30:00	2017-12-08	1	41000
r282	h_295	c_67	2016-03-03 22:28:11	2016-03-30	10:30:00	2016-04-02	4	67200
r283	h_166	c_67	2016-06-02 03:04:10	2016-06-29	11:00:00	2016-06-30	3	49800
r284	h_160	c_67	2016-07-27 17:57:18	2016-08-18	09:00:00	2016-08-20	4	99200
r285	h_121	c_67	2016-09-27 06:13:19	2016-10-12	12:00:00	2016-10-14	4	184000
r286	h_182	c_67	2017-04-05 16:06:26	2017-04-22	10:00:00	2017-04-25	1	46500
r287	h_175	c_67	2017-10-06 08:09:29	2017-10-15	11:30:00	2017-10-17	3	114000
r288	h_40	c_68	2016-05-17 11:01:40	2016-06-14	12:30:00	2016-06-16	3	53400
r289	h_71	c_68	2016-06-24 01:29:46	2016-07-23	11:30:00	2016-07-24	2	46000
r290	h_117	c_68	2017-01-17 22:15:27	2017-01-22	10:30:00	2017-01-24	1	29400

提取 checkin_date 在 2016-10-12 至 2016-10-13 之间的预订记录

reserve_id	hotel_id	customer_id	reserve_datetime	checkin_date	checkin_time	checkout_date	people_num	total_price
r285	h_121	c_67	2016-09-27 06:13:19	2016-10-12	12:00:00	2016-10-14	4	184000

图 2-4 按条件提取数据行

示例代码▶002_selection/02

基于 SQL 的预处理

在 SQL 中按条件提取行时，主要利用 WHERE 语句，称它为 SQL 最基本、最重要的语法也不为过。

SQL 一般代码

a_sql_1_not_awesome.sql

```
SELECT *
FROM work.reserve_tb

-- 用 WHERE 语句指定数据提取条件
-- 提取 checkin_date 在 2016-10-12 以后的数据
WHERE checkin_date >= '2016-10-12'

  -- 如果要指定多个条件，就在 WHERE 语句后添加 AND
  -- 提取 checkin_date 在 2016-10-13 以前的数据
  AND checkin_date <= '2016-10-13'
```

使用 WHERE 语句即可指定数据提取条件。在 WHERE 语句后添加 AND，还可以指定多个提取条件。借助 WHERE 语句指定数据提取条件的方法如下所示。

- col_a < 30：col_a 小于 30
- col_a <= 30：col_a 小于或等于 30
- col_a = 30：col_a 等于 30
- col_a <> 'hogehoge'、col_a != 'hogehoge'：col_a 不等于 'hogehoge'
- col_a BETWEEN a AND b：col_a 在 a 和 b 之间
- col_a In ['a', 'b', 'c']：col_a 与 'a'、'b'、'c' 中的任意一个相匹配
- col_a LIKE '_abc%'：col_a 与指定的字符串相匹配（"_" 匹配任意一个字符，"%" 匹配任意 0 至多个字符）
- 条件 1 AND 条件 2：同时满足条件 1 和条件 2
- 条件 1 OR 条件 2：满足条件 1 或者满足条件 2
- NOT：否定条件

关键点

在本段代码中，checkin_date 的两个条件是分开写的，虽然这样也能够正常处理，但由于应用于同一列的条件是分开写的，所以代码的可读性不太理想。

SQL 理想代码

a_sql_2_awesome.sql

```
SELECT *
FROM work.reserve_tb

-- 提取 checkin_date 在 2016-10-12 至 2016-10-13 之间的数据
WHERE checkin_date BETWEEN '2016-10-12' AND '2016-10-13'
```

关键点

借助 BETWEEN 语句，只用一个条件即可提取 checkin_date 在 2016-10-12 至 2016-10-13 之间的数据。这样的代码能够让我们很直观地看出 checkin_date 的提取条件，比较理想。

基于 R 的预处理

R 不仅提供了许多提取数据列的方法，也提供了许多提取数据行的方法，其中 filter 函数是比较简洁的实现方式。下面我们来看一下如何灵活使用 dplyr 包书写可读性强的理想代码。

提取条件的指定方法有很多，如果选取的方法不恰当，代码就会变得冗长，这可能会造成分析失误。因此，我们要学会使用简洁的方式指定提取条件。

R 一般代码

a_r_1_not_awesome.R（节选）

```
# 通过 checkin_date 条件表达式，返回判断结果为 TRUE 或 FALSE 的向量
# 通过“&”将条件表达式相连，返回元素为 TRUE 或 FAISE 的向量，其元素仅当判断结果同时为 TRUE
  时才为 TRUE
# 将 reserve_tb 二维数组的第一维度指定为 TRUE 或 FALSE 的向量，提取满足条件的行
# 将 reserve_tb 二维数组的第二维度设置为空，提取全部的列
reserve_tb[reserve_tb$checkin_date >= '2016-10-12' &
           reserve_tb$checkin_date <= '2016-10-13', ]
```

向 data.frame(*) 的二维数组中传入 TRUE 或 FALSE 的向量，可以只提取结果为 TRUE 的行或列。要想按条件提取行或列，可以根据条件表达式返回 True 或 False 的向量，并将该向量传递给 data.frame(*)。在判断多个条件时，如果需要同时满足，则用“&”将条件连接；如果至少要满足其一，则用“|”连接。然后，程序将返回 TRUE 或 FALSE 的结果向量。

虽然 data.frame 实际上是由向量组成的列表，准确来说与二维数组不同，但本书仍采用“二维数组”这一除 R 程序员以外的程序员都熟悉的术语进行介绍。

关键点

在描述条件表达式时，必须多次书写 reserve_tb，所以本段代码的可读性不够好。此外，与通过行号或列号提取相比，通过指定为 TRUE 或 FALSE 的向量进行提取的方式速度较慢。而且，当数据量增大时，效率差距也会变大。因此，从可读性和计算成本来看，本段代码并不理想。

R 一般代码

a_r_2_not_awesome.R（节选）

```
# 在 which 函数中指定条件表达式，返回判断结果为 TRUE 的行号向量
# 用 intersect 函数提取参数中的两个行号向量中同时出现的行号
# 将 reserve_tb 二维数组的第一维度指定为行号向量，提取满足条件的行
reserve_tb[
  intersect(which(reserve_tb$checkin_date >= '2016-10-12'),
            which(reserve_tb$checkin_date <= '2016-10-13')), ]
```

which 函数可以将 TRUE 或 FALSE 向量转换成 TRUE 元素对应的索引的向量。如果是 TRUE 或 FALSE 的向量，则向量长度等于总数据的行数或列数，而如果将其转换成 TRUE 元素对应的索引向量，则其长度将减少至 TRUE 元素对应的行数或列数。

intersect 函数仅返回存在于所有参数的数值向量中的数值，因此可以用于提取同时满足多个条件表达式的行号或列号。如果提取时要求满足其中任意一个条件表达式，那么就要使用 union 函数而不是 intersect 函数，union 函数返回的是参数的数值向量中所存在的全部数值。

intersect 函数和 union 函数示例：

- intersect(c(1,3,5),c(1,2,5)) 返回 c(1,5)
- union(c(1,3,5),c(1,2,5)) 返回 c(1,2,3,5)

关键点

这里是按行号提取数据的，所以不存在计算量的问题，但如果使用的函数比上述代码中还多，那么代码的可读性就会变差，也算不上理想代码。

R 一般代码

a_r_3_not_awesome.R（节选）

```
reserve_tb %>%

  # 在 filter 函数中指定 checkin_date 的条件表达式，提取满足条件的行
  filter(checkin_date >= '2016-10-12' & checkin_date <= '2016-10-13')
```

向 dplyr 包中的 filter 函数传入条件表达式作为参数，即可提取满足条件的行。如果需要同时满足多个条件，则用“&”连接；如果满足其中任意一个条件即可，则用“|”连接。

关键点

本段代码其实是非常理想的代码，但 checkin_date 的条件是分成两部分指定的，这一点不太好。因为这样一来，代码的可读性就稍微差了一些。

R 理想代码

a_r_4_awesome.R（节选）

```
reserve_tb %>%

  # 使用 as.Date 函数将字符串类型转换为日期型（详见 10-1 节）
  # 使用 between 函数指定 checkin_date 值的范围
  filter(between(as.Date(checkin_date),
                 as.Date('2016-10-12'), as.Date('2016-10-13')))
```

between 函数可以为特定列的值指定范围条件，其中第 1 个参数指定列的值，第 2 个参数和第 3 个参数指定条件的范围值。因为 between 函数不能处理字符串类型，所以需要先将数据类型转换为日期型。关于日期型的转换，可以参考 10-1 节。

关键点

between 函数可以一次性指定 checkin_date 的范围条件，十分简洁，计算成本也低，这才是理想的代码。

基于 Python 的预处理

Python 同 R 一样，也有许多指定提取条件的方法，当然也存在相对比较理想的方法。网上很多示例代码都是在 DataFrame 数组中用同样的 DataFrame 指定条件表达式，代码可读性差，这里不推荐使用。使用 query 函数可以简洁地指定复杂的提取条件，下面就来讲解如何用它编写理想代码。

Python 一般代码

a_python_1_not_awesome.py（节选）

```
# 通过为数组指定条件表达式，提取满足条件的行
# 通过 DataFrame 的特定列的不等式，返回以判断结果 True 或 False 为元素的数组
# 将条件表达式用“&”连接，返回元素为 True 或 False 的数组，仅当判断结果同时为 True 时，其元
  素才为 True
reserve_tb[(reserve_tb['checkout_date'] >= '2016-10-13') &
           (reserve_tb['checkout_date'] <= '2016-10-14')]
```

向 DataFrame 数组传入以条件判断结果 True 或 False 为元素的数组即可提取行，该 True 或 False 数组是原 DataFrame 数组中对应行的条件判断结果的数组，由 DataFrame 的特定列的条件不等式生成。这里要求同时满足两个条件，所以要用“&”将条件表达式连接起来。如果只要求满足任意一个条件，则要用“|”代替“&”进行连接。

关键点

代码可读性差，当 reserve_tb 名称发生变化时，必须更改 3 处。即使只是 checkout_date 名称发生变化，也得更改 2 处。因此，本段代码变化适应性较差，不太理想。

Python 一般代码

a_python_2_not_awesome.py（节选）

```
# 为 loc 函数二维数组的第一维度指定条件，提取满足条件的行
# 为 loc 函数二维数组的第二维度指定“:”，提取所有列
reserve_tb.loc[(reserve_tb['checkout_date'] >= '2016-10-13') &
               (reserve_tb['checkout_date'] <= '2016-10-14'), :]
```

通过为 loc 函数二维数组的第一维度指定以条件判断结果 True 或 False 为元素的数组，提取行。

关键点

本段代码也和前段代码一样，虽然能使人很容易理解这是在提取行，但是 reserve_tb 出现次数较多，代码冗余度较高，因此离理想代码还差得远。

Python 理想代码

a_python_3_awesome.py（节选）

```
reserve_tb.query('"2016-10-13" <= checkout_date <= "2016-10-14"')
```

使用 query 函数，我们可以通过传入字符串形式的条件表达式来提取满足条件的数据行。当用 and 连接条件时使用“&”；当用 or 连接时使用“|”。此外，以 @var_name 的形式在“@”后加上想引用的变量名，就可以调用 Python 内存中的变量。

关键点

这里通过 query 函数，只使用一行代码就实现了数据提取，对 SQL 比较熟悉的人也容易理解，这样的代码比较理想。

间接利用索引提取数据行

目标数据集是酒店的预订记录，请从酒店预订记录表中提取 checkout_date 在 2016-10-13 至 2016-10-14 之间的数据行（图 2-5）。索引添加在 checkin_date 列上，预订记录最少为 1 晚，最多为 3 晚（即 checkin_date 和 checkout_date 最少相差 1 天，最多相差 3 天）。

reserve_id	hotel_id	customer_id	reserve_datetime	checkin_date	checkin_time	checkout_date	people_num	total_price
r510	h_262	c_119	2017-10-09 06:13:30	2017-10-11	10:00:00	2017-10-14	4	228000
r511	h_96	c_120	2016-04-21 10:11:10	2016-05-08	10:00:00	2016-05-09	2	14800
r512	h_249	c_120	2016-07-27 09:59:43	2016-08-21	10:00:00	2016-08-23	3	292200
r513	h_57	c_120	2016-09-03 08:27:54	2016-09-17	12:00:00	2016-09-18	1	41000
r514	h_74	c_120	2016-10-06 03:12:04	2016-10-11	12:30:00	2016-10-14	2	28800
r515	h_83	c_120	2016-11-14 12:11:19	2016-12-13	12:30:00	2016-12-16	3	559800
r516	h_238	c_120	2017-05-10 02:14:43	2017-05-13	09:30:00	2017-05-14	1	8800
r517	h_210	c_120	2017-10-05 17:54:51	2017-10-30	11:30:00	2017-11-01	3	58200
r518	h_202	c_120	2018-04-23 10:01:46	2018-05-11	10:00:00	2018-05-12	4	58000
r519	h_285	c_121	2016-04-13 03:45:02	2016-04-24	10:30:00	2016-04-27	1	35700
r520	h_253	c_121	2016-05-08 17:34:58	2016-05-20	09:30:00	2016-05-22	4	41600

提取 checkout_date 在 2016-10-13 至 2016-10-14 之间的预订记录

reserve_id	hotel_id	customer_id	reserve_datetime	checkin_date	checkin_time	checkout_date	people_num	total_price
r514	h_74	c_120	2016-10-06 03:12:04	2016-10-11	12:30:00	2016-10-14	2	28800

图 2-5 利用索引间接提取数据行

由于本例题是关于索引的问题，所以这里仅以 SQL 为例介绍。在用 R 和 Python 写代码时，思路与前面的问题一样。

基于 SQL 的预处理

前面提到过，在 SQL 中，使用索引很重要，但在某些情况下，未编制索引的列上也可以使用条件，比如当索引列与指定条件的列的值之间存在某种关系时，可以在保证满足条件的行不丢失的条件下，向索引列的值添加条件，从而减少数据访问量。下面就来讲解如何间接使用索引编写理想代码。

SQL 一般代码

b_sql_1_not_awesome.sql

```
SELECT *
FROM work.reserve_tb
WHERE checkout_date BETWEEN '2016-10-13' AND '2016-10-14'
```

关键点

本段代码没有使用索引，而是以所有数据为对象访问 checkout_date 的日期范围。在这种情况下，程序将毫无意义地访问大量数据，不是很理想。

SQL 理想代码

b_sql_2_awesome.sql

```
SELECT *
FROM work.reserve_tb

-- 为了使索引起作用，也要对 checkin_date 执行提取操作
WHERE checkin_date BETWEEN '2016/10/10' AND '2016/10/13'
  AND checkout_date BETWEEN '2016/10/13' AND '2016/10/14'
```

关键点

由于要提取的数据的 checkout_date 范围在 2016-10-13 至 2016-10-14 之间，住宿天数最短为 1 天，最长为 3 天，并且入住时间肯定是在退房时间之前，所以可以推测出要提取的数据的 checkin_date 范围在 2016-10-10（比 2016-10-13 早 3 天）至 2016-10-13（比 2016-10-14 早 1 天）之间。加上这个条件之后，就可以利用索引，使得访问的数据量减少，这才是理想的代码。

间接利用索引的方法也可以应用于其他场景。比如，在提取 B 级及以上的会员数据时，会员等级列没有分配索引，但会员标记（即区分是否为会员的标记）列上分配了索引。在这种情况下，如果将会员标记指定为提取条件，则不用访问那些非会员的数据记录即可提取数据。这种间接利用索引提取数据的方式，要求提取目标列和索引列是包含关系①。

① 即必须保证经过索引筛选之后的记录包含满足目标列条件的全部数据记录，否则会由于索引的筛选而导致提取数据不全。——译者注

2-3 不基于数据值的采样

SQL
R
Python

在进行数据分析时，难免会遇到提取出来的数据过多而难以处理的情况，对此，通过**采样**减少数据量的方法比较有效。采样方法可以分为任意采样和随机采样，其中任意采样是自主指定采样条件的方法，和 2-2 节一样；而随机采样是通过随机数提取目标数据的方法，通常所说的采样是指随机采样。本节主要介绍按行进行随机采样的方法。

实现采样的代码很简单，但如果写法不恰当，计算成本就会剧增，下面来看一看如何写计算成本低的代码。

随机采样

目标数据集是酒店的预订记录，请通过随机采样从预订记录表中提取大约 50% 的行（图 2-6）。

reserve_id	hotel_id	customer_id	reserve_datetime	checkin_date	checkin_time	checkout_date	people_num	total_price
r1010	h_183	c_247	2016-11-07 08:25:24	2016-11-07	10:00:00	2016-11-09	2	39600
r1011	h_85	c_247	2017-03-24 11:31:14	2017-04-09	10:30:00	2017-04-11	2	86000
r1012	h_109	c_247	2017-09-18 16:41:17	2017-10-10	09:00:00	2017-10-11	2	21000
r1013	h_184	c_247	2017-12-13 19:32:16	2017-12-14	11:00:00	2017-12-17	1	59700
r1014	h_256	c_248	2016-01-04 03:04:01	2016-01-11	12:00:00	2016-01-12	3	103500
r1015	h_168	c_248	2016-03-17 09:53:12	2016-04-07	12:00:00	2016-04-09	2	53200
r1016	h_100	c_249	2016-01-11 21:58:45	2016-02-03	11:30:00	2016-02-04	2	9600
r1017	h_217	c_249	2016-02-27 18:48:30	2016-03-20	09:30:00	2016-03-21	4	45600
r1018	h_238	c_249	2016-08-14 06:05:12	2016-08-21	12:00:00	2016-08-24	2	52800
r1019	h_296	c_249	2017-02-15 00:34:54	2017-02-15	11:00:00	2017-02-16	1	17200
r1020	h_284	c_249	2017-07-19 01:21:41	2017-07-25	11:30:00	2017-07-26	1	10000

随机提取 50% 的预订记录

reserve_id	hotel_id	customer_id	reserve_datetime	checkin_date	checkin_time	checkout_date	people_num	total_price
r1010	h_183	c_247	2016-11-07 08:25:24	2016-11-07	10:00:00	2016-11-09	2	39600
r1012	h_109	c_247	2017-09-18 16:41:17	2017-10-10	09:00:00	2017-10-11	2	21000
r1015	h_168	c_248	2016-03-17 09:53:12	2016-04-07	12:00:00	2016-04-09	2	53200
r1017	h_217	c_249	2016-02-27 18:48:30	2016-03-20	09:30:00	2016-03-21	4	45600

图 2-6 随机采样

示例代码▶002_selection/03

基于 SQL 的预处理

虽然有些数据库不提供采样函数，但是我们可以通过生成随机数的 RANDOM 函数实现随机采样。不过，如果写的代码效率较差，计算成本会非常高，这一点必须注意。预处理中经常会用到采样，下面我们介绍如何使用 RANDOM 函数写出理想代码。

SQL 一般代码

sql_1_not_awesome.sql

```
SELECT *
FROM work.reserve_tb

-- 为每个数据行生成随机数，按随机数升序重新排列数据
ORDER BY RANDOM()

-- 用 LIMIT 语句指定采样数
-- 输入提前计算好的数据条数，乘以提取的比例，用 ROUND 函数四舍五入
LIMIT ROUND(120000 * 0.5)
```

RANDOM 函数能随机生成 0.00 ~ 1.00 的数。本段代码首先基于生成的随机数对全部数据进行了重新排序，然后用 LIMIT 语句从头选取了指定数量的数据记录，从而实现了采样。LIMIT 语句中指定的数值是这样得到的：先用采样对象数据的数量乘以提取的比例，然后用 ROUND 函数四舍五入计算即可。

数据条数可以通过 SELECT COUNT(*) FROM work.reserve_tb 进行确认。关于聚合处理，第 3 章将详细介绍。由于 LIMIT 语句中不能使用子查询，即无法使用 (ROUND((SELECT COUNT(*) FROM work.reserve_tb)*0.5)) 形式的 SQL 语句，所以需要手动输入数值。

关键点

因为要对全部数据进行重新排序，所以一旦数据量增加，计算量也会随之增加。糟糕的是，程序会由于计算所需的内存不足而无法运行。这是因为，数据重新排序的操作很难进行分布式处理，最终还是需要将全部数据集中到一个服务器才能重新排序。

在数据量大时进行数据重新排序是一种有名的反模式，因此本段代码谈不上理想。或许是由于写法简洁，许多网站都将其作为示例代码介绍，请不要被蒙蔽了。那可能是某个组织的陷阱，目的就是浪费你的计算资源。

SQL 理想代码

sql_2_awesome.sql

```
SELECT *
FROM work.reserve_tb

-- 生成随机数，仅提取小于或等于 0.5 的数据行
WHERE RANDOM() <= 0.5
```

为每个数据行生成随机数，然后将条件表达式（随机数小于或等于 0.5）应用于随机数，即可实现采样。这种方法虽然可以让我们通过条件表达式的值设置采样比例，但无法指定采样数量。因此，根据随机数的不同，采样数量将会大于或小于目标数据量。但如果原始数据量很大，则无须担心，因为采样数量不会超过目标数据量。此外，由于无法指定采样数量，所以无法将其指定为精确的数值。但毋庸担心，因为没必要将采样数量指定为精确的数值，这没有多大意义。

如果很想将采样数量指定为精确的数值，那么最好先以更高的比例提取多于目标数量的数据，然后用 ORDER BY RANDOM() 和 LIMIT 语句提取目标数量的数据。虽然仅用 LIMIT 语句也可以实现，但不使用这种方式更安全，因为 LIMIT 方法更容易选中 SELECT 子句最开始提取出来的数据（比如在数据库中存储的旧数据等），导致采样不均衡。

关键点

上述代码由于没有使用重新排序（ORDER BY），所以计算成本低，即使数据量增加，也能进行分布式处理。这样的代码可读性也好，比较理想。

基于 R 的预处理

R 的采样方法也很多，预处理中比较常见的是运用 dplyr 包，这里我们看一下如何用 dplyr 包的函数实现采样。

R 理想代码

r_awesome.R（节选）

```
# 从 reserve_tb 中采样 50%
sample_frac(reserve_tb, 0.5)
```

sample_frac 函数是以行为单位进行随机采样的函数，其第 1 个参数用于指定作为提取对象的 data.frame，第 2 个参数用于指定提取比例。如果不通过比例而通过数量来指定要提取的数据量，则用 sample_n 函数。该函数的第 2 个参数指定的不是提取比例，而是提取数量（sample_n(reserve_tb, 100) 表示要采样的数量为 100 个）。

关键点

本段代码通过 dplyr 包实现，高效且可读性强，较为理想。此外，与 SQL 不同，R 是在内存中已经保存要进行采样的数据的前提下采样的，所以无须担心重新排序带来的计算成本和内存使用量问题。

基于 Python 的预处理

在使用 Python 采样时，通常是利用 Pandas 库的 sample 函数，其使用方式简单便捷，大家要学会积极运用。

Python 理想代码

python_awesome.py（节选）

```
# 从 reserve_tb 中采样 50%
reserve_tb.sample(frac=0.5)
```

sample 函数是按行采样函数，用于对调用源 DataFrame 进行采样。将参数 frac 指定为采样比例，表示按比例采样。在指定要提取的数据量时，可通过参数 n 进行指定（reserve_tb.sample(n=100) 表示要采样的数量为 100 个）。

关键点

本段代码通过 sample 函数实现，高效且可读性强，较为理想。此外，与 R 一样，Python 也是在内存中已经保存了要进行采样的数据的前提下采样的，所以也无须担心重新排序带来的计算成本和内存使用量问题。

2-4 基于聚合 ID 的采样

SQL R Python

采样最重要的是要做到公平采样。如果采样有所偏倚，那么此后进行的数据分析就会由于数据不均衡而产生误导。要想实现公平采样，就必须使分析对象的单元和采样对象的单元对齐。

首先，从每行表示一次预订信息的预订记录中采样 50%，然后基于得到的采样数据，按预订人数求得各类别占总预订数量的比例。在这种情况下，基于采样数据的分析结果与基于原始数据的分析结果相差不大。这是因为分析对象的单元是一次预订信息，而采样对象的单元也是一次预订信息。

接下来，从每行表示一次预订信息的预订记录中采样 50%，然后基于得到的采样数据，按年度预订总次数求得各类别顾客数的比例。在这种情况下，基于采样数据的分析结果与基于原始数据的分析结果大不相同。这是因为，以采样数据的分析结果作为原始数据的分析结果，导致了原始数据中年度预订总次数少的顾客比例相对真实比例大大增加。

我们以年度预订 2 次的顾客为例来具体分析一下。经过采样后，这位顾客的预订记录被保留下来的可能性如下所示。

- 2 次预订都采样到的可能性：25%（50% × 50%）
- 仅采样到 1 次预订的可能性：50%（50% × 50% × 2，有 2 种情况）
- 2 次预订均未被采样的可能性：25%（50% × 50%）

也就是说，如果年度预订 2 次的顾客有 100 人，则经过随机采样后，年度预订 2 次的顾客有 25 人，1 次的有 50 人，0 次的有 25 人。当预订 0 次时，意味着得到的采样数据中没有相应的数据，即这 25 人是不存在的（图 2-7）。因此，使用采样数据进行分析必然得到错误的结果。这是因为，分析对象的单元是 1 位顾客，而采样对象的单元是 1 次预订，二者没有对齐。

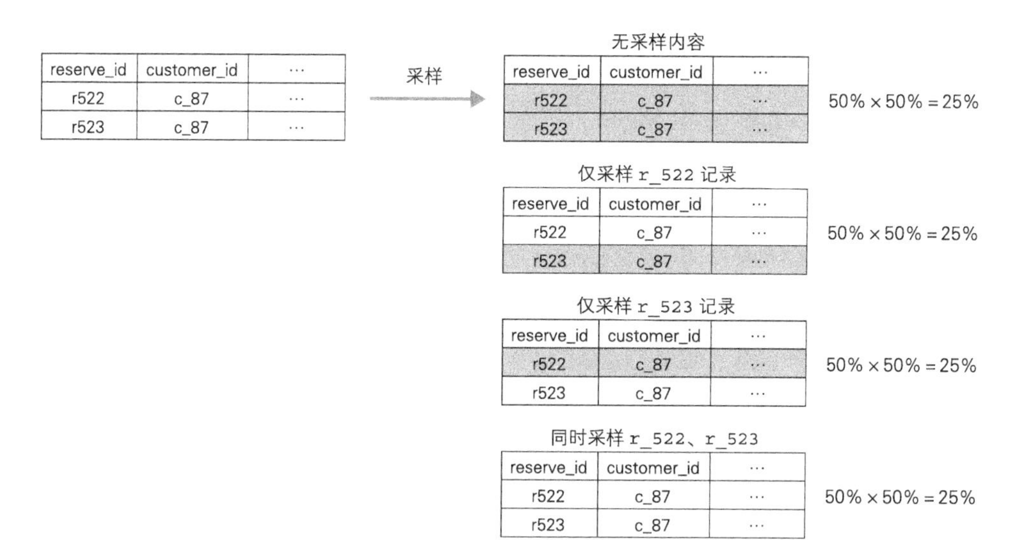

图 2-7 有偏倚的采样

解决方法有 2 种，第 1 种非常简单，是先按顾客单元对预订记录进行聚合，再进行采样。但这种方法有一个问题，那就是对于即将通过采样被精简掉的顾客记录也会进行聚合操作，从而出现浪费。第 2 种是基于预订记录表中的顾客 ID 进行随机采样，仅提取被采样到的顾客 ID 所对应的预订记录。虽然这种采样实现起来稍微困难，但不会出现浪费。当然，分析对象的单元和采样对象的单元都会被统一成顾客单元，所以也能实现公平采样。

因此，要实现公平采样，就必须把分析对象的单元和采样对象的单元对齐。为了避免进行无用的处理，我们必须学会基于聚合 ID 单元的采样。

按ID采样

目标数据集是酒店的预订记录。下面我们基于顾客单元进行采样，并从预订记录表中提取约 50% 的行（图 2-8）。

reserve_id	hotel_id	customer_id	reserve_datetime	checkin_date	checkin_time	checkout_date	people_num	total_price
r1	h_75	c_1	2016-03-06 13:09:42	2016-03-26	10:00:00	2016-03-29	4	97200
r2	h_219	c_1	2016-07-16 23:39:55	2016-07-20	11:30:00	2016-07-21	2	20600
r3	h_179	c_1	2016-09-24 10:03:17	2016-10-19	09:00:00	2016-10-22	2	33600
r4	h_214	c_1	2017-03-08 03:20:10	2017-03-29	11:00:00	2017-03-30	4	194400
r5	h_16	c_1	2017-09-05 19:50:37	2017-09-22	10:30:00	2017-09-23	3	68100
r6	h_241	c_1	2017-11-27 18:47:05	2017-12-04	12:00:00	2017-12-06	3	36000
r7	h_256	c_1	2017-12-29 10:38:36	2018-01-25	10:30:00	2018-01-28	1	103500
r8	h_241	c_1	2018-05-26 08:42:51	2018-06-08	10:00:00	2018-06-09	1	6000
r9	h_217	c_2	2016-03-05 13:31:06	2016-03-25	09:30:00	2016-03-27	3	68400
r10	h_240	c_2	2016-06-25 09:12:22	2016-07-14	11:00:00	2016-07-17	4	320400
r11	h_183	c_2	2016-11-19 12:49:10	2016-12-08	11:00:00	2016-12-11	1	29700
r12	h_268	c_2	2017-05-24 10:06:21	2017-06-20	09:00:00	2017-06-21	4	81600
r13	h_223	c_2	2017-10-19 03:03:30	2017-10-21	09:30:00	2017-10-23	1	137000
r14	h_133	c_2	2018-02-18 05:12:58	2018-03-12	10:00:00	2018-03-15	2	75600
r15	h_92	c_2	2018-04-19 11:25:00	2018-05-04	12:30:00	2018-05-05	2	68800
r16	h_135	c_2	2018-07-06 04:18:28	2018-07-08	10:00:00	2018-07-09	4	46400
r17	h_115	c_3	2016-05-10 12:20:32	2016-05-17	10:00:00	2016-05-19	2	164000
r18	h_132	c_3	2016-10-22 02:18:48	2016-11-12	12:00:00	2016-11-13	1	20400
r19	h_23	c_3	2017-01-11 22:54:09	2017-02-08	10:00:00	2017-02-10	3	390600
r20	h_292	c_3	2017-02-23 07:10:30	2017-03-03	11:00:00	2017-03-04	2	18200
r21	h_153	c_3	2017-04-06 18:12:10	2017-04-16	09:00:00	2017-04-19	3	126900
r22	h_12	c_3	2017-07-24 19:15:54	2017-08-08	09:00:00	2017-08-09	4	26800
r23	h_61	c_3	2017-12-16 23:31:04	2018-01-09	09:00:00	2018-01-12	1	224400
r24	h_34	c_3	2018-04-27 08:51:07	2018-05-07	09:30:00	2018-05-10	4	102000
r25	h_277	c_4	2016-03-28 07:17:34	2016-04-07	10:30:00	2016-04-10	1	39300
r26	h_132	c_4	2016-05-11 17:48:07	2016-06-05	11:30:00	2016-06-06	1	20400

随机提取 50% 的顾客预订记录

reserve_id	hotel_id	customer_id	reserve_datetime	checkin_date	checkin_time	checkout_date	people_num	total_price
r1	h_75	c_1	2016-03-06 13:09:42	2016-03-26	10:00:00	2016-03-29	4	97200
r2	h_219	c_1	2016-07-16 23:39:55	2016-07-20	11:30:00	2016-07-21	2	20600
r3	h_179	c_1	2016-09-24 10:03:17	2016-10-19	09:00:00	2016-10-22	2	33600
r4	h_214	c_1	2017-03-08 03:20:10	2017-03-29	11:00:00	2017-03-30	4	194400
r5	h_16	c_1	2017-09-05 19:50:37	2017-09-22	10:30:00	2017-09-23	3	68100
r6	h_241	c_1	2017-11-27 18:47:05	2017-12-04	12:00:00	2017-12-06	3	36000
r7	h_256	c_1	2017-12-29 10:38:36	2018-01-25	10:30:00	2018-01-28	1	103500
r8	h_241	c_1	2018-05-26 08:42:51	2018-06-08	10:00:00	2018-06-09	1	6000
r17	h_115	c_3	2016-05-10 12:20:32	2016-05-17	10:00:00	2016-05-19	2	164000
r18	h_132	c_3	2016-10-22 02:18:48	2016-11-12	12:00:00	2016-11-13	1	20400
r19	h_23	c_3	2017-01-11 22:54:09	2017-02-08	10:00:00	2017-02-10	3	390600
r20	h_292	c_3	2017-02-23 07:10:30	2017-03-03	11:00:00	2017-03-04	2	18200
r21	h_153	c_3	2017-04-06 18:12:10	2017-04-16	09:00:00	2017-04-19	3	126900
r22	h_12	c_3	2017-07-24 19:15:54	2017-08-08	09:00:00	2017-08-09	4	26800
r23	h_61	c_3	2017-12-16 23:31:04	2018-01-09	09:00:00	2018-01-12	1	224400
r24	h_34	c_3	2018-04-27 08:51:07	2018-05-07	09:30:00	2018-05-10	4	102000

图 2-8 按 ID 采样

示例代码▶002_selection/04

基于 SQL 的预处理

要想使用 SQL 基于聚合 ID 单元进行采样，需要用到一个取巧的方法，即为每个聚合 ID 生成特定的随机数，然后根据随机数和阈值的大小比较结果提取数据行。在使用该方法提取某个数据行时，由于与该数据行具有相同聚合 ID 的数据行，其随机数都一样，所以这个数据行也会被提取出来。由此，即可实现基于聚合 ID 单元的采样。

SQL 理想代码

sql_awesome.sql

```
-- 使用 WITH 语句，生成 reserve_tb_random 临时表
WITH reserve_tb_random AS(
  SELECT
    *,

    -- 为每个 customer_id 生成特定的随机数
    -- 汇总每个 customer_id 的随机数，并检索其中的第一个值
    FIRST_VALUE(RANDOM()) OVER (PARTITION BY customer_id) AS random_num

  FROM work.reserve_tb
)
-- "*" 用于提取全部的列，如果要删除 random_num 列，则需要重新指定列
SELECT *
FROM reserve_tb_random

-- 采样 50%，当 customer_id 对应的随机数小于或等于 0.5 时，提取该数据行
WHERE random_num <= 0.5
```

WITH 语句可用于将 () 内的结果作为临时表存储起来。在集中执行 SQL 时，这种做法非常方便。但是要注意，假如在一段代码内过多使用 WITH 语句，代码将变得难以阅读。虽然本人编写的 SQL 代码总是一不留神就使用了过多 WITH 语句，但是希望大家不要这样做。

FIRST_VALUE 是一种窗口（Window）函数。本段代码按照 PARTITION BY 语句指定的列值（即 customer_id 列）汇总了 FIRST_VALUE 函数指定的列值（即生成的随机数），并按读取顺序返回了初始值①。如果在 OVER 后面的 () 中用 ORDER BY 指定列名，则可以按任意顺序排列。关于窗口函数，第 3 章将详细讲解。

关键点

通过 FIRST_VALUE 函数为每个 customer_id 生成特定的随机数，即可实现与上一节相同的采样。本段代码无须在通过采样精简数据之前执行聚合操作，比较理想。

基于 R 的预处理

下面介绍 R 中基于聚合 ID 单元的采样。首先获取聚合 ID 的唯一值列表，然后基于此列表进行采样，确定采样记录的 ID，再提取目标数据。仅通过语句描述很难理解，所以我们来看一下实际代码。

R 理想代码

r_awesome.R（节选）

```
# 从 reserve_tb 中获取顾客 ID 向量，并对顾客 ID 向量去重
all_id <- unique(reserve_tb$customer_id)
```

① 即基于 customer_id 列进行聚合，返回每个聚合 ID 第一个读取的随机值。——译者注

```
reserve_tb %>%

  # 使用 sample 函数从唯一的顾客 ID 中采样 50%，返回采样到的 ID
  # 使用 filter 函数仅提取与采样到的 ID 对应的行
  filter(customer_id %in% sample(all_id, size=length(all_id)*0.5))
```

unique 函数用于对传递的参数向量去重，并返回无重复值的向量（比如，unique(c('a','a','a','b','c','c')) 语句将返回 c('a','b','c')）。

sample 函数用于对向量采样，它的第 1 个参数用于指定采样前的源向量，第 2 个参数 size 用于指定要得到的采样数据量。之所以使用 sample 函数而不是 sample_frac 函数，是因为后者仅能用于 data.frame 的采样。

filter 函数可以通过 %in% 仅提取列值与指定向量中的某个值匹配的数据。

关键点

和 SQL 一样，R 也可以先按每个顾客 ID 生成随机数再进行采样，但 R 中有更丰富的函数，比如 unique 等函数。本段代码可读性更强，比较理想。

基于 Python 的预处理

和 R 一样对顾客 ID 进行采样后，能够简洁地描述对数据的采样。

Python 理想代码

python_awesome.py（节选）

```
# reserve_tb['customer_id'].unique() 将返回去重后的 customer_id
# 为使用 sample 函数，先把去重后的列值转换成 pandas.Series（pandas 的 list 对象）
# 通过 sample 函数对顾客 ID 进行采样
target = pd.Series(reserve_tb['customer_id'].unique()).sample(frac=0.5)

# 通过 isin 函数提取 customer_id 值与采样得到的顾客 ID 的值一致的数据行
reserve_tb[reserve_tb['customer_id'].isin(target)]
```

unique 函数用于对调用源 Series（pandas.Series）去重，并返回无重复值的 pandas.Series。Series 相当于 DataFrame 的一列，但可调用的函数及其行为不尽相同，要区别使用（一列的 DataFrame 和 Series 相似但又有差异）。

isin 函数用于提取与以参数形式传进来的列表中任意一个值相匹配的列值。此外，将 isin 返回的结果数组指定给 DataFrame，即可只提取相应的数据行。query 函数不支持 in 操作符，因而无法使用。

关键点

本段代码仅用两行便实现了基于聚合 ID 的采样，可读性强，比较理想。虽然从头开始思考处理内容很困难，但还是要记住代码的书写模式，这样以后随时都能实现它。

第 3 章 数据聚合

在数据分析中，数据聚合是一项重要的预处理技术，因为该技术能在损失较少数据价值的情况下转换分析的单元。例如，计算不同科目的期末考试分数的平均分，就能轻松掌握不同考试科目的难易程度；计算不同学生的期末考试分数的平均分，就能轻松掌握学生的学习能力——这真是太残酷了。换言之，聚合就是能够在尽可能不损失数据价值的情况下压缩数据，并转换数据单元（即数据行）的处理技术。

无论是对人还是对系统来说，聚合处理都非常有价值。人所能处理的数据量是有限的，但借助聚合处理，人们就能够从宏观上掌握数据。此外，当要分析的单元比记录数据的单元更大（比如以顾客为单元分析记录数据）时，就必须将记录数据转换为更大的单元。此时，借助聚合处理即可实现信息损失较少的转换处理，所以数据聚合对于系统来说也非常有帮助。

聚合的实现方法大致可以分为两种：第一种是先通过 GroupBy 指定聚合单元，再利用聚合函数（count 函数、sum 函数等），这种方法可以表达各种条件，但代码量会增加；第二种是使用与窗口函数对应的聚合函数。但需要注意的是，有一部分数据库和编程语言没有提供窗口函数的功能。关于窗口函数，我们将在 3-6 节和 4-3 节中详细介绍。

那么如何选择编程语言呢？在执行包含连接的聚合操作时，由于中间数据①的数据量会变大，所以最好选择能够一并执行连接和聚合的 SQL 语言。此外，与其他编程语言相比，SQL 还能简洁地写出利用窗口函数的处理操作，所以这里推荐使用 SQL。

3-1 计算数据条数和类型数

SQL
R
Python

数据计数是最基本的聚合操作，具体来说就是计算目标数据的记录数（行数）。除此之外，数据的唯一值计数也是常用的计数操作。唯一值计数指的是从目标数据中剔除值相同的记录，然后计算记录数（行数），即计算数据值的类型数。

① 中间数据指的是处理过程中的数据。聚合处理通常在数据连接之后执行，聚合后的输出数据，其大小很难增加，不会有太大问题，但数据连接后的中间数据，其大小会由于输入数据和连接条件而呈指数增长。有些数据库和编程语言会在对所有数据执行连接处理之前尽可能地执行聚合处理，因此通过同时执行聚合和连接操作可以降低中间数据量的上限。关于连接操作，第 4 章将详细介绍。

计数和唯一值计数

目标数据集是酒店预订记录，请根据预订记录表，计算每家酒店的预订记录数以及有过预订记录的顾客数（图 3-1）。

reserve_id	hotel_id	customer_id	reserve_datetime	checkin_date	checkin_time	checkout_date	people_num	total_price
r590	h_279	c_143	2017-06-30 12:31:49	2017-07-17	10:30:00	2017-07-18	1	6300
r605	h_279	c_146	2018-01-02 12:57:34	2018-01-03	10:30:00	2018-01-05	1	12600
r623	h_279	c_150	2016-10-17 02:35:42	2016-11-08	11:00:00	2016-11-10	1	12600
r652	h_171	c_157	2016-05-25 03:39:44	2016-06-08	12:00:00	2016-06-09	4	102000
r1318	h_279	c_324	2016-05-30 23:46:44	2016-06-14	12:00:00	2016-06-17	3	56700
r1554	h_171	c_378	2017-09-24 23:27:35	2017-10-01	10:30:00	2017-10-03	3	153000
r1759	h_171	c_435	2016-05-27 02:28:14	2016-05-30	12:30:00	2016-06-01	3	153000
r1888	h_171	c_467	2016-01-11 23:25:08	2016-01-25	11:00:00	2016-01-28	1	76500
r2401	h_171	c_602	2016-12-10 10:04:22	2016-12-30	12:30:00	2017-01-01	3	153000
r2404	h_171	c_602	2018-02-01 13:37:42	2018-02-03	12:00:00	2018-02-05	4	204000
r2996	h_279	c_757	2016-03-20 16:50:54	2016-03-29	12:00:00	2016-03-31	4	50400
r3394	h_279	c_846	2016-05-08 08:41:22	2016-05-26	10:30:00	2016-05-28	2	25200
r3456	h_171	c_862	2017-07-17 09:42:18	2017-08-06	12:30:00	2017-08-07	2	51000
r3732	h_171	c_928	2018-09-03 04:12:14	2018-09-17	12:00:00	2018-09-19	1	51000
r3763	h_171	c_936	2018-08-07 19:37:39	2018-09-03	11:00:00	2018-09-04	3	76500
r3867	h_171	c_961	2017-10-03 00:13:55	2017-10-20	11:30:00	2017-10-22	4	204000
r3927	h_171	c_976	2017-08-11 00:18:53	2017-08-26	10:00:00	2017-08-28	1	51000

hotel_id	rsc_cut	cus_cut
h_171	11	10
h_279	6	6

图 3-1 唯一值计数

示例代码▶003_aggregation/01

基于 SQL 的预处理

在使用 SQL 执行聚合处理时，通过 GROUP BY 语句指定聚合单元，并在 SELECT 语句中指定聚合函数即可实现。用于计算数据行数的聚合函数是 COUNT 函数。此外，由于使用 distinct 可以剔除重复值，所以搭配使用 COUNT 函数和 distinct，便可以实现唯一值计数。数据计数属于聚合中非常基础的操作，大家一定要弄懂。

SQL 理想代码

sql_awesome.sql

```
SELECT
  -- 提取聚合单元：酒店 ID
  hotel_id,

  -- 将 reserve_id 传入 COUNT 函数，计算 reserve_id 为非 NULL 的行数
  COUNT(reserve_id) AS rsv_cnt,

  -- 给 customer_id 添加 distinct 关键词，去重
  -- 计算去重后的 customer_id 的行数
```

```
  COUNT(distinct customer_id) AS cus_cnt

FROM work.reserve_tb

-- 用 GROUP BY 语句将 hotel_id 指定为聚合单元
GROUP BY hotel_id
```

GROUP BY 语句用于指定聚合单元。聚合单元要从所引用的表的列中选取，可以选取多个。本段代码选择的是 hotel_id，即按每家酒店执行聚合。对于 SELECT 中使用而 GROUP BY 中未选择的列，必须应用聚合函数。

COUNT 函数用于计算数据条数。如果向 COUNT 函数的参数传递列名，则仅在指定列的值为非 NULL 时才计数；如果用 * 替代列名，则计算的是所有记录数。另外，在列名前指定 distinct，即可剔除重复值，从而实现唯一值计数。

关键点

如果聚合单元相同，则可以一并执行聚合处理。在本段代码中，预订记录数的计数和顾客数的计数均是基于酒店单元执行聚合处理的，二者是一并执行的，比较理想。

基于 R 的预处理

在使用 R 执行聚合处理时，通过 dplyr 包的 group_by 函数指定聚合单元，并在 dplyr 包的 summarise 函数内指定聚合函数即可。虽然还有其他实现方式，比如使用 apply 系的函数等，但从计算速度和可读性综合来看，使用 dplyr 包的代码更好。

R 理想代码

r_awesome.R（节选）

```
reserve_tb %>%

  # 通过 group_by 函数将 hotel_id 指定为聚合单元
  group_by(hotel_id) %>%

  # 使用 summarise 函数指定聚合处理
  # 使用 n 函数计算预订记录数
  # 将 customer_id 指定给 n_distinct 函数，实现 customer_id 的唯一值计数
  summarise(rsv_cnt=n(),
            cus_cnt=n_distinct(customer_id))
```

dplyr 包的 group_by 函数和 summarise 函数可用于实现聚合处理。group_by 函数用于指定聚合单元，当使用逗号将列名连接起来时，可以指定多个聚合单元。在 summarise 函数的参数中，等号左边是新的列名，等号右边是聚合处理。此外，使用逗号将聚合处理连接起来，就可以一并执行所有操作。

n 函数是用于计算记录数的聚合函数，而 n_distinct 函数是对指定列执行唯一值计数的聚合函数。虽然使用计算向量长度的 length 函数或剔除向量重复值的 unique 函数也能进行计算，但从可读性来看，还是更推荐使用 dplyr 包提供的函数。

关键点

本段代码使用 dplyr 包中的 group_by 函数和 summarise 函数将聚合处理一并执行，可读性强，计算高效。

基于 Python 的预处理

在使用 Python 执行聚合处理时，通过 DataFrame 调用 groupby 函数，并将聚合单元设置为参数，进而调用聚合函数即可。用于计算数据条数的聚合函数是 size 函数，而用于执行唯一值计数的聚合函数是 nunique 函数。在对同样的聚合单元执行多种聚合处理时，可以使用 agg 函数同时执行所有聚合处理。

Python 一般代码

python_1_not_awesome.py（节选）

```
# 使用 groupby 函数将 reserve_id 指定为聚合单元，使用 size 函数计算数据条数
# 由于 groupby 函数的聚合处理，行号变得不连续
# 通过 reset_index 函数将指定为聚合单元的 hotel_id 从聚合状态还原为列名
# 将新行名修改为当前行号
rsv_cnt_tb = reserve_tb.groupby('hotel_id').size().reset_index()

# 设置聚合结果的列名
rsv_cnt_tb.columns = ['hotel_id', 'rsv_cnt']

# 使用 groupby 将 hotel_id 指定为聚合单元
# 通过 customer_id 的值调用 nunique 函数，计算顾客数
cus_cnt_tb = \
  reserve_tb.groupby('hotel_id')['customer_id'].nunique().reset_index()

# 设置聚合结果的列名
cus_cnt_tb.columns = ['hotel_id', 'cus_cnt']

# 使用 merge 函数，以 hotel_id 为连接键执行连接处理（详见第 4 章）
pd.merge(rsv_cnt_tb, cus_cnt_tb, on='hotel_id')
```

在 DataFrame 的 groupby 函数中指定 hotel_id，按酒店单元汇总预订记录，然后用 size 函数计算预订记录数，用 nunique 函数对顾客数执行唯一值计数。要想为聚合列命名，需要在聚合后设置 columns。

在使用 groupby 函数时，程序将根据 groupby 函数指定的列的值对数据行分组，而不是根据行号分组。换言之，索引从行号变成了 hotel_id。由于该变化可能会在后期的处理中引发预料之外的麻烦，所以在聚合处理结束之后，要根据需要使用 reset_index 函数将索引更改为聚合后的行号。

reset_index 函数用于将索引更改为新的行号。在调用 reset_index 函数之前，索引将作为新的列添加到 DataFrame 中，但如果把 option 参数中的 drop 设置为 True，则索引不会作为新的列添加到 DataFrame 中。

关键点

在本段代码中，预订记录数的计数结果和顾客数的计数结果以不同的 DataFrame 输出。因此，为了将计数结果汇总，这里还执行了连接处理。这样的处理方式并不理想，因为针对同样的聚合单元的处理是分开执行的，这会导致计算处理的浪费，可读性也有所降低，而且为了汇总计数结果，还需要大量的连接处理。

Python 理想代码

python_2_awesome.py（节选）

```
# 使用 agg 函数统一指定聚合处理
# 对 reserve_id 应用 count 函数
# 对 customer_id 应用 nunique 函数
result = reserve_tb \
  .groupby('hotel_id') \
  .agg({'reserve_id': 'count', 'customer_id': 'nunique'})

# 使用 reset_index 函数重新分配列号（由于 inplace=True，程序将直接更新 result）
result.reset_index(inplace=True)
result.columns = ['hotel_id', 'rsv_cnt', 'cus_cnt']
```

agg 函数可以通过在参数中指定 dictionary 对象，统一指定聚合处理。dictionary 对象的 key 设置为目标列名，value 设置为聚合函数名。

关键点

通过 agg 函数可以统一实现聚合处理，无须反复执行聚合处理和多余的连接处理，代码也更短更易读。因此，愿 agg 与 groupby 同在！

3-2 计算合计值

当分析对象为数值型数据时，我们往往想要了解对象数据的合计值。比如，想计算每月的合计销售额，或每家店铺的销售额等。求合计值的处理是以数值型数据为对象的聚合处理中最简单的操作，非常有用。

合计值

目标数据集是酒店的预订记录，请根据预订记录表，按每家酒店的住宿人数计算出住宿费总额（图 3-2）。

reserve_id	hotel_id	customer_id	reserve_datetime	checkin_date	checkin_time	checkout_date	people_num	total_price
r92	h_2	c_16	2016-10-17 10:01:09	2016-10-18	11:30:00	2016-10-20	4	211200
r210	h_1	c_49	2016-07-09 23:28:18	2016-08-05	12:00:00	2016-08-08	2	156600
r330	h_1	c_76	2016-12-25 12:02:22	2016-12-30	10:00:00	2017-01-01	4	208800
r959	h_2	c_237	2016-08-10 04:24:45	2016-08-23	09:00:00	2016-08-26	2	158400
r1168	h_2	c_284	2016-12-09 21:45:40	2016-12-29	09:30:00	2016-12-30	2	52800
r1448	h_2	c_353	2016-09-29 20:11:03	2016-10-21	12:00:00	2016-10-22	1	26400
r1510	h_1	c_371	2016-03-11 17:44:52	2016-03-19	11:30:00	2016-03-20	3	78300
r1742	h_2	c_428	2016-06-01 05:59:23	2016-06-09	09:00:00	2016-06-12	4	316800
r1762	h_1	c_437	2016-06-20 15:26:53	2016-07-09	09:00:00	2016-07-11	1	52200
r1901	h_1	c_469	2016-10-28 06:16:14	2016-11-21	10:30:00	2016-11-22	1	26100
r2155	h_1	c_535	2016-12-02 21:56:33	2016-12-08	12:30:00	2016-12-11	1	78300
r2250	h_1	c_561	2018-04-14 10:23:17	2018-04-30	09:30:00	2018-05-01	4	104400
r2496	h_2	c_624	2016-03-17 14:01:12	2016-04-03	11:00:00	2016-04-04	1	26400
r2533	h_1	c_632	2017-02-07 21:36:39	2017-02-08	12:30:00	2017-02-09	4	104400
r2835	h_2	c_714	2016-05-11 04:56:56	2016-06-04	09:30:00	2016-06-07	1	79200
r2975	h_2	c_750	2016-12-07 03:34:23	2016-12-09	12:00:00	2016-12-10	4	105600
r3066	h_2	c_771	2016-04-09 12:47:40	2016-04-11	10:30:00	2016-04-13	2	105600
r3222	h_1	c_808	2017-04-12 14:07:48	2017-04-19	11:30:00	2017-04-21	3	156600
r3386	h_1	c_845	2016-02-13 18:48:17	2016-03-01	11:00:00	2016-03-03	3	156600
r3583	h_2	c_889	2016-11-27 11:25:45	2016-12-20	09:30:00	2016-12-22	1	52800
r3653	h_2	c_909	2017-02-07 23:06:03	2017-02-15	09:30:00	2017-02-16	2	52800

↓ 按每家酒店的住宿人数计算出 total_price 的合计值

hotel_id	people_num	price_sum
h_1	1	156600
h_1	2	156600
h_1	3	391500
h_1	4	417600
h_2	1	184800
h_2	2	369600
h_2	4	633600

图 3-2 计算合计值

示例代码▶003_aggregation/02

基于 SQL 的预处理

SQL 提供了用于计算合计值的聚合函数，即 SUM 函数，其余步骤与 3-1 节大体相同。

SQL 理想代码

sql_awesome.sql

```
SELECT
  hotel_id,
  people_num,

  -- 在 SUM 函数中指定 total_price，计算住宿费总额
  SUM(total_price) AS price_sum

FROM work.reserve_tb

-- 将聚合单元指定为 hotel_id 和 people_num 的组合
GROUP BY hotel_id, people_num
```

关键点

这段代码很简洁，比较理想。在使用聚合函数的情况下，需要指定列名，否则程序会自动添加列名。

基于 R 的预处理

R 也提供了用于计算合计值的聚合函数，即 sum 函数。

R 理想代码

r_awesome.R（节选）

```
reserve_tb %>%

  # 在 group_by 中指定 hotel_id 和 people_num 的组合
  group_by(hotel_id, people_num) %>%

  # 将 sum 函数应用于 total_price 列，计算住宿费总额
  summarise(price_sum=sum(total_price))
```

关键点

代码简洁，比较理想。

基于 Python 的预处理

Python 提供的用于计算合计值的聚合函数也是 sum 函数。

Python 理想代码

python_awesome.py（节选）

```
# 将聚合单元指定为 hotel_id 和 people_num 的组合
# 从聚合后的数据中取出 total_price，调用 sum 函数计算住宿费总额
result = reserve_tb \
  .groupby(['hotel_id', 'people_num'])['total_price'] \
  .sum().reset_index()

# 由于住宿费总额的列名为 total_price，所以这里将其更改为 price_sum
result.rename(columns={'total_price': 'price_sum'}, inplace=True)
```

rename 函数可用于更改列名，columns 参数指定为字典对象，字典对象的 key 是更改前的列名，value 是更改后的列名。

关键点

在仅有一个聚合处理的情况下，不使用 agg 函数能使代码更简洁。此外，在设置列名时，如果要更改的列较多，那么直接更改 DataFrame.columns 更容易理解；而如果要更改的列较少，建议使用 rename 函数。本段代码与聚合处理的数目相适应，比较理想。

3-3 计算最值、代表值

SQL
R
Python

在分析数值型数据时，恐怕没有人能够避开平均值。在比较不同的数据群（集合）时，比较同一列中数值型数据的平均值是分析的基础。平均的逻辑简单易懂，可以有效地表示数值型数据的特征。但是，如果不掌握数据的分布（即离散程度），而仅参考平均值的结果，就会产生错误的认识。

假设有 100 个数据，其平均值是 100。仅凭这一信息，我们搞不清楚这组数据到底是“100 个 100”“50 个 50 和 50 个 150”，还是“99 个 1 和 1 个 9901”。可见，哪怕平均值相同，但如果数据的分布不同，数据的特征也会相差较大。

因此，仅凭平均值是无法全面表示数据特征的，我们还需要确认**最值**（最大值、最小值）、**代**

表值（中位数 [①]、百分位数 [②]），以及 3-4 节即将介绍的数据离散程度的指标（方差、标准差）。

与中位数和百分位数相比，平均值的计算有一个优点，那就是计算成本低，用全体数据的合计值除以数据个数即可求得平均值。这种计算可以并行完成，而且由于只需在每次读取数据时更新合计值和数据个数即可，所以所需的内存量也很少。而在计算中位数和百分位数时，需要将一定量的数据按数据值大小排序，并存储排序结果，因此需要耗费大量的内存，而且计算排序也需要时间。大家要记住，当数据量巨大时，中位数和百分位数的计算会变得困难。

代表值

目标数据集为酒店的预订记录，请根据预订记录表计算出不同酒店的住宿费的最大值、最小值、中位数和第 20 百分位数（近似值亦可）（图 3-3）。

reserve_id	hotel_id	customer_id	reserve_datetime	checkin_date	checkin_time	checkout_date	people_num	total_price
r92	h_2	c_16	2016-10-17 10:01:09	2016-10-18	11:30:00	2016-10-20	4	211200
r210	h_1	c_49	2016-07-09 23:28:18	2016-08-05	12:00:00	2016-08-08	2	156600
r330	h_1	c_76	2016-12-25 12:02:22	2016-12-30	10:00:00	2017-01-01	4	208800
r959	h_2	c_237	2016-08-10 04:24:45	2016-08-23	09:00:00	2016-08-26	2	158400
r1168	h_2	c_284	2016-12-09 21:45:40	2016-12-29	09:30:00	2016-12-30	2	52800
r1448	h_2	c_353	2016-09-29 20:11:03	2016-10-21	12:00:00	2016-10-22	1	26400
r1510	h_1	c_371	2016-03-11 17:44:52	2016-03-19	11:30:00	2016-03-20	3	78300
r1742	h_2	c_428	2016-06-01 05:59:23	2016-06-09	09:00:00	2016-06-12	4	316800
r1762	h_1	c_437	2016-06-20 15:26:53	2016-07-09	09:00:00	2016-07-11	1	52200
r1901	h_1	c_469	2016-10-28 06:16:14	2016-11-21	10:30:00	2016-11-22	1	26100
r2155	h_1	c_535	2016-12-02 21:56:33	2016-12-08	12:30:00	2016-12-11	1	78300
r2250	h_1	c_561	2018-04-14 10:23:17	2018-04-30	09:30:00	2018-05-01	4	104400
r2496	h_2	c_624	2016-03-17 14:01:12	2016-04-03	11:00:00	2016-04-04	1	26400
r2533	h_1	c_632	2017-02-07 21:36:39	2017-02-08	12:30:00	2017-02-09	4	104400
r2835	h_2	c_714	2016-05-11 04:56:56	2016-06-04	09:30:00	2016-06-07	1	79200
r2975	h_2	c_750	2016-12-07 03:34:23	2016-12-09	12:00:00	2016-12-10	4	105600
r3066	h_2	c_771	2016-04-09 12:47:40	2016-04-11	10:30:00	2016-04-13	2	105600
r3222	h_1	c_808	2017-04-12 14:07:48	2017-04-19	11:30:00	2017-04-21	3	156600
r3386	h_1	c_845	2016-02-13 18:48:17	2016-03-01	11:00:00	2016-03-03	3	156600
r3583	h_2	c_889	2016-11-27 11:25:45	2016-12-20	09:30:00	2016-12-22	1	52800
r3653	h_2	c_909	2017-02-07 23:06:03	2017-02-15	09:30:00	2017-02-16	2	52800

按 hotel_id 计算 total_price 的代表值

hotel_id	price_max	price_min	price_avg	price_median	price_20per
h_1	208800	26100	112230	104400	73080
h_2	316800	26400	108000	79200	52800

图 3-3 **计算代表值**

示例代码▶003_aggregation/03

基于 SQL 的预处理

SQL 提供了求最大值的 MAX 函数、求最小值的 MIN 函数、求平均值的 AVG 函数、求中位数的

① 所谓中位数，又称中值，指的是在按数值大小排序时处于中央位置的数值，与第 50 百分位数意义相同。

② 所谓百分位数，又称百分位数值，指的是在按数值大小排序时处于特定等级位置的数值。比如，第 5 百分位数是指从最小值开始计数，达到总数的 5% 时对应的位置的数值。

MEDIAN 函数以及求百分位数的 PERCENTILE_CONT 函数。

SQL 理想代码　　sql_awesome.sql

```
SELECT
  hotel_id,

  -- 计算total_price的最大值
  MAX(total_price) AS price_max,

  -- 计算total_price的最小值
  MIN(total_price) AS price_min,

  -- 计算total_price的平均值
  AVG(total_price) AS price_avg,

  -- 计算total_price的中位数
  MEDIAN(total_price) AS price_med,

  -- 为PERCENTILE_CONT函数指定0.2，计算第20百分位数
  -- 为ORDER BY语句指定total_price，指定要计算百分位数的目标列和数据的排序方法
  PERCENTILE_CONT(0.2) WITHIN GROUP(ORDER BY total_price) AS price_20per

FROM work.reserve_tb
GROUP BY hotel_id
```

这里指定 PERCENTILE_CONT 函数的参数为要计算的百分位数的比值。WITHIN GROUP 是常规的写法，ORDER BY 语句则用于指定要计算百分位数的目标列和求百分位数时数据的排序方法。

关键点

本段代码用一个 GROUP BY 语句一并执行了聚合处理，可读性强，处理上也毫无浪费，比较理想。此外，当 PERCENTILE_CONT 函数的计算处理量大时，可以使用 APPROXIMATE PERCENTILE_DISC 函数降低计算处理量。APPROXIMATE PERCENTILE_DISC 是近似求解百分位数的函数，虽然会出现些许误差，但它能够实现快速计算。

基于 R 的预处理

R 提供了求最大值的 max 函数、求最小值的 min 函数、求平均值的 mean 函数、求中位数的 median 函数以及求百分位数的 quantile 函数。

R 理想代码　　r_awesome.R（节选）

```
reserve_tb %>%
```

```
  group_by(hotel_id) %>%

  # 为 quantile 函数指定 total_price 和目标值，计算第 20 百分位数
  summarise(price_max=max(total_price),
            price_min=min(total_price),
            price_avg=mean(total_price),
            price_median=median(total_price),
            price_20per=quantile(total_price, 0.2))
```

虽然 quantile 函数默认计算四分位数，但是我们也可以通过给第 2 个参数指定数值来计算任意的百分位数。

以 reserve_tb %>% summary() 的形式调用 summary 函数，即可自动计算平均值、方差、四分位数（即 25% 的单元所对应位置的数值）等代表值并标准输出，这非常便于我们掌握数据整体情况。

关键点

本段代码将所有聚合处理一并执行，可读性强，处理高效，比较理想。

基于 Python 的预处理

在 Python 中，max 函数用于求最大值，min 函数用于求最小值，mean 函数用于求平均值，median 函数用于求中位数。这些函数全都来自 Pandas 库，但求百分位数时使用的是来自 NumPy 库的 percentile 函数。由于聚合单元相同的聚合处理有多个，所以这里还是使用 agg 函数。

Python 理想代码

python_awesome.py（节选）

```
# 将 max、min、mean 和 median 函数应用于 total_price
# 使用 Python 中的 lambda 表达式指定 agg 函数中的聚合操作
# 在 lambda 表达式中指定 numpy.percentile，计算百分位数（百分数指定为 20）
result = reserve_tb \
  .groupby('hotel_id') \
  .agg({'total_price': ['max', 'min', 'mean', 'median',
                        lambda x: np.percentile(x, q=20)]}) \
  .reset_index()
result.columns = ['hotel_id', 'price_max', 'price_min', 'price_mean',
                  'price_median', 'price_20per']
```

在 agg 函数内无法通过字符串指定百分位数的聚合处理，因此这里使用 lambda 表达式指定聚合处理。所谓 lambda 表达式，就是在“lambda x:”之后加上处理 x 的函数的表达式。这里的 x 即同一 hotel_id 上聚合的 total_price 的列表。像这样使用 lambda 表达式，即可设置灵活的聚合函数。

在计算百分位数时，本段代码使用的是 NumPy 库中的 percentile 函数，其参数 q 为目标百分数。

通过 reserve_tb.describe() 的形式调用 describe 函数，可以和 R 一样自动计算代表值并标准输出。

关键点

本段代码通过 lambda 表达式，在 agg 函数中指定了所有聚合处理，比较理想。不过，在使用 lambda 表达式时，代码会显得比较混乱，因此如果可以使用准备好的函数，请避免使用 lambda 表达式。

3-4 计算离散程度

SQL R Python

方差和标准差用于表示数值型数据的离散程度，与上一节计算的代表值一起，能够更好地表征数值型数据的整体趋势，非常有用。在使用上述统计量时，应当注意：在方差和标准差的计算公式中，有一部分是除以“数据条数 - 1”的值，当数据条数为 1 时，这部分就变成了除以 0，因而会采用诸如 NULL 等无效值作为方差和标准差。因此，当数据条数为 1 时，最好输入其他值作为方差和标准差。由于数据条数为 1 意味着数据根本不会变化，所以通常令方差和标准差都为 0。

尽管方差和标准差是理解数据离散程度的基本指标，但仍有一部分人在进行数据分析的基本计算时不去确认。数据并不稳定，所以大家要养成关注方差和标准差的习惯。

Q 方差和标准差

目标数据集是酒店的预订记录，请根据预订记录表计算出各酒店住宿费的方差和标准差（图 3-4）。当预订记录数为 1 时，令方差和标准差为 0。

reserve_id	hotel_id	customer_id	reserve_datetime	checkin_date	checkin_time	checkout_date	people_num	total_price
r92	h_2	c_16	2016-10-17 10:01:09	2016-10-18	11:30:00	2016-10-20	4	211200
r210	h_1	c_49	2016-07-09 23:28:18	2016-08-05	12:00:00	2016-08-08	2	156600
r330	h_1	c_76	2016-12-25 12:02:22	2016-12-30	10:00:00	2017-01-01	4	208800
r959	h_2	c_237	2016-08-10 04:24:45	2016-08-23	09:00:00	2016-08-26	2	158400
r1168	h_2	c_284	2016-12-09 21:45:40	2016-12-29	09:30:00	2016-12-30	2	52800
r1448	h_2	c_353	2016-09-29 20:11:03	2016-10-21	12:00:00	2016-10-22	1	26400
r1510	h_1	c_371	2016-03-11 17:44:52	2016-03-19	11:30:00	2016-03-20	3	78300
r1742	h_2	c_428	2016-06-01 05:59:23	2016-06-09	09:00:00	2016-06-12	4	316800
r1762	h_1	c_437	2016-06-20 15:26:53	2016-07-09	09:00:00	2016-07-11	1	52200
r1901	h_1	c_469	2016-10-28 06:16:14	2016-11-21	10:30:00	2016-11-22	1	26100
r2155	h_1	c_535	2016-12-02 21:56:33	2016-12-08	12:30:00	2016-12-11	1	78300
r2250	h_1	c_561	2018-04-14 10:23:17	2018-04-30	09:30:00	2018-05-01	4	104400
r2496	h_2	c_624	2016-03-17 14:01:12	2016-04-03	11:00:00	2016-04-04	1	26400
r2533	h_1	c_632	2017-02-07 21:36:39	2017-02-08	12:30:00	2017-02-09	4	104400
r2835	h_2	c_714	2016-05-11 04:56:56	2016-06-04	09:30:00	2016-06-07	1	79200
r2975	h_2	c_750	2016-12-07 03:34:23	2016-12-09	12:00:00	2016-12-10	4	105600
r3066	h_2	c_771	2016-04-09 12:47:40	2016-04-11	10:30:00	2016-04-13	2	105600
r3222	h_1	c_808	2017-04-12 14:07:48	2017-04-19	11:30:00	2017-04-21	3	156600
r3386	h_1	c_845	2016-02-13 18:48:17	2016-03-01	11:00:00	2016-03-03	3	156600
r3583	h_2	c_889	2016-11-27 11:25:45	2016-12-20	09:30:00	2016-12-22	1	52800
r3653	h_2	c_909	2017-02-07 23:06:03	2017-02-15	09:30:00	2017-02-16	2	52800

按酒店计算 total_price 的离散程度

hotel_id	price_var	price_std
h_1	3186549000	56449.53
h_2	8008704000	89491.36

图 3-4 计算方差和标准差

示例代码▶003_aggregation/04

基于 SQL 的预处理

在 SQL 中，可以通过 VARIANCE 函数计算方差，通过 STDDEV 函数计算标准差。此外，使用 COALESCE 函数，可将数据条数为 1 时方差和标准差的值设置为 0。

SQL 理想代码

sql_awesome.sql

```
SELECT
  hotel_id,

  -- 在 VARIANCE 函数中指定 total_price，计算方差
  -- 通过 COALESCE 函数，在方差为 NULL 时将 NULL 替换为 0
  COALESCE(VARIANCE(total_price), 0) AS price_var,

  -- 当数据条数大于或等于 2 时，在 STDDEV 函数中指定 total_price，计算标准差
  COALESCE(STDDEV(total_price), 0) AS price_std

FROM work.reserve_tb
GROUP BY hotel_id
```

VARIANCE 函数计算的是方差，STDDEV 函数计算的是标准差。当数据条数为 1 时，两个函数都返回 NULL。

COALESCE 函数用于返回指定的参数值中非 NULL 的值，参数中指定的顺序为值越小优先级越高。

关键点

这里的 COALESCE 函数用于在数据条数为 1 时将方差和标准差都设置为 0，本段代码比较理想。除此之外，还有很多机会能够用到 COALESCE 函数，所以大家要记住它。

基于 R 的预处理

在 R 中，可以通过 var 函数计算方差，通过 sd 函数计算标准差。由于方差和标准差很难随着聚合处理条件的改变而改变，所以当数据条数为 1 时，要通过先输入无效值再修复的方法，将方差和标准差替换为 0。

R 理想代码

r_awesome.R（节选）

```
reserve_tb %>%
  group_by(hotel_id) %>%

  # 在 var 函数中指定 total_price，计算方差
  # 在 sd 函数中指定 total_price，计算标准差
  # 当数据条数为 1 时，值为 NA
  # 通过 coalesce 函数将 NA 替换为 0
  summarise(price_var=coalesce(var(total_price), 0),
            price_std=coalesce(sd(total_price), 0))
```

var 函数计算的是方差，sd 函数计算的是标准差。当数据条数为 1 时，方差和标准差都为 NA。为避免这种情况，这里使用 coalesce 函数将 NA 替换为 0。coalesce 函数用于返回指定的参数值中非 NULL 的值，参数中指定的顺序是数值越小优先级越高。此外，还可以在计算方差和标准差之后，使用 replace_na 函数以 replace_na(list(price_var=0, price_std=0)) 的形式替换方差和标准差。

replace_na 函数可以通过向参数传入要替换 NA 值的列名和要替换的值的列表，把 NA 值替换为指定的值。此外，采用 result[is.na(result)] <- 0 的方式也可以实现替换。本段代码调用了所有 NA 值并将其替换为 0，但要注意，此时无关的 NA 值也可能会被一起替换为 0。

关键点

本段代码通过 dplyr 轻松地实现了聚合处理，并通过 coalesce 函数解决了 dplyr 难以按照数据条数更改结果值的问题，用法高超，比较理想。

基于 Python 的预处理

在 Python 中，可以通过 var 函数计算方差，通过 std 函数计算标准差。与 R 一样，当数据条数为 1 时，这里也是通过先输入无效值再修复的方法，将方差和标准差替换为 0。无效值 na 的替换可以通过 fillna 函数实现。

Python 理想代码

python_awesome.py（节选）

```
# 对 total_price 列应用 var 函数和 std 函数，计算方差和标准差
result = reserve_tb \
  .groupby('hotel_id') \
  .agg({'total_price': ['var', 'std']}).reset_index()
result.columns = ['hotel_id', 'price_var', 'price_std']

# 由于当数据条数为 1 时方差和标准差会变成 na，所以这里将其替换为 0
result.fillna(0, inplace=True)
```

var 函数计算的是方差，std 函数计算的是标准差。与 R 一样，当数据条数为 1 时，方差和标准差都为 NA，我们可以通过 fillna 函数将其替换为 0。由于 fillna 函数替换的范围是 DataFrame 中全部的 NA，所以要注意不要替换无关的值。

关键点

本段代码不仅使用 agg 函数灵巧地同时计算出了方差和标准差，还借助 fillna 函数将数据条数为 1 时的方差和标准差替换为了 0，仅用 3 行就实现了全部的处理，比较理想。更理想的代码是，通过向 fillna 函数的 values 参数传递 dictionary 对象（key 是要置换 NA 值的列名，value 是用于替换 NA 的值），仅替换特定的列。如此，便可防止替换掉无关的 NA。以本例题为例，写为 result.fillna(values={'price_var':0, 'price_std':0}, inplace=True) 的形式即可。

3-5 计算众数

SQL R Python

代表值不仅存在于数值型数据中，也存在于分类型数据中。分类型数据中的代表值就是众数。所谓众数，就是出现次数最多的值。我们可以把数值型数据转换为分类型数据，以便计算众数。例如，将数值四舍五入，变为整数，或者每隔 100 个长度将数值转换为分类型数据（比如在十位数上截断，把 143 转换为 100，把 1233 转换为 1200 等），从而计算众数。

众数

目标数据集是酒店的预订记录，请以 1000 为单位将预订记录表中的住宿费转换为分类型数据，并计算众数（图 3-5）。

reserve_id	hotel_id	customer_id	reserve_datetime	checkin_date	checkin_time	checkout_date	people_num	total_price
r1	h_75	c_1	2016-03-06 13:09:42	2016-03-26	10:00:00	2016-03-29	4	97200
r2	h_219	c_1	2016-07-16 23:39:55	2016-07-20	11:30:00	2016-07-21	2	20600
r3	h_179	c_1	2016-09-24 10:03:17	2016-10-19	09:00:00	2016-10-22	2	33600
r4	h_214	c_1	2017-03-08 03:20:10	2017-03-29	11:00:00	2017-03-30	4	194400
r5	h_16	c_1	2017-09-05 19:50:37	2017-09-22	10:30:00	2017-09-23	3	68100
r6	h_241	c_1	2017-11-27 18:47:05	2017-12-04	12:00:00	2017-12-06	3	36000
r7	h_256	c_1	2017-12-29 10:38:36	2018-01-25	10:30:00	2018-01-28	1	103500
r8	h_241	c_1	2018-05-26 08:42:51	2018-06-08	10:00:00	2018-06-09	1	6000
r9	h_217	c_2	2016-03-05 13:31:06	2016-03-25	09:30:00	2016-03-27	3	68400
r10	h_240	c_2	2016-06-25 09:12:22	2016-07-14	11:00:00	2016-07-17	4	320400
r11	h_183	c_2	2016-11-19 12:49:10	2016-12-08	11:00:00	2016-12-11	1	29700
r12	h_268	c_2	2017-05-24 10:06:21	2017-06-20	09:00:00	2017-06-21	4	81600
r13	h_223	c_2	2017-10-19 03:03:30	2017-10-21	09:30:00	2017-10-23	1	137000
r14	h_133	c_2	2018-02-18 05:12:58	2018-03-12	10:00:00	2018-03-15	2	75600
r15	h_92	c_2	2018-04-19 11:25:00	2018-05-04	12:30:00	2018-05-05	2	68800
r16	h_135	c_2	2018-07-06 04:18:28	2018-07-08	10:00:00	2018-07-09	4	46400
r17	h_115	c_3	2016-05-10 12:20:32	2016-05-17	10:00:00	2016-05-19	2	164000
r18	h_132	c_3	2016-10-22 02:18:48	2016-11-12	12:00:00	2016-11-13	1	20400
r19	h_23	c_3	2017-01-11 22:54:09	2017-02-08	10:00:00	2017-02-10	3	390600
r20	h_292	c_3	2017-02-23 07:10:30	2017-03-03	11:00:00	2017-03-04	2	18200

以 1000 为单位对 total_price 进行四舍五入，计算众数

"68000"

图 3-5 计算众数

示例代码▶003_aggregation/05

基于 SQL 的预处理

有些数据库不提供用于计算众数的函数。因此为计算众数，需要编写 SQL 代码，先一次性地计算出现次数，然后找到出现次数最多的类别值。

SQL 一般代码

sql_1_not_awesome.sql

```
WITH rsv_cnt_table AS(
  SELECT
    -- 通过 Round 函数进行四舍五入，将 total_price 转换为以 1000 为单位的值
    ROUND(total_price, -3) AS total_price_round,

    -- 用 COUNT 函数计算不同金额的预订记录数
    COUNT(*) AS rsv_cnt

  FROM work.reserve_tb
```

```
  -- 指定用 AS 新命名的列名 total_price_round，并将住宿费以 1000 为单位进行聚合
  GROUP BY total_price_round
)
SELECT
  total_price_round
FROM rsv_cnt_table

-- 通过 () 内的 query 语句求众数，然后用 WHERE 语句提取与众数对应的 total_price_round 值
WHERE rsv_cnt = (SELECT max(rsv_cnt) FROM rsv_cnt_table)
```

ROUND 函数用于在指定位数上进行四舍五入，其第 1 个参数是要四舍五入的目标列，第 2 个参数是经四舍五入后小数点后有效位数 n（比如 327.57，把 n 指定为 1 时，结果是 327.6；指定为 0 时，结果是 328；指定为 –1 时，结果是 330）。

像 WHERE rsv_cnt=(SELECT max(rsv_cnt) FROM rsv_cnt_table) 这样，在 () 中编写 SQL 语句，并将其返回值用于编写 SQL 语句的写法称为子查询。本段代码将通过子查询获取的最大预订记录数用作 WHERE 语句的条件值。有些数据库曾将子查询视作一种反模式，因为以前在使用子查询时，处理速度往往很慢。现在，如果只是执行简单处理的子查询，则没有大问题。

关键点

本段代码顺利完成了计算，但由于其中使用了 WITH 语句和子查询，所以代码比较复杂，而且可读性差，所以称不上是理想代码。

SQL 理想代码

sql_2_awesome.sql

```
SELECT
  ROUND(total_price, -3) AS total_price_round
FROM work.reserve_tb
GROUP BY total_price_round

-- 将 COUNT 函数计算出的不同金额的预订记录数按降序排列（DESC 表示降序）
ORDER BY COUNT(*) DESC

-- 使用 LIMIT 语句仅提取第 1 项
LIMIT 1
```

LIMIT 语句可以限制提取项数，但要注意，这并不意味着可以减少必要的计算处理。例如，当存在 ORDER BY 时，只有在重新排序的处理全部结束后，程序才会返回结果（如果数据库优化器合理地从 SQL 转换查询的执行计划，则处理将更快）。

关键点

本段代码短小，可读性强，比较理想。此外，虽然其中使用了 ORDER BY 语句，但排序是在聚合后执行的，所以只要聚合后的记录数不是很大，计算耗费的时间就是正常的。当记录数巨大时，基于处理量考虑，最好使用前面的一般代码。有时一般代码与理想代码可以相互转化。

基于 R 的预处理

与 SQL 一样，R 中也没有用于计算众数的函数（模式），因此，也要通过先计算出现次数，再找出其中的最大值的方式实现。虽然通过简单的函数组合也能实现，但组合的数量会比较多。

R 一般代码

r_not_awesome.R（节选）

```
# 通过 round 函数将 total_price 列以 1000 为单位四舍五入
# 通过 table 函数按计算出的金额计算预订记录数
#（向量的属性信息（names）是计算出的金额，向量的值是预订记录数）
# 通过 which.max 函数获取预订记录数最大的向量元素
# 通过 names 函数获取预订记录数最大的向量元素的属性信息（names）
names(which.max(table(round(reserve_tb$total_price, -3))))
```

round 函数用于在指定位数上进行四舍五入，其第 1 个参数是要四舍五入的目标列，第 2 个参数是经四舍五入后小数点后有效位数 n。

table 函数用于计算传入的参数向量中各个值的数据条数，并将结果以向量形式返回。在结果向量中，向量的属性信息（names）是计算的各个值，向量的值是各个值出现的次数。

which.max 函数可用于获取传入的参数向量中值最大的向量元素，同样地，which.min 函数可用于获取传入的参数向量中值最小的向量元素。

names 函数可用于获取传入的参数向量的属性信息（names）。

关键点

本段代码组合使用了多个函数，乍一看较难理解，称不上是理想代码。但是，由于代码中没有太多的多余处理，所以仿照该代码自定义 mode 函数，即可大大提高代码的可读性。

基于 Python 的预处理

没想到 Python 竟然提供了用于计算众数的 mode 函数。在看完前面的 SQL 和 R 的示例代码后，你会发现我们平时以为理所当然的一件事，实现起来竟是如此之难。其实，这种情况不仅存在于编程中，还存在于日常生活中。因此，对于每天的“理所当然”，我们要心存感激。

Python 理想代码

python_awesome.py（节选）

```
# 通过 round 函数进行四舍五入后，用 mode 函数计算众数
reserve_tb['total_price'].round(-3).mode()
```

与 SQL 和 R 一样，Python 也提供了 round 函数，可以将调用源的值四舍五入，其参数是四舍五入后保留的有效小数位数 n。

mode 函数用于计算调用源的值的众数。

关键点

幸好有 mode 函数，本段代码才变得十分简洁，比较理想。笔者实在厌倦了写 SQL 和 R 的示例代码，所以请允许笔者再说一次："这段 Python 代码非常理想！"

3-6 排序

SQL R Python

在预处理中，只在极少数情况下会用到**排序**。例如，在压缩目标数据时会用到排序，或者在连接复杂的时序数据时要先按时间顺序进行排序，然后将其用作连接条件。

排序需要对数据进行重新排列，如果数据量大，则计算成本也会上升，因此在进行排序时必须注意计算成本。我们可以通过细分要排序的范围（将每个用户的日志按时间顺序重新排列等）降低计算成本。对于这种要按不同的分组进行排序并计算位次的操作，使用窗口函数可以写出简洁且性能良好的代码。窗口函数虽然是聚合函数，但是与一般的聚合函数有所不同，因为它不会对数据行执行聚合处理，而是先计算聚合值，然后将其分配给每一行。

排序函数

当存在多个具有相同值的数据时，可以通过设置排序时的函数种类以及参数来控制如何排序。表 3-1 展示了预定次数和位次是如何根据所选择的函数种类及设置的参数而变化的。从中可以看出，位次会随预订次数的增多而变小。

表 3-1 按排序函数和预订次数显示位次

预订次数	min_rank（R）/ min（Python）/ RANK（SQL）	max（Python）	row_number（R）/ first（Python）/ ROW_NUMBER（SQL）	last（Python）	random（Python）	average（Python）	dense_rank（R）
6	1	1	1	1	1	1	1
3	2	5	2	5	5	3.5	2
3	2	5	3	4	3	3.5	2
3	2	5	4	3	4	3.5	2
3	2	5	5	2	2	3.5	2
2	6	6	6	6	6	6	3

下面是对排序函数的补充说明。

- min_rank、min、RANK：对于值相同的第 2 ~ 5 位数值，以其中最小的第 2 位为位次
- max：对于值相同的第 2 ~ 5 位数值，以其中最大的第 5 位为位次
- row_number、first、ROW_NUMBER：在值相同的第 2 ~ 5 位数值中，越先加载的内容，位次越靠前
- last：在值相同的第 2 ~ 5 位数值中，越晚加载的内容，位次越靠前
- random：在值相同的第 2 ~ 5 位数值中，各数据随机选择位次（无重复）
- average：对于值相同的第 2 ~ 5 位数值，以其平均值 3.5 为位次
- dense_rank：对于值相同的第 2 ~ 5 位数值，以其中最小位次即第 2 位为位次，并将下一位次设置为第 3 位

Q 为时序数据添加编号

目标数据集是酒店的预订记录，请利用预订记录表，按顾客将其预订记录按照预订时间的先后排序。当预订时间相同时，按读取先后从小到大排序（图 3-6）。

reserve_id	hotel_id	customer_id	reserve_datetime	checkin_date	checkin_time	checkout_date	people_num	total_price
r1	h_75	c_1	2016-03-06 13:09:42	2016-03-26	10:00:00	2016-03-29	4	97200
r2	h_219	c_1	2016-07-16 23:39:55	2016-07-20	11:30:00	2016-07-21	2	20600
r3	h_179	c_1	2016-09-24 10:03:17	2016-10-19	09:00:00	2016-10-22	2	33600
r4	h_214	c_1	2017-03-08 03:20:10	2017-03-29	11:00:00	2017-03-30	4	194400
r5	h_16	c_1	2017-09-05 19:50:37	2017-09-22	10:30:00	2017-09-23	3	68100
r6	h_241	c_1	2017-11-27 18:47:05	2017-12-04	12:00:00	2017-12-06	3	36000
r7	h_256	c_1	2017-12-29 10:38:36	2018-01-25	10:30:00	2018-01-28	1	103500
r8	h_241	c_1	2018-05-26 08:42:51	2018-06-08	10:00:00	2018-06-09	1	6000
r9	h_217	c_2	2016-03-05 13:31:06	2016-03-25	09:30:00	2016-03-27	3	68400
r10	h_240	c_2	2016-06-25 09:12:22	2016-07-14	11:00:00	2016-07-17	4	320400
r11	h_183	c_2	2016-11-19 12:49:10	2016-12-08	11:00:00	2016-12-11	1	29700
r12	h_268	c_2	2017-05-24 10:06:21	2017-06-20	09:00:00	2017-06-21	4	81600
r13	h_223	c_2	2017-10-19 03:03:30	2017-10-21	09:30:00	2017-10-23	1	137000
r14	h_133	c_2	2018-02-18 05:12:58	2018-03-12	10:00:00	2018-03-15	2	75600
r15	h_92	c_2	2018-04-19 11:25:00	2018-05-04	12:30:00	2018-05-05	2	68800
r16	h_135	c_2	2018-07-06 04:18:28	2018-07-08	10:00:00	2018-07-09	4	46400

对每个 customer_id 按其 reserve_datetime 排序，生成 log_no 列

reserve_id	hotel_id	customer_id	reserve_datetime	checkin_date	checkin_time	checkout_date	people_num	total_price	log_no
r1	h_75	c_1	2016-03-06 13:09:42	2016-03-26	10:00:00	2016-03-29	4	97200	1
r2	h_219	c_1	2016-07-16 23:39:55	2016-07-20	11:30:00	2016-07-21	2	20600	2
r3	h_179	c_1	2016-09-24 10:03:17	2016-10-19	09:00:00	2016-10-22	2	33600	3
r4	h_214	c_1	2017-03-08 03:20:10	2017-03-29	11:00:00	2017-03-30	4	194400	4
r5	h_16	c_1	2017-09-05 19:50:37	2017-09-22	10:30:00	2017-09-23	3	68100	5
r6	h_241	c_1	2017-11-27 18:47:05	2017-12-04	12:00:00	2017-12-06	3	36000	6
r7	h_256	c_1	2017-12-29 10:38:36	2018-01-25	10:30:00	2018-01-28	1	103500	7
r8	h_241	c_1	2018-05-26 08:42:51	2018-06-08	10:00:00	2018-06-09	1	6000	8
r9	h_217	c_2	2016-03-05 13:31:06	2016-03-25	09:30:00	2016-03-27	3	68400	1
r10	h_240	c_2	2016-06-25 09:12:22	2016-07-14	11:00:00	2016-07-17	4	320400	2
r11	h_183	c_2	2016-11-19 12:49:10	2016-12-08	11:00:00	2016-12-11	1	29700	3
r12	h_268	c_2	2017-05-24 10:06:21	2017-06-20	09:00:00	2017-06-21	4	81600	4
r13	h_223	c_2	2017-10-19 03:03:30	2017-10-21	09:30:00	2017-10-23	1	137000	5
r14	h_133	c_2	2018-02-18 05:12:58	2018-03-12	10:00:00	2018-03-15	2	75600	6
r15	h_92	c_2	2018-04-19 11:25:00	2018-05-04	12:30:00	2018-05-05	2	68800	7
r16	h_135	c_2	2018-07-06 04:18:28	2018-07-08	10:00:00	2018-07-09	4	46400	8

图 3-6 按时间顺序添加编号

示例代码▶003_aggregation/06_a

基于 SQL 的预处理

在预订时间相同的情况下，要想按读取数据的先后进行排序，需要使用窗口函数中的 ROW_NUMBER 函数。

SQL 中的窗口函数在指定聚合单元、聚合范围和值的排序方式时不使用 GROUP BY 语句，其指定方法如下所示，不同的窗口函数可以设置的内容是不同的。

- PARTITION BY：指定聚合单元
- ORDER BY：指定聚合时的排列方式
- BETWEEN：基于当前行设置聚合目标的起始行和结束行
  - *n* PRECEDING：当前行之前的第 *n* 行
  - CURRENT ROW：当前行

○ *n* FOLLOWING：当前行之后的第 *n* 行

SQL 理想代码

sql_awesome.sql

```
SELECT
  *,

  -- 通过 ROW_NUMBER 获取位次
  -- 通过 PARTITION by customer_id 设置按顾客返回位次
  -- 通过 ORDER BY reserve_datetime 按预订时间的先后排序
  ROW_NUMBER()
    OVER (PARTITION BY customer_id ORDER BY reserve_datetime) AS log_no

FROM work.reserve_tb
```

ROW_NUMBER 函数用于计算位次。在 PARTITION BY 中设置列名，即可设置用于确定位次的聚合单元。本段代码中设置的列名是 customer_id，表示按顾客排序。此外，在 ORDER BY 中设置列名，即可设置排序的方式，将列名设置为 reserve_datetime，表示按预订时间的先后排序。OVER 是固定写法，不用在意。

关键点

本段代码使用了窗口函数中的 ROW_NUMBER 函数，从而避开了连接处理，代码可读性强，处理高效，比较理想。

基于 R 的预处理

在 R 中，根据相同值的排序方式的不同，所使用的函数也有所不同，本示例中使用 row_number 函数。

R 理想代码

r_awesome.R（节选）

```
# 为使用 row_number 函数进行排序，将数据类型由字符串转换为 POSIXct 类型（详见第 10 章）
reserve_tb$reserve_datetime <-
  as.POSIXct(reserve_tb$reserve_datetime, format='%Y-%m-%d %H:%M:%S')

reserve_tb %>%

  # 使用 group_by 函数指定聚合单元
  group_by(customer_id) %>%

  # 使用 mutate 函数添加新列 log_no
```

```
# 使用 row_number 函数，基于预订时间计算位次
mutate(log_no=row_number(reserve_datetime))
```

mutate 函数可用于向 data.frame 添加新列，等号左边是新的列名，右边是新列的值。

row_number 函数用于计算位次，但无法对字符串进行排序。对于日期时间形式的字符串，必须先将其转换为能够比较大小的日期时间型。关于日期时间型，第 10 章将详细介绍。

关键点

哪怕在使用窗口函数时，dplyr 包也能够写出简洁、高效的代码。这里还使用了 mutate 函数，从而明确了新列的添加，代码清晰易懂，不愧是理想代码。

基于 Python 的预处理

Python 使用的是 rank 函数，该函数无法对字符串排序。由于本例题中是基于预订时间进行排序的，所以需要先将数据类型由字符串转换为 timestamp（时间戳）类型。

Python 理想代码

python_awesome.py（节选）

```
# 为使用 rank 函数进行排序，将数据类型由字符串转换为 timestamp 类型（详见第 10 章）
reserve_tb['reserve_datetime'] = pd.to_datetime(
  reserve_tb['reserve_datetime'], format='%Y-%m-%d %H:%M:%S'
)

# 添加新列 log_no
# 使用 group_by 指定聚合单元
# 按顾客统一生成 reserve_datetime，然后使用 rank 函数生成位次
# 把 ascending 设置为 True，即按升序排列（False 表示降序排列）
reserve_tb['log_no'] = reserve_tb \
  .groupby('customer_id')['reserve_datetime'] \
  .rank(ascending=True, method='first')
```

rank 函数用于排序。method 参数可用于指定存在多个相同值时的排序方式。请参考前面介绍的排序的示例表（表 3-1）。此外，通过 ascending 参数可设置是按升序还是按降序排列。

关键点

在本段代码中，虽然要事先对数据类型进行转换，但无须执行连接处理，即可通过窗口函数轻松地计算位次，所以比较理想。如果使用 assign 函数，那么程序会复制 DataFrame，所以要注意。

排序

目标数据集是酒店的预订记录，请利用预订记录表，按酒店对预订记录数进行排序。当预订记录数相同时，预订记录数相同的所有酒店都取最小的位次（图 3-7）。

reserve_id	hotel_id	customer_id	reserve_datetime	checkin_date	checkin_time	checkout_date	people_num	total_price
r92	h_2	c_16	2016-10-17 10:01:09	2016-10-18	11:30:00	2016-10-20	4	211200
r210	h_1	c_49	2016-07-09 23:28:18	2016-08-05	12:00:00	2016-08-08	2	156600
r330	h_1	c_76	2016-12-25 12:02:22	2016-12-30	10:00:00	2017-01-01	4	208800
r959	h_2	c_237	2016-08-10 04:24:45	2016-08-23	09:00:00	2016-08-26	2	158400
r1168	h_2	c_284	2016-12-09 21:45:40	2016-12-29	09:30:00	2016-12-30	2	52800
r1448	h_2	c_353	2016-09-29 20:11:03	2016-10-21	12:00:00	2016-10-22	1	26400
r1510	h_1	c_371	2016-03-11 17:44:52	2016-03-19	11:30:00	2016-03-20	3	78300
r1742	h_2	c_428	2016-06-01 05:59:23	2016-06-09	09:00:00	2016-06-12	4	316800
r1762	h_1	c_437	2016-06-20 15:26:53	2016-07-09	09:00:00	2016-07-11	1	52200
r1901	h_1	c_469	2016-10-28 06:16:14	2016-11-21	10:30:00	2016-11-22	1	26100
r2155	h_1	c_535	2016-12-02 21:56:33	2016-12-08	12:30:00	2016-12-11	1	78300
r2250	h_1	c_561	2018-04-14 10:23:17	2018-04-30	09:30:00	2018-05-01	4	104400
r2496	h_2	c_624	2016-03-17 14:01:12	2016-04-03	11:00:00	2016-04-04	1	26400
r2533	h_1	c_632	2017-02-07 21:36:39	2017-02-08	12:30:00	2017-02-09	4	104400
r2835	h_2	c_714	2016-05-11 04:56:56	2016-06-04	09:30:00	2016-06-07	1	79200
r2975	h_2	c_750	2016-12-07 03:34:23	2016-12-09	12:00:00	2016-12-10	4	105600
r3066	h_2	c_771	2016-04-09 12:47:40	2016-04-11	10:30:00	2016-04-13	2	105600
r3222	h_1	c_808	2017-04-12 14:07:48	2017-04-19	11:30:00	2017-04-21	3	156600
r3386	h_1	c_845	2016-02-13 18:48:17	2016-03-01	11:00:00	2016-03-03	3	156600
r3583	h_2	c_889	2016-11-27 11:25:45	2016-12-20	09:30:00	2016-12-22	1	52800
r3653	h_2	c_909	2017-02-07 23:06:03	2017-02-15	09:30:00	2017-02-16	2	52800

按 hotel_id 计算预订记录数

hotel_id	rsv_cnt
h_1	10
h_2	11

计算预订记录数的位次 rsv_cnt_rank

hotel_id	rsv_cnt_rank
h_1	2
h_2	1

图 3-7 排序

示例代码▶003_aggregation/06_b

基于 SQL 的预处理

在 SQL 中，可以在执行聚合处理的同时，使用窗口函数执行处理。在本示例中，我们在按酒店计算预订记录数的同时，基于得出的值计算位次。

SQL 理想代码

sql_awesome.sql

```
SELECT
```

```
  hotel_id,

  -- 使用 RANK 函数指定预订记录数的位次
  -- 将 COUNT(*) 指定为 RANK 的基准（针对聚合后的预订记录数进行排序的计算处理）
  -- 使用 DESC 指定降序排列
  RANK() OVER (ORDER BY COUNT(*) DESC) AS rsv_cnt_rank

FROM work.reserve_tb

-- 将 hotel_id 指定为聚合单元，这里是为计算预订记录数而进行的聚合指定，与 RANK 函数无关
GROUP BY hotel_id
```

RANK 函数与 ROW_NUMBER 一样，都是用于计算位次的函数，不同之处仅在于当有多个相同值时，排序方式不同。请参考前面介绍的排序的示例表（表 3-1）。

关键点

在本段代码中，两个处理步骤被合并为一个查询。第一步处理是按酒店计算预订记录数：使用 GROUP BY 语句，按 hotel_id 计算 COUNT(*)，从而计算出预订记录数。第二步处理是基于每个酒店的预订记录数计算位次：通过在 RANK 函数的 ORDER BY 语句中指定 COUNT(*)，将通过聚合计算得出的结果直接拿来计算位次。本段代码简洁、易读，一举两得，比较理想。

基于 R 的预处理

本示例展示了通过 dplyr 包的管道进行连接的处理的神奇之处，下面我们就试着编写一段能够像水通过管道一样流畅执行的代码。

R 理想代码

r_awesome.R（节选）

```
reserve_tb %>%

  # 为了按酒店计算预订次数，这里将 hotel_id 指定为聚合单元
  group_by(hotel_id) %>%

  # 计算数据条数，并按酒店计算预订次数
  summarise(rsv_cnt=n()) %>%

  # 基于预订次数计算位次，通过 desc 函数将排序方式更改为降序排列
  # 通过 transmute 函数生成 rsv_cnt_rank
  # 仅提取所需的 hotel_id 和 rsv_cnt_rank
  transmute(hotel_id, rsv_cnt_rank=min_rank(desc(rsv_cnt)))
```

transmute 函数虽然与 mutate 函数一样能够用于添加新列，但它只会保留指定的列，换言之，transmute 函数兼具 mutate 函数和 select 函数的功能。

要想在使用 min_rank 等函数排序时，能够将排序方式更改为降序排序，需要对要排序的列应用 desc 函数。

关键点

你有没有从本段代码中感受到，数据正欢快地沿着处理流程从管道中流过呢？基于 dplyr 包的管道处理不仅可以使连续处理的可读性更强，而且处理效率也更高。与其他代码相比，本段代码别具一格，可以说是如流水般顺畅的理想代码。

基于 Python 的预处理

在 Python 中，我们无法像在 SQL 中那样同时应用聚合处理和窗口函数。此外，虽然 Python 中也有 pipe 函数等通过管线实现连续处理的方法，但其可用性不如 R 的管线处理好，使用的人也不多。因此，在 Python 中，我们仍将处理分为两个步骤，踏踏实实地完成预处理（虽然还可以使用将函数调用连接起来的方法，但从可读性来看不建议使用）。

Python 理想代码

python_good.py（节选）

```
# 计算预订次数（详见 3-1 节）
rsv_cnt_tb = reserve_tb.groupby('hotel_id').size().reset_index()
rsv_cnt_tb.columns = ['hotel_id', 'rsv_cnt']

# 基于预订次数计算位次
# 通过将 ascending 设置为 False，指定为降序排序
# 将 method 指定为 min，表示值相同时取可以采用的最小位次
rsv_cnt_tb['rsv_cnt_rank'] = rsv_cnt_tb['rsv_cnt'] \
  .rank(ascending=False, method='min')

# 剔除不需要的 rsv_cnt 列
rsv_cnt_tb.drop('rsv_cnt', axis=1, inplace=True)
```

关键点

虽然就 Python 来说，本段代码比较理想，但与 SQL 或 R 代码相比略显冗余。代码选项中支持降序，处理效率不算差。但查看一下 Python 代码便知，与 R 相比，在某些情况下它很难应对即时的数据分析任务。

第 4 章　数据连接

业务系统的数据库会针对每种类型的数据创建不同的表，所以我们很少将所需数据全部放在一张表中，而用于数据分析的数据则最好是汇总在一张表中的横向的长数据。为了获取这样的数据，我们需要对这些表执行连接处理。本书主要介绍如下 3 种连接处理。

1. 从主表中获取信息
2. 根据条件切换要连接的主表
3. 从历史数据中获取信息

4-1 主表的连接

SQL
R
Python

最常见的连接是记录表和主表的连接。

所谓主表，就是存储主数据的表，而主数据是指汇总了某个对象的通用数据的数据。例如，顾客主表中汇总的是每位顾客的姓名、年龄、性别和地址等信息。此外，主数据里通常还包含主表中唯一的 ID。如果把 ID 放入记录数据中，那么记录数据只凭 ID 就可以表示目标的主数据。例如，把顾客主 ID 放入顾客购买记录表中，即可表示该顾客是已购买商品的顾客。要想在记录数据中添加主数据的信息，则需要利用此 ID 执行连接。

虽然记录表和主表的连接可以通过连接处理轻松实现，但有一点需要注意：应当尽可能地减小要连接的表的大小，以降低内存使用量。

例如，我们常常会在对主表执行连接处理时指定条件，压缩数据。从处理流程来看，在通过连接处理准备好所有数据后，往往还需要编写压缩数据的操作。但是，这样一来，用不到的数据也会被当作连接处理的目标，所以这算不上好方法。这里建议大家先压缩数据，再执行连接处理。

在编程语言的选择上，跟数据提取操作一样，由于 R 和 Python 必须先将提取前的数据全部导入内存，所以当数据量较大时，一定要使用 SQL。

主表的连接

目标数据集是酒店的预订记录，请连接预订记录表和酒店主表，并提取住宿人数为 1 人的商务酒店的预订记录（图 4-1）。

reserve_id	hotel_id	customer_id	reserve_datetime	checkin_date	checkin_time	checkout_date	people_num	total_price
r7	h_256	c_1	2017-12-29 10:38	2018-01-25	10:30:00	2018-01-28	1	103500
r8	h_241	c_1	2018-05-26 08:42	2018-06-08	10:00:00	2018-06-09	1	6000
r9	h_217	c_2	2016-03-05 13:31	2016-03-25	09:30:00	2016-03-27	3	68400
r10	h_240	c_2	2016-06-25 09:12	2016-07-14	11:00:00	2016-07-17	4	320400
r11	h_183	c_2	2016-11-19 12:49	2016-12-08	11:00:00	2016-12-11	1	29700
r12	h_268	c_2	2017-05-24 10:06	2017-06-20	09:00:00	2017-06-21	4	81600
r13	h_223	c_2	2017-10-19 03:03	2017-10-21	09:30:00	2017-10-23	1	137000

reserve_id	hotel_id	customer_id	reserve_datetime	checkin_date	checkin_time	checkout_date	people_num	total_price
r7	h_256	c_1	2017-12-29 10:38:36	2018-01-25	10:30:00	2018-01-28	1	103500
r8	h_241	c_1	2018-05-26 08:42:51	2018-06-08	10:00:00	2018-06-09	1	6000
r11	h_183	c_2	2016-11-19 12:49:10	2016-12-08	11:00:00	2016-12-11	1	29700
r13	h_223	c_2	2017-10-19 03:03:30	2017-10-21	09:30:00	2017-10-23	1	137000

hotel_id	base_price	big_area_name	small_area_name	hotel_latitude	hotel_longitude	is_business
h_183	9900	G	G-4	33.59525	130.6336	TRUE
h_217	11400	B	B-2	35.54470	139.7944	TRUE
h_223	68500	C	C-2	38.32910	140.6982	TRUE
h_240	26700	C	C-2	38.33080	140.7973	FALSE
h_241	6000	A	A-1	35.81541	139.8390	FALSE
h_256	34500	C	C-1	38.23729	140.6961	TRUE
h_268	20400	B	B-1	35.43996	139.6991	TRUE

提取 is_business 为 TRUE 的记录

hotel_id	base_price	big_area_name	small_area_name	hotel_latitude	hotel_longitude	is_business
h_183	9900	G	G-4	33.59525	130.6336	TRUE
h_217	11400	B	B-2	35.54470	139.7944	TRUE
h_223	68500	C	C-2	38.32910	140.6982	TRUE
h_256	34500	C	C-1	38.23729	140.6961	TRUE
h_268	20400	B	B-1	35.43996	139.6991	TRUE

reserve_id	hotel_id	customer_id	reserve_datetime	checkin_date	checkin_time	checkout_date	people_num	total_price
r7	h_256	c_1	2017-12-29 10:38:36	2018-01-25	10:30:00	2018-01-28	1	103500
r8	h_241	c_1	2018-05-26 08:42:51	2018-06-08	10:00:00	2018-06-09	1	6000
r11	h_183	c_2	2016-11-19 12:49:10	2016-12-08	11:00:00	2016-12-11	1	29700
r13	h_223	c_2	2017-10-19 03:03:30	2017-10-21	09:30:00	2017-10-23	1	137000

hotel_id	base_price	big_area_name	small_area_name	hotel_latitude	hotel_longitude	is_business
h_183	9900	G	G-4	33.59525	130.6336	TRUE
h_217	11400	B	B-2	35.54470	139.7944	TRUE
h_223	68500	C	C-2	38.32910	140.6982	TRUE
h_256	34500	C	C-1	38.23729	140.6961	TRUE
h_268	20400	B	B-1	35.43996	139.6991	TRUE

以 hotel_id 为键执行连接

reserve_id	hotel_id	customer_id	reserve_datetime	checkin_date	checkin_time	checkout_date	people_num	total_price
r7	h_256	c_1	2017-12-29 10:38:36	2018-01-25	10:30:00	2018-01-28	1	103500
r11	h_183	c_2	2016-11-19 12:49:10	2016-12-08	11:00:00	2016-12-11	1	29700
r13	h_223	c_2	2017-10-19 03:03:30	2017-10-21	09:30:00	2017-10-23	1	137000

base_price	big_area_name	small_area_name	hotel_latitude	hotel_longitude	is_business
34500	C	C-1	38.23729	140.6961	TRUE
9900	G	G-4	33.59525	130.6336	TRUE
68500	C	C-2	38.32910	140.6982	TRUE

图 4-1 连接主表

示例代码▶004_join/01

基于 SQL 的预处理

SQL 使用 JOIN 语句执行连接处理，该语句是所有处理中最容易使计算量增加的处理，因此，思考如何降低连接处理的计算量才是通往理想代码的正道。

SQL 一般代码

sql_1_not_awesome.sql

```
-- 将预订记录表和酒店主表全部连接
WITH rsv_and_hotel_tb AS(
  SELECT
    -- 提取所需的列
    rsv.reserve_id, rsv.hotel_id, rsv.customer_id,
    rsv.reserve_datetime, rsv.checkin_date, rsv.checkin_time,
    rsv.checkout_date, rsv.people_num, rsv.total_price,
    hotel.base_price, hotel.big_area_name, hotel.small_area_name,
    hotel.hotel_latitude, hotel.hotel_longitude, hotel.is_business

  -- 选择连接源表 reserve_tb，并将表的缩略名设置为 rsv
  FROM work.reserve_tb rsv

  -- 选择要连接的 hotel_tb，并将表的缩略名设置为 hotel
  INNER JOIN work.hotel_tb hotel
    -- 指定连接条件，对 hotel_id 相同的记录执行连接
    ON rsv.hotel_id = hotel.hotel_id
)
-- 从连接后的表中仅提取满足条件的数据
SELECT * FROM rsv_and_hotel_tb

-- 仅提取 is_business 为 True 的数据
WHERE is_business is True

  -- 仅提取 people_num 为 1 的数据
  AND people_num = 1
```

JOIN 语句可实现连接处理。用 FROM 语句设置连接源表，在 JOIN 语句中设置要连接的表，并用 ON 语句设置连接条件。连接条件同 WHERE 语句一样，可以用 AND 或 OR 设置。如果把连接条件写错，那么可能会有大量数据被复制，所以请小心。

本段代码中使用了 INNER JOIN 语句，具有代表性的 JOIN 语句如下所示。

- INNER JOIN（内连接，也称为 JOIN）：该连接可生成通过 ON 语句匹配到的记录的组合（图 4-2）

id_a	id_b
a_1	b_1
a_2	b_2
a_3	b_3

id_a	id_c
a_1	c_1
a_2	c_2
a_4	c_3

在 id_a 上执行内连接处理

id_a	id_b	id_c
a_1	b_1	c_1
a_2	b_2	c_2

图 4-2 内连接

- LEFT JOIN（左连接，也称为 LEFT OUTER JOIN）：该连接除了保留通过 ON 语句匹配到的记录的组合外，还会保留 FROM 语句指定的表中未匹配到的记录（如图 4-3 所示，未匹配部分的列值填充为 NULL）

id_a	id_b
a_1	b_1
a_2	b_2
a_3	b_3

id_a	id_c
a_1	c_1
a_2	c_2
a_4	c_3

在 id_a 上执行左连接处理

id_a	id_b	id_c
a_1	b_1	c_1
a_2	b_2	c_2
a_3	b_3	NULL

图 4-3 左连接

- RIGHT JOIN（右连接，也称为 RIGHT OUTER JOIN）：该连接除了保留通过 ON 语句匹配到的记录的组合外，还会保留 JOIN 语句指定的表中未匹配到的记录（如图 4-4 所示，未匹配部分的列值填充为 NULL）

id_a	id_b
a_1	b_1
a_2	b_2
a_3	b_3

id_a	id_c
a_1	c_1
a_2	c_2
a_4	c_3

在 id_a 上执行右连接处理

id_a	id_b	id_c
a_1	b_1	c_1
a_2	b_2	c_2
a_4	NULL	c_3

图 4-4 右连接

- FULL JOIN（全连接，也称为 FULL OUTER JOIN）：该连接除了保留通过 ON 语句匹配到的记录的组合外，还会保留 FROM 语句和 JOIN 语句指定的两个表中的全部记录（如图 4-5 所示，未匹配部分的列值填充为 NULL）

id_a	id_b
a_1	b_1
a_2	b_2
a_3	b_3

id_a	id_c
a_1	c_1
a_2	c_2
a_4	c_3

在 id_a 上执行全连接处理

id_a	id_b	id_c
a_1	b_1	c_1
a_2	b_2	c_2
a_3	b_3	NULL
a_4	NULL	c_3

图 4-5 全连接

- CROSS JOIN（交叉连接）：该连接生成指定的表的全部记录的组合（图 4-6）

id_a	id_b
a_1	b_1
a_2	b_2
a_3	b_3

id_a	id_c
a_1	c_1
a_2	c_2
a_4	c_3

执行交叉连接处理

id_a	id_b	id_a	id_c
a_1	b_1	a_1	c_1
a_1	b_1	a_2	c_2
a_1	b_1	a_4	c_3
a_2	b_2	a_1	c_1
a_2	b_2	a_2	c_2
a_2	b_2	a_4	c_3
a_3	b_3	a_1	c_1
a_3	b_3	a_2	c_2
a_3	b_3	a_4	c_3

图 4-6 交叉连接

关键点

这里是先将预订记录表和酒店主表全部连接，然后才按指定条件提取数据的，因而执行了多余的连接处理，代码也变得冗长，远称不上是理想代码。因为连接处理是繁重的处理操作，所以应当尽可能地压缩要连接的数据量。

SQL 理想代码

sql_2_ awesome.sql

```
SELECT
  -- 提取所需的列
  rsv.reserve_id, rsv.hotel_id, rsv.customer_id,
  rsv.reserve_datetime, rsv.checkin_date, rsv.checkin_time, rsv.checkout_date,
  rsv.people_num, rsv.total_price,
  hotel.base_price, hotel.big_area_name, hotel.small_area_name,
  hotel.hotel_latitude, hotel.hotel_longitude, hotel.is_business

FROM work.reserve_table rsv
JOIN work.hotel_tb hotel
  ON rsv.hotel_id = hotel.hotel_id

-- 从酒店主表中仅提取商务酒店的数据
AND hotel.is_business is True

  -- 从预订记录表中仅提取住宿人数为 1 的数据
  AND rsv.people_num = 1
```

关键点

本段代码不仅指定了 ON 语句的连接条件，还指定了提取条件，从而实现了在执行连接处理之前压缩数据，减少了整合目标。这种方式既降低了连接处理的数据量，也使代码变得简洁，比较理想。

基于 R 的预处理

R 提供了用于执行连接处理的 merge 函数，此外，dplyr 包中也有类似的 join 函数。由于从可读性、处理速度综合来看，join 函数表现更佳，因而此处使用该函数。

R 一般代码

r_1_not_awesome.R（节选）

```
# 对 reserve_table 和 hotel_tb 以 hotel_id 为键执行内连接
inner_join(reserve_tb, hotel_tb, by='hotel_id') %>%

  # 仅提取 people_num 为 1 且 is_business 为 True 的数据
  filter(people_num == 1, is_business)
```

inner_join 是内连接函数，第 1 个参数和第 2 个参数用于设置要连接的表，by 参数用于设置连接键，连接条件只能用等号（=）设置。当要设置多个连接键时，可通过 by=c("key1", "key2") 指定；当要把两个表中不同列名的键设置为连接键时，可通过 c("key1_a" = "key1_b") 指定。

除了 inner_join 函数外，dplyr 包还提供了 left_join 函数、right_join 函数和 full_join 函数。此外，如果不在 inner_join 函数中指定 by 参数，则结果与 cross_join 是一样的。

关键点

本段代码虽然只有两行，十分简洁，但千万不要被蒙蔽，这段代码其实并不理想。因为这段代码是先对所有数据执行连接处理，然后才按条件提取数据，所以执行了多余的连接处理。尤其是 R 会将数据存储在内存中，所以如果中间数据量增加，那么搞不好会导致处理出错。代码是否理想，千万不要只看表面就下判断，就跟看人不要只看外表一样。

R 理想代码

r_2_ awesome.R（节选）

```
inner_join(reserve_tb %>% filter(people_num == 1),
           hotel_tb %>% filter(is_business),
           by='hotel_id')
```

关键点

在传递给 inner_join 函数之前，先将两张表按条件压缩，使之变小。仅凭这一点，代码性能就比前面的代码好，比较理想。

基于 Python 的预处理

在 Python 中，我们经常把 Pandas 库中的 merge 函数用作连接处理的函数。但是，在使用 merge 函数时，中间数据容易膨胀，处理速度慢，所以目前来说，它也不是很好用。因此，需要比在 R 中执行连接操作时更加小心地使用它。

Python 一般代码

python_1_not_ awesome.py（节选）

```
# 对 reserve_tb 和 hotel_tb 以 hotel_id 为键执行内连接
# 仅提取 people_num 为 1 且 is_business 为 True 的数据
pd.merge(reserve_tb, hotel_tb, on='hotel_id', how='inner') \
  .query('people_num == 1 & is_business')
```

merge 函数用于执行连接处理，第 1 个参数和第 2 个参数用于设置要连接的表，by 参数用于设置连接键，连接条件只能用等号（=）设置。当要设置多个连接键时，可通过 on=['key1', 'key2'] 指定。此外，当两个表中列名不同时，请使用 left_on 和 right_on 参数。另外，请预先将列名对齐。how 参数用于设置连接处理的类型，通过将其指定为 'inner'、'left'、'right' 或 'outer'，可以实现内连接、左连接、右连接或全连接。如果未指定 how 参数，则默认指定为 inner。此外，该函数不支持交叉连接，要想实现交叉连接，必须先使要执行交叉连接的两个表都具有值相同的列（详见 4-4 节）。

关键点

本段代码与 R 的一般代码的示例一样，都是由于没有在连接前提取数据，而执行了多余的连接处理。

Python 理想代码

python_2_ awesome.py（节选）

```
pd.merge(reserve_tb.query('people_num == 1'),
         hotel_tb.query('is_business'),
         on='hotel_id', how='inner')
```

关键点

本段代码在连接前就提取了数据，从而实现了处理轻量化，比较理想。在执行连接处理前，要尽可能地使数据小型化——这是编写理想代码的经验之一，大家要记住！

4-2 切换按条件连接的表

SQL R Python

在数据分析的预处理中，有时可能需要执行特殊的预处理，比如按值切换连接目标的连接处理。

以酒店预订网站为例，假设要针对每家酒店为用户推荐其他酒店，请思考该如何执行预处理。由于推荐的候选酒店是除酒店 A 以外的其他酒店，所以其数量为“所有酒店数 – 1”。如果基于所有酒店的组合（将根据 A 推荐 B 和根据 B 推荐 A 视为不同组合）进行推荐，则需要对“所有酒店数 × (所有酒店数 – 1)”个候选组合按酒店进行优先级排序。哪怕所有酒店数只有 1000 个，组合数也会骤增为 1000 × (1000 – 1) = 约 100 万个。这样还能勉强计算，但当所有酒店数达到 10 000 个时，组合数则为约 1 亿个，计算就不那么简单了。

要解决上述问题，可以只将同一小镇的酒店作为推荐候选。这一方法虽然能够减少推荐候选的酒店数，但会引发新的问题：在按小镇划分时，可能会由于部分小镇没有足够的酒店，导致推荐候选数目不足。针对部分小镇酒店数不足的问题，可将推荐候选的范围扩大，选择同一城市的酒店作为推荐候选，而这需要通过按条件执行的连接处理实现。由于本节的观点还没有被普遍接受，所以笔者担心会受到批评，本想将其删除，但考虑到基于自己的经验来说，本节知识非常有用，因此最终决定将其公开。如有疑问，欢迎随时提出。

按条件执行的连接处理，其代码复杂，但逻辑简单。首先，我们创建一个具有不同列值的新列作为连接源表中的连接键，用于在条件表达式中引用。然后，从用于连接的主表中提取两个所需的公共列，将其合并为一个表。最后，对各表执行连接处理即可。

Q 切换按条件连接的主表

目标数据集是酒店的预订记录，请针对酒店主表中的所有酒店给出推荐候选的酒店。当同一小区域（small_area_name 相等）的酒店数大于或等于 20 时，以同一小区域的酒店作为推荐候选；当不足 20 时，将同一大区域（big_area_name 相等）的酒店作为推荐候选（图 4-7、图 4-8 和图 4-9）。

hotel_id	base_price	big_area_name	small_area_name	hotel_latitude	hotel_longitude	is_business
h_1	26100	D	D-2	43.06457	141.5114	TRUE
h_2	26400	A	A-1	35.71532	139.9394	TRUE
h_3	41300	E	E-4	35.28157	136.9886	FALSE
h_4	5200	C	C-3	38.43129	140.7956	FALSE
h_5	13500	G	G-3	33.59729	130.5339	TRUE

计算每个 small_area_name 的酒店数量

big_area_name	small_area_name	hotel_cnt
A	A-1	34
A	A-3	29
B	B-1	14
B	B-2	17
B	B-3	18
C	C-1	24
C	C-2	29
C	C-3	20
D	D-1	6
D	D-2	6

对于所有的 small_area_name，当 hotel_cnt 大于或等于 20 时，将 small_area_name 作为 join_area_id，在其他情况下，均将 big_area_name 作为 join_area_id

small_area_name	join_area_id
A-1	A-1
A-3	A-3
B-1	B
B-2	B
B-3	B
C-1	C-1
C-2	C-2
C-3	C-3
D-1	D
D-2	D

以 small_area_name 为键执行连接，求出与 hotel_id 对应的 join_area_id

hotel_id	join_area_id
h_1	D
h_2	A-1
h_3	E
h_4	C-3
h_5	G
h_6	A-3
h_7	C-2
h_8	B
h_9	C-1
h_10	A-3

图 4-7 生成用于连接的新列（join_area_id）

hotel_id	base_price	big_area_name	small_area_name	hotel_latitude	hotel_longitude	is_business
h_1	26100	D	D-2	43.06457	141.5114	TRUE
h_2	26400	A	A-1	35.71532	139.9394	TRUE
h_3	41300	E	E-4	35.28157	136.9886	FALSE
h_4	5200	C	C-3	38.43129	140.7956	FALSE
h_5	13500	G	G-3	33.59729	130.5339	TRUE

提取 hotel_id 和 small_area_name 作为 join_area_id

提取 hotel_id 和 big_area_name 作为 join_area_id

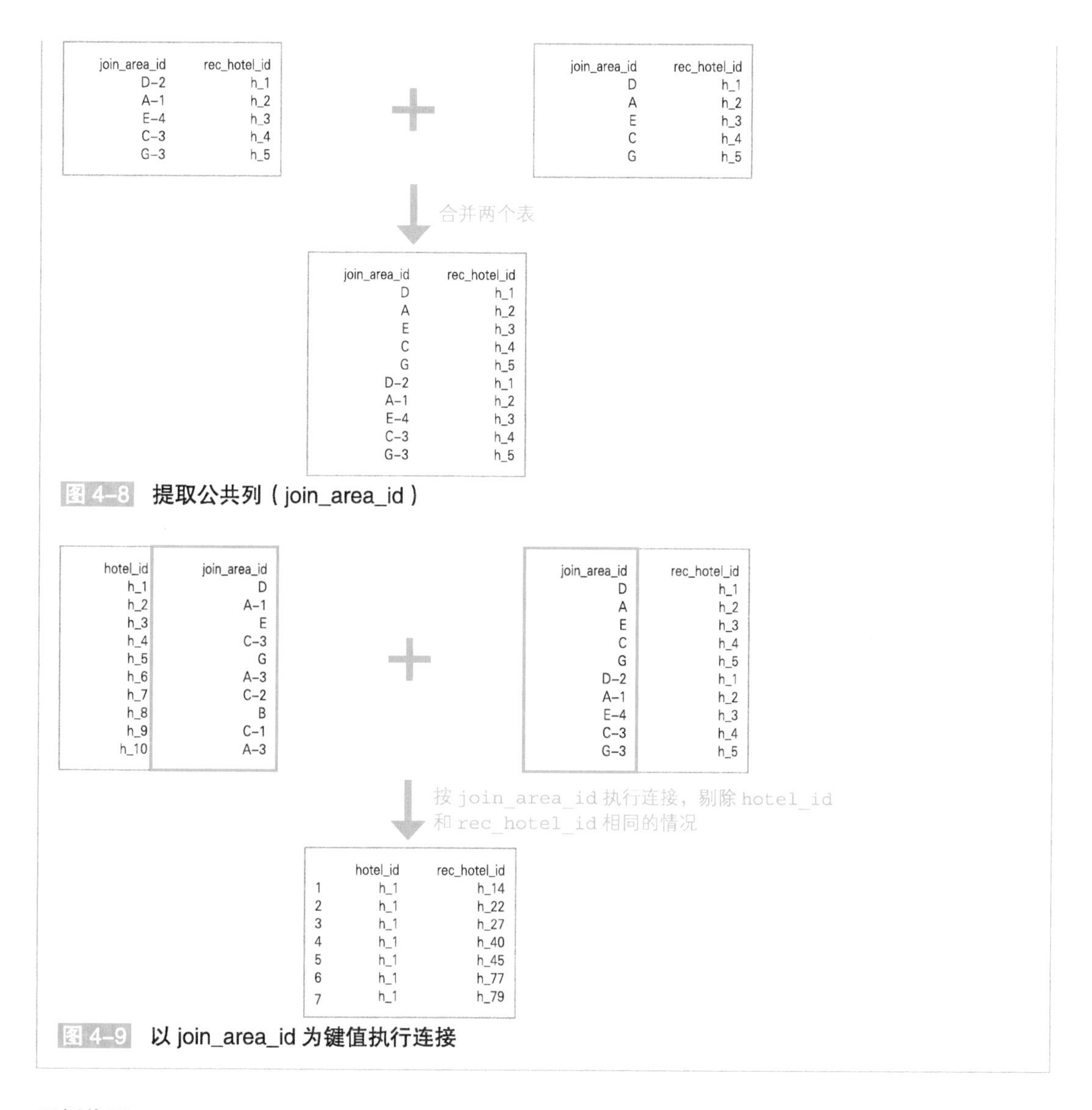

图 4-8 提取公共列（join_area_id）

图 4-9 以 join_area_id 为键值执行连接

示例代码▶004_join/02

基于 SQL 的预处理

要想通过 SQL 实现按条件连接，必须使用 `WITH` 语句执行多步骤处理。尽管代码会变得复杂，但我们可以通过合理设置列名使连接键易于理解，从而使代码易于理解。

SQL 理想代码　　sql_awesome.sql

```sql
-- 该表用于按 small_area_name 对酒店数进行统计并生成连接键
WITH small_area_mst AS(
  SELECT
    small_area_name,

    -- 当酒店数大于或等于 20 时，将 small_area_name 作为 join_area_id
    -- 当酒店数不足 20 时，将 big_area_name 作为 join_area_id
    -- -1 表示推荐酒店中应去除该酒店自身
    CASE WHEN COUNT(hotel_id)-1 >= 20
      THEN small_area_name ELSE big_area_name END AS join_area_id

  FROM work.hotel_tb
  GROUP BY big_area_name, small_area_name
)
-- 推荐候选表 recommend_hotel_mst
, recommend_hotel_mst AS(
  -- 将 big_area_name 作为 join_area_id 而得到的推荐候选的主数据
  SELECT
    big_area_name AS join_area_id,
    hotel_id AS rec_hotel_id
  FROM work.hotel_tb

  -- 通过 union 将各表合并
  UNION

  -- 将 small_area_name 作为 join_area_id 而得到的推荐候选的主数据
  SELECT
    small_area_name AS join_area_id,
    hotel_id AS rec_hotel_id
  FROM work.hotel_tb
)
SELECT
  hotels.hotel_id,
  r_hotel_mst.rec_hotel_id

-- 导入推荐源表 hotel_tb
FROM work.hotel_tb hotels

-- 为确定各酒店的推荐候选酒店的目标区域，连接 small_area_mst
INNER JOIN small_area_mst s_area_mst
  ON hotels.small_area_name = s_area_mst.small_area_name

-- 连接目标区域的推荐候选酒店
INNER JOIN recommend_hotel_mst r_hotel_mst
  ON s_area_mst.join_area_id = r_hotel_mst.join_area_id
```

```
-- 从推荐候选酒店中去除该酒店自身
AND hotels.hotel_id != r_hotel_mst.rec_hotel_id
```

通过 CASE 语句，我们在 SQL 中也能实现条件分支：先在 CASE WHEN 后添加条件表达式，然后在 THEN 后添加满足条件表达式时的取值，在 ELSE 后添加不满足条件表达式时的取值，并用 END 结束。以本例题为例，分两种情况，一种是推荐候选的酒店数大于或等于 20，另一种是不足 20。UNION 语句可将 UNION 前面和后面的查询结果合并，我们可以将其想象为对表进行纵向合并。不过，在使用 UNION 语句时要注意，即使列的顺序改变，它也会原样合并。

关键点

代码乍看之下很复杂，但已经尽可能简洁地书写了，而且是分步骤书写的，比较理想。

本段代码首先生成 small_area_mst，并确定每个 small_area_name 的酒店数，然后判断 small_area_name 内的酒店是用 small_area_name 连接，还是用 big_area_name 连接，并将该判断结果保存为 join_area_id。

接下来，生成推荐候选酒店表 recommond_hotel_mst，其中的 join_area_id 分别是 small_area_name 和 big_area_name。

最后，导入 hotel_tb 作为推荐源，将其与 small_area_mst 连接，并添加 join_area_id，从而通过 join_area_id 与 recommond_hotel_mst 相连接，获取推荐候选的酒店。

基于 R 的预处理

与 SQL 不同，在 R 中，我们无须将所有处理全都连接起来，所以可以更好地分步骤书写代码。此外，通过 dplyr 包的管线处理，可以使处理流程更易理解。当数据量较大时，要注意内存使用量，尽量减少无谓的复制。

R 理想代码

r_awesome.R（节选）

```
# 该表用于按 small_area_name 对酒店数进行统计并生成连接键
small_area_mst <-
  hotel_tb %>%
    group_by(big_area_name, small_area_name) %>%

    # -1 表示推荐酒店中应去除该酒店自身
    summarise(hotel_cnt=n() - 1) %>%

    # 当聚合处理结束后，解除 group
    ungroup() %>%

    # 当酒店数大于或等于 20 时，将 small_area_name 作为 join_area_id
```

```
    # 当酒店数不足 20 时，将 big_area_name 作为 join_area_id
    mutate(join_area_id=
             if_else(hotel_cnt >= 20, small_area_name, big_area_name)) %>%
    select(small_area_name, join_area_id)

# 通过将推荐源的酒店表与 small_area_mst 连接，设置 join_area_id
base_hotel_mst <-
  inner_join(hotel_tb, small_area_mst, by='small_area_name') %>%
    select(hotel_id, join_area_id)

# 根据需要释放内存（不是必需操作，可在内存不足时进行）
rm(small_area_mst)

# 推荐候选表 recommond_hotel_mst
recommend_hotel_mst <-
  bind_rows(
    # 将 big_area_name 作为 join_area_id 而得到的推荐候选的主数据
    hotel_tb %>%
      rename(rec_hotel_id=hotel_id, join_area_id=big_area_name) %>%
      select(join_area_id, rec_hotel_id),

    # 将 small_area_name 作为 join_area_id 而得到的推荐候选的主数据
    hotel_tb %>%
      rename(rec_hotel_id=hotel_id, join_area_id=small_area_name) %>%
      select(join_area_id, rec_hotel_id)
  )

# 将 base_hotel_mst 与 recommond_hotel_mst 连接，并加入推荐候选的信息
inner_join(base_hotel_mst, recommend_hotel_mst, by='join_area_id') %>%

  # 从推荐候选酒店中去除该酒店自身
  filter(hotel_id != rec_hotel_id) %>%
  select(hotel_id, rec_hotel_id)
```

if_else 函数可根据条件更改返回值：如果满足第 1 个参数的条件，则返回第 2 个参数的值，否则返回第 3 个参数的值。

bind_rows 函数可将第 1 个参数中的 data.frame 和第 2 个参数中的 data.frame 合并，同 SQL 中的 UNION 语句功能相同。

关键点

本段代码的处理几乎与 SQL 相同，仅有一点区别：由于 R 不能一次性对 3 个表执行连接处理，所以为找到相应的推荐候选酒店，这里需要将推荐源的酒店表与 small_area_mst 连接，从而生成 base_hotel_mst。虽然代码略长，但逻辑清晰易懂，比较理想。

基于 Python 的预处理

Python 与 R 一样，可以分步骤书写，但代码量也会同 R 一样增大。大家可以尝试通过 query 函数进行压缩，从而提高代码可读性，写出易于理解的代码。

Python 理想代码

python_awesome.py（节选）

```
# 用于垃圾回收（释放不必要的内存）的库
import gc

# 按 small_area_name 对酒店数进行统计
small_area_mst = hotel_tb \
  .groupby(['big_area_name', 'small_area_name'], as_index=False) \
  .size().reset_index()
small_area_mst.columns = ['big_area_name', 'small_area_name', 'hotel_cnt']

# 当酒店数大于或等于 20 时，将 small_area_name 作为 join_area_id
# 当酒店数不足 20 时，将 big_area_name 作为 join_area_id
# -1 表示推荐酒店中应去除该酒店自身
small_area_mst['join_area_id'] = \
  np.where(small_area_mst['hotel_cnt'] - 1 >= 20,
           small_area_mst['small_area_name'],
           small_area_mst['big_area_name'])

# 去除不再需要的列
small_area_mst.drop(['hotel_cnt', 'big_area_name'], axis=1, inplace=True)

# 将推荐源的酒店表与 small_area_mst 连接，设置 join_area_id
base_hotel_mst = pd.merge(hotel_tb, small_area_mst, on='small_area_name') \
                   .loc[:, ['hotel_id', 'join_area_id']]

# 根据需要释放内存（不是必需操作，可在内存不足时进行）
del small_area_mst
gc.collect()

# 推荐候选表 recommond_hotel_mst
recommend_hotel_mst = pd.concat([
  # 将 small_area_name 作为 join_area_id 而得到的推荐候选的主数据
  hotel_tb[['small_area_name', 'hotel_id']] \
    .rename(columns={'small_area_name': 'join_area_id'}, inplace=False),

  # 将 big_area_name 作为 join_area_id 而得到的推荐候选的主数据
  hotel_tb[['big_area_name', 'hotel_id']] \
    .rename(columns={'big_area_name': 'join_area_id'}, inplace=False)
])
```

```
# 由于连接时 hotel_id 列重复，所以需要更改列名
recommend_hotel_mst.rename(columns={'hotel_id': 'rec_hotel_id'},
                           inplace=True)

# 将 recommond_hotel_mst 与 base_hotel_mst 连接，加入推荐候选的信息
# 通过 query 函数从推荐候选酒店中去除该酒店自身
pd.merge(base_hotel_mst, recommend_hotel_mst, on='join_area_id') \
  .loc[:, ['hotel_id', 'rec_hotel_id']] \
  .query('hotel_id != rec_hotel_id')
```

NumPy 的 where 函数可根据条件更改返回值：如果满足第 1 个参数的条件，则返回第 2 个参数的值，否则返回第 3 个参数的值。

关键点

Python 也无法一次性对 3 个表执行连接处理，因此处理流程也和 R 一样。本段代码虽然长，但处理流程从上至下很好理解，因而也比较理想。

4-3 连接历史数据

SQL　R　Python

在数据分析中，我们处理的大部分数据包含日期时间型的数据列，如 POS 数据、Web 的访问日志和股票等。同时，无论是基础的数据分析，还是构建预测模型，运用历史数据都很有效。笔者认为，历史数据的预处理非常重要，甚至可以说，只有掌握了历史数据的预处理，才算是掌握了数据的预处理。但是，时序数据的处理比较麻烦，容易出现 Bug（意外的转换处理）和 Leak（在用于预测模型的数据中混入将来的数据等），需要引起注意。本节的问题或许稍难，但内容是关于如何实现复杂的预处理的，而这是大家很可能会遇到的问题。

接下来，以酒店预订记录的数据集为例，思考一下如何预测顾客下一次预订的酒店的价格区间。这里假设：只要知道顾客过去预订的酒店的价格区间，就可以由此推测出下一次要预订的酒店的价格区间。要想利用该假设构建预测模型，必须将每条预订记录与对应顾客的历史预订记录信息连接，从而得到一份数据。

具体来说，要将顾客 A 的 2017 年 8 月 10 日的预订记录与顾客 A 的 2016 年 8 月 10 日至 2017 年 8 月 9 日的预订记录相连接，再对连接后的历史预订记录执行聚合，计算过去一年的平均预订价格，并将其加入表中。这样一来，顾客 A 的 2017 年 8 月 10 日的预订记录中既包含预订过的酒店的

价格，又包含过去一年的平均预订价格，由此我们可以分析历史预定价格、过去一年的平均预订价格与当前预订记录之间是否具有相关性，也可以将上述历史预订价格和过去一年的平均预订价格用作预测模型的解释变量。

虽然通过连接处理便可简单地加入历史数据的信息，但仍需注意：如果什么都不考虑，只是简单地连接历史数据，则会和上一节一样，导致数据量剧增。假设某个用户过去有 100 条预订记录，如果将每个数据与过去的全部数据进行连接，则最新的数据要与过去 99 个数据相连接，次新的数据要与过去 98 个数据相连接，因而在与全部数据进行连接时，将会产生 (99 + 98 + ⋯ + 1) = 4950 个组合。针对这一问题，这里推荐如下两种解决方法：

1. 压缩要连接的历史数据的时间范围
2. 对已连接的历史数据使用聚合函数，尽量不增加数据量

第 1 种方法是压缩要连接的历史数据的时间范围。例如，在预测所预定酒店的价格区间时，5 年以上的预订记录似乎帮助不大，有最近 3 年的数据就足够了。像这样压缩范围后，数据质量更高，因而预测精度提高，同时数据量也会减少，所以有望提高计算性能。因此，压缩要连接的数据的时间范围是一种合理方法。

第 2 种方法是对已连接的历史数据使用聚合函数，尽量不增加数据量。例如，在预测所预定酒店的价格区间时，有过去的预订价格的平均值就足够了，不连接记录数据亦可，因此将已连接的历史数据按连接的时间点进行聚合就很重要。我们既可以采用 JOIN 语句（函数）实现，也可以采用窗口函数实现。相较来说，在采用窗口函数时，通常代码能够写得更简洁，计算性能也更好。

获取往前数第 *n* 条记录的数据

目标数据集是酒店的预订记录，请在预订记录表的所有行中添加同一顾客往前数第 2 条记录中的住宿费信息。当不存在往前数第 2 条记录时，取空值（图 4-10）。

reserve_id	hotel_id	customer_id	reserve_datetime	checkin_date	checkin_time	checkout_date	people_num	total_price
r1	h_75	c_1	2016-03-06 13:09:42	2016-03-26	10:00:00	2016-03-29	4	97200
r2	h_219	c_1	2016-07-16 23:39:55	2016-07-20	11:30:00	2016-07-21	2	20600
r3	h_179	c_1	2016-09-24 10:03:17	2016-10-19	09:00:00	2016-10-22	2	33600
r4	h_214	c_1	2017-03-08 03:20:10	2017-03-29	11:00:00	2017-03-30	4	194400
r5	h_16	c_1	2017-09-05 19:50:37	2017-09-22	10:30:00	2017-09-23	3	68100
r6	h_241	c_1	2017-11-27 18:47:05	2017-12-04	12:00:00	2017-12-06	3	36000
r7	h_256	c_1	2017-12-29 10:38:36	2018-01-25	10:30:00	2018-01-28	1	103500
r8	h_241	c_1	2018-05-26 08:42:51	2018-06-08	10:00:00	2018-06-09	1	6000
r9	h_217	c_2	2016-03-05 13:31:06	2016-03-25	09:30:00	2016-03-27	3	68400
r10	h_240	c_2	2016-06-25 09:12:22	2016-07-14	11:00:00	2016-07-17	4	320400
r11	h_183	c_2	2016-11-19 12:49:10	2016-12-08	11:00:00	2016-12-11	1	29700
r12	h_268	c_2	2017-05-24 10:06:21	2017-06-20	09:00:00	2017-06-21	4	81600
r13	h_223	c_2	2017-10-19 03:03:30	2017-10-21	09:30:00	2017-10-23	1	137000
r14	h_133	c_2	2018-02-18 05:12:58	2018-03-12	10:00:00	2018-03-15	2	75600
r15	h_92	c_2	2018-04-19 11:25:00	2018-05-04	12:30:00	2018-05-05	2	68800
r16	h_135	c_2	2018-07-06 04:18:28	2018-07-08	10:00:00	2018-07-09	4	46400

reserve_id	hotel_id	customer_id	reserve_datetime	checkin_date	checkin_time	checkout_date	people_num	total_price	before_price
r1	h_75	c_1	2016-03-06 13:09:42	2016-03-26	10:00:00	2016-03-29	4	97200	NA
r2	h_219	c_1	2016-07-16 23:39:55	2016-07-20	11:30:00	2016-07-21	2	20600	NA
r3	h_179	c_1	2016-09-24 10:03:17	2016-10-19	09:00:00	2016-10-22	2	33600	97200
r4	h_214	c_1	2017-03-08 03:20:10	2017-03-29	11:00:00	2017-03-30	4	194400	20600
r5	h_16	c_1	2017-09-05 19:50:37	2017-09-22	10:30:00	2017-09-23	3	68100	33600
r6	h_241	c_1	2017-11-27 18:47:05	2017-12-04	12:00:00	2017-12-06	3	36000	194400
r7	h_256	c_1	2017-12-29 10:38:36	2018-01-25	10:30:00	2018-01-28	1	103500	68100
r8	h_241	c_1	2018-05-26 08:42:51	2018-06-08	10:00:00	2018-06-09	1	6000	36000
r9	h_217	c_2	2016-03-05 13:31:06	2016-03-25	09:30:00	2016-03-27	3	68400	NA
r10	h_240	c_2	2016-06-25 09:12:22	2016-07-14	11:00:00	2016-07-17	4	320400	NA
r11	h_183	c_2	2016-11-19 12:49:10	2016-12-08	11:00:00	2016-12-11	1	29700	68400
r12	h_268	c_2	2017-05-24 10:06:21	2017-06-20	09:00:00	2017-06-21	4	81600	320400
r13	h_223	c_2	2017-10-19 03:03:30	2017-10-21	09:30:00	2017-10-23	1	137000	29700
r14	h_133	c_2	2018-02-18 05:12:58	2018-03-12	10:00:00	2018-03-15	2	75600	81600
r15	h_92	c_2	2018-04-19 11:25:00	2018-05-04	12:30:00	2018-05-05	2	68800	137000
r16	h_135	c_2	2018-07-06 04:18:28	2018-07-08	10:00:00	2018-07-09	4	46400	75600

图 4-10 获取往前数第 2 个数据

示例代码▶004_join/03_a

基于 SQL 的预处理

在 SQL 中，可以通过 LAG 函数获取历史数据。虽然使用 JOIN 语句也能实现，但代码会变得复杂，处理也会变慢，毫无意义。

SQL 理想代码

sql_awesome.sql

```sql
SELECT
  *,

  -- 使用 LAG 函数获取往前数第 2 条记录的 total_price，将其作为 before_price
  -- 将 LAG 函数引用的分组指定为 customer_id
  -- 将 LAG 函数引用的分组内的数据指定为按 reserve_datetime 列的时间先后排序
  LAG(total_price, 2) OVER
  (PARTITION BY customer_id ORDER BY reserve_datetime) AS before_price

FROM work.reserve_tb
```

LAG 函数是一个窗口函数，用于获取往前数第 n 个列值，其参数是要获取的列名和 n。此外，需要指定数据按何种方式排序，以确定往前数第 n 个数据。要执行排序的分组可以通过 PARTITION BY 指定，数据的排列顺序可以通过 ORDER BY 指定。另外，LEAD 函数与 LAG 函数相反，它用于获取往后数第 n 个列值。

关键点

借助窗口函数，本段代码仅用一行就获取了历史数据，处理速度快，比较理想。

基于R的预处理

和SQL一样，R也提供了lag函数，因而没有必要使用join函数。

R 理想代码

r_awesome.R（节选）

```
reserve_tb %>%

  # 通过group_by，按customer_id对数据分组
  group_by(customer_id) %>%

  # 使用lag函数获取往前数第2条记录的total_price，将其作为before_price
  # 将lag函数引用的分组内的数据指定为按reserve_datetime列的时间先后排序
  mutate(before_price=lag(total_price, n=2,
                          order_by=reserve_datetime, default=NA))
```

R也提供了与lag函数相反的lead函数（用于获取往后数第*n*个列值的函数）。lag函数的参数是要引用的列名和*n*。数据的排列顺序可通过将函数的参数order_by设置为列名指定，而要排序的分组需要通过group_by提前指定。lag函数的默认参数可指定为当相应数据不存在时的值。

关键点

引用历史值的操作容易变得复杂，本段代码却通过lag函数简洁地实现了这一操作，比较理想。

基于Python的预处理

Python没有提供lag函数，但我们仍然可以避开join函数，比如使用shift函数。所谓shift函数，就是能够上下偏移*n*个数据行的函数。

Python 理想代码

python_awesome.py（节选）

```
# 对每个顾客按reserve_datetime进行排序
# 在使用groupby函数后通过apply函数对每个分组排序
# 通过sort_values函数对数据排序：axis为0表示按行排序，axis为1表示按列排序
result = reserve_tb \
  .groupby('customer_id') \
  .apply(lambda group:
         group.sort_values(by='reserve_datetime', axis=0, inplace=False))

# result已经按customer_id分组
# 对每个顾客取其total_price列中往前数第2条记录的值，并将其保存为before_price
# shift函数用于将数据行向下偏移，偏移行数即periods参数的值
result['before_price'] = \
  result['total_price'].groupby('customer_id').shift(periods=2)
```

sort_values 函数通过参数 by 指定的行名或列名对数据行或列排序。当 axis 为 0 时，通过指定的列名对数据行排序；当 axis 为 1 时，通过指定的行名对数据列排序。

shift 函数用于将数据行向下偏移 *n* 行，其参数 periods 设置为 n，当不存在相应数据时，默认返回 NaN。

关键点

虽然 Python 没有提供 lag 函数，但本段代码使用 shift 函数实现了与 lag 函数一样的处理。与使用 join 函数的代码相比，本段代码更短，冗余处理也减少了，比较理想。由于这里是通过 sort_values 函数实现排序的，所以我们会在意计算操作的繁重程度。事实上，因为这里的排序处理是按顾客执行的，所以要排序的分组都是细分好的，也就没有必要将大量数据全部汇总在一起进行排序，因而计算处理并不繁重。

前 *n* 条记录的合计值

目标数据集是酒店的预订记录，请在预订记录表的所有行中，添加从该行至往前数第 2 行的 3 条记录中住宿费（total_price 列）的合计值。当预订记录不足 3 条时，把合计值设置为空（图 4-11）。

reserve_id	hotel_id	customer_id	reserve_datetime	checkin_date	checkin_time	checkout_date	people_num	total_price
r1	h_75	c_1	2016-03-06 13:09:42	2016-03-26	10:00:00	2016-03-29	4	97200
r2	h_219	c_1	2016-07-16 23:39:55	2016-07-20	11:30:00	2016-07-21	2	20600
r3	h_179	c_1	2016-09-24 10:03:17	2016-10-19	09:00:00	2016-10-22	2	33600
r4	h_214	c_1	2017-03-08 03:20:10	2017-03-29	11:00:00	2017-03-30	4	194400
r5	h_16	c_1	2017-09-05 19:50:37	2017-09-22	10:30:00	2017-09-23	3	68100
r6	h_241	c_1	2017-11-27 18:47:05	2017-12-04	12:00:00	2017-12-06	3	36000
r7	h_256	c_1	2017-12-29 10:38:36	2018-01-25	10:30:00	2018-01-28	1	103500
r8	h_241	c_1	2018-05-26 08:42:51	2018-06-08	10:00:00	2018-06-09	1	6000
r9	h_217	c_2	2016-03-05 13:31:06	2016-03-25	09:30:00	2016-03-27	3	68400
r10	h_240	c_2	2016-06-25 09:12:22	2016-07-14	11:00:00	2016-07-17	4	320400
r11	h_183	c_2	2016-11-19 12:49:10	2016-12-08	11:00:00	2016-12-11	1	29700
r12	h_268	c_2	2017-05-24 10:06:21	2017-06-20	09:00:00	2017-06-21	4	81600
r13	h_223	c_2	2017-10-19 03:03:30	2017-10-21	09:30:00	2017-10-23	1	137000
r14	h_133	c_2	2018-02-18 05:12:58	2018-03-12	10:00:00	2018-03-15	2	75600
r15	h_92	c_2	2018-04-19 11:25:00	2018-05-04	12:30:00	2018-05-05	2	68800
r16	h_135	c_2	2018-07-06 04:18:28	2018-07-08	10:00:00	2018-07-09	4	46400

按 customer_id 计算 total_price 列的当前值至往前数第 2 个值的合计值

reserve_id	hotel_id	customer_id	reserve_datetime	checkin_date	checkin_time	checkout_date	people_num	total_price	price_sum
r1	h_75	c_1	2016-03-06 13:09:42	2016-03-26	10:00:00	2016-03-29	4	97200	NA
r2	h_219	c_1	2016-07-16 23:39:55	2016-07-20	11:30:00	2016-07-21	2	20600	NA
r3	h_179	c_1	2016-09-24 10:03:17	2016-10-19	09:00:00	2016-10-22	2	33600	151400
r4	h_214	c_1	2017-03-08 03:20:10	2017-03-29	11:00:00	2017-03-30	4	194400	248600
r5	h_16	c_1	2017-09-05 19:50:37	2017-09-22	10:30:00	2017-09-23	3	68100	296100
r6	h_241	c_1	2017-11-27 18:47:05	2017-12-04	12:00:00	2017-12-06	3	36000	298500
r7	h_256	c_1	2017-12-29 10:38:36	2018-01-25	10:30:00	2018-01-28	1	103500	207600
r8	h_241	c_1	2018-05-26 08:42:51	2018-06-08	10:00:00	2018-06-09	1	6000	145500
r9	h_217	c_2	2016-03-05 13:31:06	2016-03-25	09:30:00	2016-03-27	3	68400	NA
r10	h_240	c_2	2016-06-25 09:12:22	2016-07-14	11:00:00	2016-07-17	4	320400	NA
r11	h_183	c_2	2016-11-19 12:49:10	2016-12-08	11:00:00	2016-12-11	1	29700	418500
r12	h_268	c_2	2017-05-24 10:06:21	2017-06-20	09:00:00	2017-06-21	4	81600	431700
r13	h_223	c_2	2017-10-19 03:03:30	2017-10-21	09:30:00	2017-10-23	1	137000	248300
r14	h_133	c_2	2018-02-18 05:12:58	2018-03-12	10:00:00	2018-03-15	2	75600	294200
r15	h_92	c_2	2018-04-19 11:25:00	2018-05-04	12:30:00	2018-05-05	2	68800	281400
r16	h_135	c_2	2018-07-06 04:18:28	2018-07-08	10:00:00	2018-07-09	4	46400	190800

图 4-11 计算当前值至往前数第 2 个值的合计值

示例代码▶004_join/03_b

基于 SQL 的预处理

在 SQL 中，SUM 函数可作为窗口函数使用，求合计值的范围可按从往前数第 *n* 个到往后数第 *n* 个的形式指定。

SQL 理想代码

sql_awesome.sql

```
SELECT
  *,

  CASE WHEN
    -- 通过 COUNT 函数统计已经计算了多少记录的合计值，并判断是否达到 3 条记录
    -- 用 BETWEEN 语句表示从往前数第 2 条记录至当前记录
    COUNT(total_price) OVER
    (PARTITION BY customer_id ORDER BY reserve_datetime ROWS
     BETWEEN 2 PRECEDING AND CURRENT ROW) = 3

  THEN

    -- 计算包含自身在内的 3 条记录的合计值
    SUM(total_price) OVER
    (PARTITION BY customer_id ORDER BY reserve_datetime ROWS
     BETWEEN 2  PRECEDING AND CURRENT ROW)

  ELSE NULL END AS price_sum

FROM work.reserve_tb
```

COUNT 函数和 SUM 函数可作为窗口函数使用，OVER 后可按如下方式设置。

- 用 PARTITION BY 指定分组（将 customer_id 相同的记录作为一组）
- 用 ORDER BY 指定选择的分组如何排序（将 checkin_date 以时间先后排序）
- 通过 BETWEEN 语句，以当前记录为基准，设置要计数和求合计值的目标范围的起始值和结束值。*n* PRECEDING 表示往前数第 *n* 条记录，CURRENT ROW 表示当前记录，*n* FOLLOWING 表示往后数第 *n* 条记录

即使记录不足 3 条，SUM 函数也会计算合计值。因此，为了在记录不足 3 条时将合计值设置为空，需要按上述方式书写代码（平时需要按这种方式书写的情况并不多，设置本例题是为了说明 SQL 与 R、Python 在书写规范上的不同）。

关键点

从例题的设置上来看，本段代码使用了 CASE 语句，比较麻烦。但是，在引用历史信息计算合计值的部分，代码中使用的查询借助了窗口函数，因而代码短小且处理高效，比较理想。

基于 R 的预处理

R 中的 RcppRoll 包提供了与用于计算合计值的窗口函数相当的 roll_sum 函数，使用该函数可以实现比较理想的代码。

R 理想代码

r_awesome.R（节选）

```
# 导入 roll_sum 函数对应的库
library(RcppRoll)

reserve_tb %>%

  # 按 customer_id 对数据行分组
  group_by(customer_id) %>%

  # 对每个 customer_id 的数据按 reserve_datetime 进行排序
  arrange(reserve_datetime) %>%

  # 通过 RcppRoll 的 roll_sum 函数滚动计算合计值
  mutate(price_sum=roll_sum(total_price, n=3, align='right', fill=NA))
```

RcppRoll 包的 roll_sum 函数是计算合计值的窗口函数，参数 n 为要计算合计值的目标记录数，参数 align 为选定目标数据的基准。

- right：对目标记录及其前面的记录求合计值
- left：对目标记录及其后面的记录求合计值
- center：对目标记录及其前后的记录求合计值

此外，roll_sum 函数仅在目标数据不够指定的数目 n 个的情况下将所有值设置为 NA。通过 fill 参数，我们可以指定特定值，用于替代 NA 进行填充。本例题只要求用 NA 进行填充，所以尚能处理，如果要求在不足 n 条记录时也进行计算，则难以采用这种实现方法。

除 roll_sum 函数外，RcppRoll 包还提供了 roll_mean 函数、roll_median 函数、roll_min 函数、roll_prod 函数、roll_sd 函数和 roll_var 函数。

关键点

组合运用 RcppRoll 包和 dplyr 包，能够实现高效简洁的代码。只是我们无法指望应用 RcppRoll 包在目标数据不足指定的数目 n 个的情况下也进行计算。

基于 Python 的预处理

Python 没有提供用于计算合计值的窗口函数，但提供了将数据分成窗口（多个数据集合）的

rolling 函数。通过该函数，我们可以将一般的聚合函数当成窗口函数使用。

Python 理想代码

python_awesome.py（节选）

```
# 对每个 customer_id 按 reserve_datetime 进行排序
result = reserve_tb.groupby('customer_id') \
  .apply(lambda x: x.sort_values(by='reserve_datetime', ascending=True)) \
  .reset_index(drop=True)

# 添加新列 price_sum
result['price_sum'] = pd.Series(
    # 仅提取所需的数据列
    result.loc[:, ["customer_id", "total_price"]]

    # 对每个 customer_id，把 total_price 的窗口切分为 3 个并汇总，然后计算合计值
    .groupby('customer_id')
    .rolling(center=False, window=3, min_periods=3).sum()

    # 取消分组，同时取出 total_price 列
    .reset_index(drop=True)
    .loc[:, 'total_price']
)
```

rolling 函数是将数据切分为窗口的函数。window 参数表示包括自身在内，该窗口可包含多少个目标数据。min_periods 参数表示仅当窗口中的记录数达到或超过指定数值时才进行计算，当数目不足时，则返回 NAN。此外，当 center 为 True 时，表示选择的窗口会使当前行处于窗口正中间。在没有设置的情况下，就在当前行之后添加数据行，以使窗口大小为指定行数①。

我们可以通过更改 rolling 函数后面的聚合函数实现各种计算。除了这里的 sum，还可以使用 max、min 和 mean 等函数。

关键点

本段代码通过灵活组合 rolling 函数和聚合函数，实现了窗口函数的功能，也没有冗余处理，比较理想。但与 SQL 相比，代码较长，所以在需要使用窗口函数执行处理时，最好采用 SQL。

---

① 当 center 设置为 True 时，类似于 R 中的“居中对齐”；当未设置 center 参数时，类似于 R 中的“左对齐”。——译者注

前 *n* 条记录的平均值

目标数据集是酒店的预订记录，请在预订记录表的所有行中添加当前行（不含）上面 3 行的 3 条预订记录中的住宿费平均值。当预订记录不足 3 条时，仅计算已有的预订记录中的住宿费平均值；当预订记录为 0 条时，设置为空（图 4-12）。

reserve_id	hotel_id	customer_id	reserve_datetime	checkin_date	checkin_time	checkout_date	people_num	total_price
r1	h_75	c_1	2016-03-06 13:09:42	2016-03-26	10:00:00	2016-03-29	4	97200
r2	h_219	c_1	2016-07-16 23:39:55	2016-07-20	11:30:00	2016-07-21	2	20600
r3	h_179	c_1	2016-09-24 10:03:17	2016-10-19	09:00:00	2016-10-22	2	33600
r4	h_214	c_1	2017-03-08 03:20:10	2017-03-29	11:00:00	2017-03-30	4	194400
r5	h_16	c_1	2017-09-05 19:50:37	2017-09-22	10:30:00	2017-09-23	3	68100
r6	h_241	c_1	2017-11-27 18:47:05	2017-12-04	12:00:00	2017-12-06	3	36000
r7	h_256	c_1	2017-12-29 10:38:36	2018-01-25	10:30:00	2018-01-28	1	103500
r8	h_241	c_1	2018-05-26 08:42:51	2018-06-08	10:00:00	2018-06-09	1	6000
r9	h_217	c_2	2016-03-05 13:31:06	2016-03-25	09:30:00	2016-03-27	3	68400
r10	h_240	c_2	2016-06-25 09:12:22	2016-07-14	11:00:00	2016-07-17	4	320400
r11	h_183	c_2	2016-11-19 12:49:10	2016-12-08	11:00:00	2016-12-11	1	29700
r12	h_268	c_2	2017-05-24 10:06:21	2017-06-20	09:00:00	2017-06-21	4	81600
r13	h_223	c_2	2017-10-19 03:03:30	2017-10-21	09:30:00	2017-10-23	1	137000
r14	h_133	c_2	2018-02-18 05:12:58	2018-03-12	10:00:00	2018-03-15	2	75600
r15	h_92	c_2	2018-04-19 11:25:00	2018-05-04	12:30:00	2018-05-05	2	68800
r16	h_135	c_2	2018-07-06 04:18:28	2018-07-08	10:00:00	2018-07-09	4	46400

reserve_id	hotel_id	customer_id	reserve_datetime	checkin_date	checkin_time	checkout_date	people_num	total_price	price_avg
r1	h_75	c_1	2016-03-06 13:09:42	2016-03-26	10:00:00	2016-03-29	4	97200	NaN
r2	h_219	c_1	2016-07-16 23:39:55	2016-07-20	11:30:00	2016-07-21	2	20600	97200
r3	h_179	c_1	2016-09-24 10:03:17	2016-10-19	09:00:00	2016-10-22	2	33600	58900
r4	h_214	c_1	2017-03-08 03:20:10	2017-03-29	11:00:00	2017-03-30	4	194400	50466.67
r5	h_16	c_1	2017-09-05 19:50:37	2017-09-22	10:30:00	2017-09-23	3	68100	82866.67
r6	h_241	c_1	2017-11-27 18:47:05	2017-12-04	12:00:00	2017-12-06	3	36000	98700
r7	h_256	c_1	2017-12-29 10:38:36	2018-01-25	10:30:00	2018-01-28	1	103500	99500
r8	h_241	c_1	2018-05-26 08:42:51	2018-06-08	10:00:00	2018-06-09	1	6000	69200
r9	h_217	c_2	2016-03-05 13:31:06	2016-03-25	09:30:00	2016-03-27	3	68400	NaN
r10	h_240	c_2	2016-06-25 09:12:22	2016-07-14	11:00:00	2016-07-17	4	320400	68400
r11	h_183	c_2	2016-11-19 12:49:10	2016-12-08	11:00:00	2016-12-11	1	29700	194400
r12	h_268	c_2	2017-05-24 10:06:21	2017-06-20	09:00:00	2017-06-21	4	81600	139500
r13	h_223	c_2	2017-10-19 03:03:30	2017-10-21	09:30:00	2017-10-23	1	137000	143900
r14	h_133	c_2	2018-02-18 05:12:58	2018-03-12	10:00:00	2018-03-15	2	75600	82766.67
r15	h_92	c_2	2018-04-19 11:25:00	2018-05-04	12:30:00	2018-05-05	2	68800	98066.67
r16	h_135	c_2	2018-07-06 04:18:28	2018-07-08	10:00:00	2018-07-09	4	46400	93800

图 4-12　计算历史预订记录的平均值

示例代码▶004_join/03_c

基于 SQL 的预处理

只需将 AVG 函数当作窗口函数使用即可。如果你理解了前面的例题，那么本例题就简单了。

SQL 理想代码

sql_awesome.sql

```
SELECT
  *,
```

```
  AVG(total_price) OVER
  (PARTITION BY customer_id ORDER BY checkin_date ROWS
   BETWEEN 3 PRECEDING AND 1 PRECEDING) AS price_avg

FROM work.reserve_tb
```

关键点

参考前面的例题，理解本段代码也没那么困难，无非是将 AVG 函数作为窗口函数使用并计算。

基于 R 的预处理

RcppRoll 包的 roll 函数在记录数不足指定数目时不会执行计算处理，所以无法使用，因而这里尝试灵活组合 lag 函数来实现。

R 一般代码

r_not_awesome.R（节选）

```r
# 为了在 row_number 函数中使用 reserve_datetime，这里将其转换为 POSIXct 类型（详见第 10 章）
reserve_tb$reserve_datetime <-
  as.POSIXct(reserve_tb$reserve_datetime, format='%Y-%m-%d %H:%M:%S')

reserve_tb %>%
  group_by(customer_id) %>%
  arrange(reserve_datetime) %>%

  # 通过 lag 函数计算 total_price 列中当前记录上面的 3 条记录的合计值
  # 组合运用 if_else 函数和 row_number 函数，判断已经计算了多少条记录的合计值
  # 由于事先进行了排序，所以 order_by=reserve_datetime 的设置并非必不可少
  # 当已计算合计值的记录数为 0 时，除数为 0，因此 price_avg 会变成 NAN
  mutate(price_avg=
           (  lag(total_price, 1, order_by=reserve_datetime, default=0)
            + lag(total_price, 2, order_by=reserve_datetime, default=0)
            + lag(total_price, 3, order_by=reserve_datetime, default=0))
          / if_else(row_number(reserve_datetime) > 3,
                    3, row_number(reserve_datetime) - 1))
```

组合运用 lag 函数和 row_number 函数，计算平均值。

通过 lag 函数分别获取前面第 1 条、第 2 条和第 3 条记录的数据，然后计算合计值。由于在没有相应数据时默认参数设置为 0，所以当目标记录数为 1 ~ 2 时也可计算合计值。

row_number 函数用于计算在按 customer_id 分组的组中，在按照 reserve_datetime 的时间先后排序时数据的序号是多少。这里通过 if_else 函数判断数据的序号，当数据条数大于 3 时，返回 3；当数据条数小于或等于 3 时，返回“row_number 函数的返回值 – 1”，如此便可计算出相应的历史数据的条数。

在用 lag 函数计算出合计值，用 row_number 函数计算出记录数后，用合计值除以记录数，便可计算出平均值。

关键点

本段代码反复运用 lag 函数，分支复杂，所以可读性较差。另外，随着引用的记录数增加，代码量也会增加，因而代码适应变化的能力较差。如此重复执行相同的计算，自然算不上理想的代码。当然，如果使用 zoo 库中的 rollapplyr 等函数，那么也能使用 R 轻松实现上述功能，有兴趣的读者可以尝试一下。

基于 Python 的预处理

虽然这里打算像前面的示例那样使用 rolling 函数计算，但 rolling 函数仅能根据当前行进行选择。要解决这一问题，还需要采用能够使数据行偏移的 shift 函数。

Python 一般代码　　python_not_awesome.py（节选）

```
# 对每个 customer_id 按 reserve_datetime 列对数据排序
result = reserve_tb.groupby('customer_id') \
  .apply(lambda x: x.sort_values(by='reserve_datetime', ascending=True)) \
  .reset_index(drop=True)

# 添加新列 price_avg
result['price_avg'] = pd.Series(
  result
    # 对每个 customer_id，把 total_price 的窗口切分为 3 个并汇总，然后计算其平均值
    # 把 min_periods 设置为 1，表示当记录数为 1 以上时进行计算
    .groupby('customer_id')
    ['total_price'].rolling(center=False, window=3, min_periods=1).mean()

    # 取消分组，同时删除 customer_id 列
    .reset_index(drop=True)
)

# 对每个 customer_id，将 price_avg 下移 1 行
result['price_avg'] = \
  result.groupby('customer_id')['price_avg'].shift(periods=1)
```

与前面的示例一样，这里用 rolling 函数计算平均住宿费。此外，将 min_periods 参数设置为 1，就可以在记录数不足 3 条时也执行计算操作。而且，虽然需要计算除了当前数据行之外的 3 条预订记录的平均住宿费，但 rolling 函数已经将当前数据行包含在内了，所以要使用 shift 函数，将数据行向下偏移，periods 参数为偏移的行数。

关键点

由于使用了 rolling 函数，所以代码变得复杂。为去除当前数据行，还需要使用 shift 函数，因而代码变得更长、更复杂。本段代码虽然没有产生多余的计算处理，但也称不上理想代码。

过去 *n* 天的合计值

目标数据集是酒店的预订记录，请在预订记录表的所有行中添加同一顾客在过去 90 天内的住宿费总额（不包含当前数据行），如图 4-13 所示。当预订记录为 0 时，令合计值为 0。

reserve_id	hotel_id	customer_id	reserve_datetime	checkin_date	checkin_time	checkout_date	people_num	total_price
r1	h_75	c_1	2016-03-06 13:09:42	2016-03-26	10:00:00	2016-03-29	4	97200
r2	h_219	c_1	2016-07-16 23:39:55	2016-07-20	11:30:00	2016-07-21	2	20600
r3	h_179	c_1	2016-09-24 10:03:17	2016-10-19	09:00:00	2016-10-22	2	33600
r4	h_214	c_1	2017-03-08 03:20:10	2017-03-29	11:00:00	2017-03-30	4	194400
r5	h_16	c_1	2017-09-05 19:50:37	2017-09-22	10:30:00	2017-09-23	3	68100
r6	h_241	c_1	2017-11-27 18:47:05	2017-12-04	12:00:00	2017-12-06	3	36000
r7	h_256	c_1	2017-12-29 10:38:36	2018-01-25	10:30:00	2018-01-28	1	103500
r8	h_241	c_1	2018-05-26 08:42:51	2018-06-08	10:00:00	2018-06-09	1	6000
r9	h_217	c_2	2016-03-05 13:31:06	2016-03-25	09:30:00	2016-03-27	3	68400
r10	h_240	c_2	2016-06-25 09:12:22	2016-07-14	11:00:00	2016-07-17	4	320400
r11	h_183	c_2	2016-11-19 12:49:10	2016-12-08	11:00:00	2016-12-11	1	29700
r12	h_268	c_2	2017-05-24 10:06:21	2017-06-20	09:00:00	2017-06-21	4	81600
r13	h_223	c_2	2017-10-19 03:03:30	2017-10-21	09:30:00	2017-10-23	1	137000
r14	h_133	c_2	2018-02-18 05:12:58	2018-03-12	10:00:00	2018-03-15	2	75600
r15	h_92	c_2	2018-04-19 11:25:00	2018-05-04	12:30:00	2018-05-05	2	68800
r16	h_135	c_2	2018-07-06 04:18:28	2018-07-08	10:00:00	2018-07-09	4	46400

与同一 customer_id 的过去 90 天内的预订记录连接，按 reserve_id 计算 total_price 的合计值

reserve_id	total_price_90d
r3	20600
r6	68100
r7	36000
r15	75600
r16	68800

以 reserve_id 为键进行连接。当没有要连接的记录时，令 total_price_90d 的列值为 0

reserve_id	hotel_id	customer_id	reserve_datetime	checkin_date	checkin_time	checkout_date	people_num	total_price	total_price_90d
r1	h_75	c_1	2016-03-06 13:09:42	2016-03-26	10:00:00	2016-03-29	4	97200	0
r2	h_219	c_1	2016-07-16 23:39:55	2016-07-20	11:30:00	2016-07-21	2	20600	0
r3	h_179	c_1	2016-09-24 10:03:17	2016-10-19	09:00:00	2016-10-22	2	33600	20600
r4	h_214	c_1	2017-03-08 03:20:10	2017-03-29	11:00:00	2017-03-30	4	194400	0
r5	h_16	c_1	2017-09-05 19:50:37	2017-09-22	10:30:00	2017-09-23	3	68100	0
r6	h_241	c_1	2017-11-27 18:47:05	2017-12-04	12:00:00	2017-12-06	3	36000	68100
r7	h_256	c_1	2017-12-29 10:38:36	2018-01-25	10:30:00	2018-01-28	1	103500	36000
r8	h_241	c_1	2018-05-26 08:42:51	2018-06-08	10:00:00	2018-06-09	1	6000	0
r9	h_217	c_2	2016-03-05 13:31:06	2016-03-25	09:30:00	2016-03-27	3	68400	0
r10	h_240	c_2	2016-06-25 09:12:22	2016-07-14	11:00:00	2016-07-17	4	320400	0
r11	h_183	c_2	2016-11-19 12:49:10	2016-12-08	11:00:00	2016-12-11	1	29700	0
r12	h_268	c_2	2017-05-24 10:06:21	2017-06-20	09:00:00	2017-06-21	4	81600	0
r13	h_223	c_2	2017-10-19 03:03:30	2017-10-21	09:30:00	2017-10-23	1	137000	0
r14	h_133	c_2	2018-02-18 05:12:58	2018-03-12	10:00:00	2018-03-15	2	75600	0
r15	h_92	c_2	2018-04-19 11:25:00	2018-05-04	12:30:00	2018-05-05	2	68800	75600
r16	h_135	c_2	2018-07-06 04:18:28	2018-07-08	10:00:00	2018-07-09	4	46400	68800

图 4-13 求过去 90 天内的住宿费总额

示例代码▶004_join/03_d

基于 SQL 的预处理

当根据连接条件而非记录数指定连接范围时，无法使用窗口函数，因此这里采用 JOIN 语句实现连接。

SQL 理想代码

sql_awesome.sql

```
SELECT
  -- 获取连接源的所有数据列
  base.*,

  -- 当目标记录数为 0 时返回 0，当大于等于 1 时计算住宿费总额
  COALESCE(SUM(combine.total_price), 0) AS price_sum

-- 指定预订记录表为连接源
FROM work.reserve_tb base

-- 指定预订记录表为要连接的历史信息
LEFT JOIN work.reserve_tb combine

  -- 将 customer_id 相同的记录连接
  ON base.customer_id = combine.customer_id

  -- 仅将历史数据作为连接对象
  AND base.reserve_datetime > combine.reserve_datetime

  -- 仅连接过去 90 天内的历史数据（详见第 10 章）
  AND DATEADD(day, -90, base.reserve_datetime) <= combine.reserve_datetime
```

```
-- 基于作为连接源的预订记录表的所有列执行聚合处理
GROUP BY base.reserve_id, base.hotel_id, base.customer_id,
  base.reserve_datetime, base.checkin_date, base.checkin_time, base.checkout_date,
  base.people_num, base.total_price
```

关键点

在 SQL 中，可以使用不等式作为连接条件。本段代码不仅在 ON 语句中指定了“相同的顾客”这个条件，还使用不等式指定了历史数据中的预订时间范围。与 R、Python 相比，本段代码可读性强且没有冗余处理，比较理想。在像这样对一定时期内的历史数据执行连接处理时，SQL 具有绝对优势，强烈推荐。

基于 R 的预处理

在当前的 dplyr 包中，我们无法在 join 函数内指定不等式，因此需要先通过等式尽可能地减少连接目标，再执行连接处理，然后使用不等式压缩并创建目标数据。

R 一般代码

r_not_awesome.R（节选）

```r
library(tidyr)

# 为了在 row_number 函数中使用 reserve_datetime，这里将其转换为 POSIXct 类型（详见第 10 章）
reserve_tb$reserve_datetime <-
  as.POSIXct(reserve_tb$reserve_datetime, format='%Y-%m-%d %H:%M:%S')

# 计算过去 90 天内的住宿费合计值的表
sum_table <-

  # 在不确认 reserve_datetime 中的日期的情况下，将 customer_id 相同的数据行全部连接
  inner_join(
    reserve_tb %>%
      select(reserve_id, customer_id, reserve_datetime),
    reserve_tb %>%
      select(customer_id, reserve_datetime, total_price) %>%
      rename(reserve_datetime_before=reserve_datetime),
    by='customer_id') %>%

  # 比较 checkin 列的日期，仅提取连接了 90 天内的数据的数据行
  # 60*60*24*90 表示 60 秒 *60 分 *24 时 *90 天，用于计算 90 天的秒数
  #（关于日期时间型，详见第 10 章）
  filter(reserve_datetime > reserve_datetime_before &
           reserve_datetime - 60 * 60 * 24 * 90 <= reserve_datetime_before) %>%
  select(reserve_id, total_price) %>%

  # 按 reserve_id 计算 total_price 的合计值
```

```
  group_by(reserve_id) %>%
  summarise(total_price_90d=sum(total_price)) %>%
  select(reserve_id, total_price_90d)

# 连接计算出的合计值，将合计值信息加入源表中
# 使用 replace_na 将不存在合计值的记录的值设置为 0
left_join(reserve_tb, sum_table, by='reserve_id') %>%
  replace_na(list(total_price_90d=0))
```

关键点

在 inner_join 函数部分，由于已经将相同 customer_id 的数据行全部连接，因而中间数据量变得巨大，从而导致所需的内存量也变得巨大，计算量增加。加之代码比较长，所以本段代码远远算不上理想代码。

基于 Python 的预处理

Python 一般代码

python_not_awesome.py（节选）

```
import pandas.tseries.offsets as offsets
import operator

# 为了进行日期计算，这里将数据类型由字符串转换为日期型（详见第 10 章）
reserve_tb['reserve_datetime'] = \
  pd.to_datetime(reserve_tb['reserve_datetime'], format='%Y-%m-%d %H:%M:%S')

# 在不确认 reserve_datetime 中的日期的情况下，将 customer_id 相同的数据行全部连接
sum_table = pd.merge(
  reserve_tb[['reserve_id', 'customer_id', 'reserve_datetime']],
  reserve_tb[['customer_id', 'reserve_datetime', 'total_price']]
           .rename(columns={'reserve_datetime': 'reserve_datetime_before'}),
  on='customer_id')

# 比较 checkin 列的日期，仅提取连接了 90 天内的数据的数据行
# 使用 operator 中的 and_ 函数，设置复合条件
# 按 reserve_id 计算 total_price 的合计值
#（关于日期时间型，详见第 10 章）
sum_table = sum_table[operator.and_(
  sum_table['reserve_datetime'] > sum_table['reserve_datetime_before'],
  sum_table['reserve_datetime'] + offsets.Day(-90) <= sum_table['reserve_
datetime_before']
)].groupby('reserve_id')['total_price'].sum().reset_index()
```

```
# 设置列名
sum_table.columns = ['reserve_id', 'total_price_sum']

# 连接计算出的合计值，将合计值信息加入源表中
# 使用 fillna 将不存在合计值的记录的值设置为 0
pd.merge(reserve_tb, sum_table, on='reserve_id', how='left').fillna(0)
```

关键点

本段代码与前面 R 的处理配置相同，因此中间数据量也会变得巨大，并非理想代码。

4-4 交叉连接

SQL
R
Python

本章一直在介绍指定连接键的连接，其实在数据分析中，有时还需要执行不指定连接键的交叉连接处理。所谓交叉连接，就是生成要连接的表之间的所有组合的连接处理，主要用于统计或生成训练数据的预处理。

假设要统计顾客每月的住宿费。如果有预订记录表，那么按顾客和月份对住宿费的值进行聚合，即可计算住宿费总额。但是，当某顾客某月未住宿时，则不存在预订记录，住宿费应为 0，而上述计算方法无法得出这一结果。类似这种问题可以通过交叉连接来避免。事先对顾客 ID 和统计目标月份执行交叉连接处理，然后连接预订记录，便可生成住宿费为 0 的结果。

如上所述，要想在目标记录不存在的情况下生成相应的记录，交叉连接是一个有效的手段。但有一点需要注意：由于交叉连接是生成所有的组合，所以数据量会变得巨大。因此，必须在所需的最小范围内执行交叉连接处理。

Q 交叉连接处理

目标数据集是酒店的预订记录，请按每位顾客计算 2017 年 1 月至 2017 年 3 月的每月住宿费总额。对于没有预订记录的月份，令住宿费的值为 0（图 4-14）。日期可使用入住日期。

customer_id	age	sex	home_latitude	home_longitude
c_3	49	woman	35.12054	136.5112
c_4	43	man	43.03487	141.2403

year_month
201701
201702
201703

同一 customer_id 的过去 90 天内的预订记录

customer_id	year_month
c_3	201701
c_3	201702
c_3	201703
c_4	201701
c_4	201702
c_4	201703

customer_id	year_month
c_3	201701
c_3	201702
c_3	201703
c_4	201701
c_4	201702
c_4	201703

reserve_id	hotel_id	customer_id	reserve_datetime	checkin_date	checkin_time	checkout_date	people_num	total_price
r17	h_115	c_3	2016-05-10 12:20:32	2016-05-17	10:00:00	2016-05-19	2	164000
r18	h_132	c_3	2016-10-22 02:18:48	2016-11-12	12:00:00	2016-11-13	1	20400
r19	h_23	c_3	2017-01-11 22:54:09	2017-02-08	10:00:00	2017-02-10	3	390600
r20	h_292	c_3	2017-02-23 07:10:30	2017-03-03	11:00:00	2017-03-04	2	18200
r21	h_153	c_3	2017-04-06 18:12:10	2017-04-16	09:00:00	2017-04-19	3	126900
r22	h_12	c_3	2017-07-24 19:15:54	2017-08-08	09:00:00	2017-08-09	4	26800
r23	h_61	c_3	2017-12-16 23:31:04	2018-01-09	09:00:00	2018-01-12	1	224400
r24	h_34	c_3	2018-04-27 08:51:07	2018-05-07	09:30:00	2018-05-10	4	102000
r25	h_277	c_4	2016-03-28 07:17:34	2016-04-07	10:30:00	2016-04-10	1	39300
r26	h_132	c_4	2016-05-11 17:48:07	2016-06-05	11:30:00	2016-06-06	1	20400
r27	h_97	c_4	2016-07-08 14:10:06	2016-07-16	10:30:00	2016-07-17	2	41800
r28	h_119	c_4	2016-10-07 04:38:54	2016-11-04	10:00:00	2016-11-06	4	52800
r29	h_222	c_4	2016-11-10 21:59:02	2016-11-13	12:30:00	2016-11-16	4	240000
r30	h_34	c_4	2017-03-14 23:02:05	2017-03-14	11:30:00	2017-03-17	2	51000
r31	h_143	c_4	2017-08-17 03:16:51	2017-09-14	10:30:00	2017-09-15	4	79200
r32	h_287	c_4	2017-11-02 19:00:21	2017-11-05	10:00:00	2017-11-07	1	29000

连接 customer_id 相同且与 year_month 目标期间相匹配的预订记录，计算 total_price 的合计值。当相应记录不存在时，令合计值为 0

customer_id	year_month	price_sum
c_3	201701	0
c_3	201702	390600
c_3	201703	18200
c_4	201701	0
c_4	201702	0
c_4	201703	51000

图 4-14 对每个顾客计算住宿费总额

示例代码▶004_join/04

基于 SQL 的预处理

在执行交叉连接时，要使用 CROSS JOIN 语句。该语句的用法与 JOIN 语句基本相同，不同之处在于，使用该语句时，无须在 ON 语句中设置连接条件。此外，由于使用 SQL 生成临时的年月主表比较困难，所以最好事先在数据库中准备一些年月主表（图 4-15）作为通用表。

year_num	month_num	month_first_day	month_last_day
2016	1	2016-01-01	2016-01-31
2016	2	2016-02-01	2016-02-29
2016	3	2016-03-01	2016-03-31
2016	4	2016-04-01	2016-04-30
2016	5	2016-05-01	2016-05-31
2016	6	2016-06-01	2016-06-30
2016	7	2016-07-01	2016-07-31

图 4-15 年月主表示例

SQL 理想代码

sql_awesome.sql

```
SELECT
  cus.customer_id,

  -- 从年月主表中获取年份
  mst.year_num,

  -- 从年月主表中获取月份
  mst.month_num,

  -- 如果有 total_price 则添加相应的 total_price，如果没有则添加 0
  SUM(COALESCE(rsv.total_price, 0)) AS total_price_month

FROM work.customer_tb cus

-- 对顾客表和年月主表执行交叉连接
CROSS JOIN work.month_mst mst

-- 对顾客表和年月主表、预订记录表执行连接
LEFT JOIN work.reserve_tb rsv
  ON cus.customer_id = rsv.customer_id
    AND mst.month_first_day <= rsv.checkin_date
    AND mst.month_last_day >= rsv.checkin_date

-- 提取年月主表在特定时间内的数据
WHERE mst.month_first_day >= '2017-01-01'
  AND mst.month_first_day < '2017-04-01'
GROUP BY cus.customer_id, mst.year_num, mst.month_num
```

关键点

先对顾客表和年月主表执行交叉连接，然后与预订记录表执行连接，即可将不存在预订记录的月份的费用也包含在结果之中。除了代码中用到的 month_mst（年份、月份、每月第一天、每月最后一天）这样的年月主表之外，如果还存在日主表、年主表，就会更加方便。本段代码灵活使用了事先准备好的表，比较理想。

基于 R 的预处理

dplyr 包提供的 join 函数不支持交叉连接。虽然通过让两个要连接的表都具有相同值的连接键，即可实现交叉连接，但除此之外，我们也可以使用 R 默认提供的 merge 函数来执行交叉连接。

R 理想代码

r_awesome.R（节选）

```
library(tidyverse)

# 生成要计算的目标年月的 data.frame
month_mst <- data.frame(year_month=
  # 生成 2017-01-01、2017-02-01 和 2017-03-01，然后用 format 函数将格式转换为年月
  #（关于日期时间型，详见第 10 章）
  format(seq(as.Date('2017-01-01'), as.Date('2017-03-01'), by='months'),
         format='%Y%m')
)

# 将顾客 ID 和要计算的全部年月对象连接后生成的表
customer_mst <-

  # 对全部顾客 ID 和年月主表执行交叉连接
  merge(customer_tb %>% select(customer_id), month_mst) %>%

  # 由于 merge 指定的连接键的数据类型已经被转换为分类型，所以这里要将其转换回字符串类型
  #（关于分类型数据，详见第 9 章）
  mutate(customer_id=as.character(customer_id),
         year_month=as.character(year_month))

# 按月计算住宿费总额
left_join(
  customer_mst,

  # 在预订记录表中准备年月的连接键
  reserve_tb %>%
    mutate(checkin_month = format(as.Date(checkin_date), format='%Y%m')),

  # 按相同的 customer_id 和年月执行连接
  by=c('customer_id'='customer_id', 'year_month'='checkin_month')
) %>%

  # 按 customer_id 和年月执行聚合
  group_by(customer_id, year_month) %>%

  # 计算住宿费总额
  summarise(price_sum=sum(total_price)) %>%

  # 将不存在预订记录时的住宿费总额由空值转换为 0
  replace_na(list(price_sum=0))
```

通过在 seq 中指定日期，并将 by 参数指定为 months，生成以月为单位的日期，然后用 format 转换为年份字符串，从而生成年月主表。关于日期型的转换，第 10 章将详细介绍。

merge 函数是 R 中默认提供的连接处理函数。在一般的连接中，需要向 by 参数指定连接键，但在执行交叉连接时无法指定。此外要注意，在使用 merge 函数后，连接键的字符串将被转换为分类型（factor 类型）数据。

关键点

交叉连接处理的任务往往很繁重，需要使最低限度的列成为连接目标。本段代码略长，但也算比较理想。只是相比之下，SQL 代码在计算性能和可读性上更加理想。

基于 Python 的预处理

Python 未提供用于交叉连接的函数，因此为实现交叉连接，我们需要准备具有相同值的连接键。

Python 理想代码

python_ awesome.py（节选）

```
# 用于处理日期型的库
import datetime
# 用于计算日期的库
from dateutil.relativedelta import relativedelta

# 生成年月主表
month_mst = pd.DataFrame({
  'year_month':
    # 用 relativedelta 实现从 2017-01-01 向后推 x 个月，x 取值为 0、1、2
    # 生成 2017-01-01、2017-02-01 和 2017-03-01 的列表
    [(datetime.date(2017, 1, 1) + relativedelta(months=x)).strftime("%Y%m")
     for x in range(0, 3)]
})

# 为了进行交叉连接，准备全部为相同值的连接键
customer_tb['join_key'] = 0
month_mst['join_key'] = 0

# 用准备的连接键对 customer_tb 和 month_mst 执行内连接，从而实现交叉连接
customer_mst = pd.merge(
  customer_tb[['customer_id', 'join_key']], month_mst, on='join_key'
)

# 在预定记录表中准备年月的连接键
reserve_tb['year_month'] = reserve_tb['checkin_date'] \
```

```
  .apply(lambda x: pd.to_datetime(x, format='%Y-%m-%d').strftime("%Y%m"))

# 与预订记录连接，计算住宿费总额
summary_result = pd.merge(
  customer_mst,
  reserve_tb[['customer_id', 'year_month', 'total_price']],
  on=['customer_id', 'year_month'], how='left'
).groupby(['customer_id', 'year_month'])["total_price"] \
 .sum().reset_index()

# 将不存在预订记录时的住宿费总额由空值转换为 0
summary_result.fillna(0, inplace=True)
```

operator 库中的 and_ 函数的参数指定为 boolean 类型列表的列表，按照列表的序号（索引），仅当该索引对应的元素全部为 True 时才为 True，除此之外都为 False。例如，当 operator.and_([True, False, True, False], [True, True, False, False]) 时，返回 [True, False, False, False]。

本段代码先通过 relativedelta 函数以月为单位向日期数据中添加了天数，然后用 strftime 函数将其转换为年月的字符串，从而创建了年月主表。关于日期型的转换，第 10 章将详细介绍。

由于 Python 中未提供用于交叉连接的函数，所以这里将具有相同值的列作为新列添加到了要连接的两个表中。然后，将添加的键指定为连接键，并执行内连接，即可得到与交叉连接相同的结果。

关键点

本段代码通过强制生成连接键而重现了交叉连接效果，因此显得较长，但并非不可读。但是，相比之下，还是 SQL 的代码更理想。

第 5 章 数据拆分

数据拆分是评价预测模型前必须执行的预处理，主要用于把数据拆分成训练数据和验证数据。训练数据是构建预测模型时使用的数据，而验证数据是用于衡量模型精度的数据。

训练数据和验证数据所需的列数据是相同的，分别是用于输入预测模型的列数据和作为预测模型的预测对象的列数据，所以对训练数据和验证数据应用的预处理也是相同的。因此，我们要将训练数据和验证数据尽量当作相同数据一起处理，并在输入预测模型前拆分数据，这样才是理想的做法。

预测模型中使用的数据除了训练数据和验证数据之外，还有用于预测的数据，本书将其称为"应用数据"。由于在使用应用数据时，我们并不知道其标签，所以应用数据中不包含预测模型的预测对象的值（即标签列）。与训练数据和验证数据不同，应用数据是尚不清楚标签的数据，其获取方式、数据流以及数据使用时间也都与训练数据和验证数据不同，所以我们没有必要对应用数据执行数据拆分。

具有丰富的机器学习系统库的 Python 和 R 都提供了拆分数据的功能。虽然 SQL 也可以通过非常复杂的代码实现数据拆分，但机器学习技术在 SQL 中几乎无法使用，在进行机器学习时需要使用 Python 和 R 读取数据。因此，我们没有理由偏执地使用 SQL 执行数据拆分，建议选择 R 或者 Python 编写代码。本书也仅基于 R 和 Python 进行介绍。

5-1 记录数据中模型验证数据的拆分

R Python

交叉验证（cross validation）是最主要的模型验证方法。在交叉验证中，需要将数据分成若干份，然后将其中一份数据用于模型评价，将其他数据用于模型训练。所有的数据都必须用作一次模型评价数据，有多少份数据，就需要重复执行多少次精度测量，以对模型进行评价（图 5-1）。

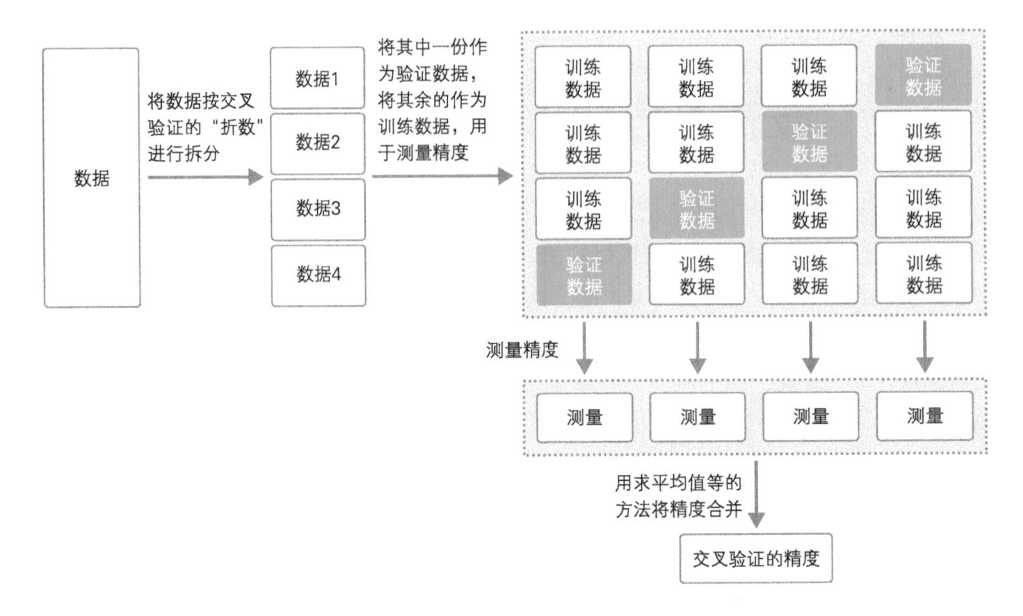

图 5-1 **交叉验证**

交叉验证可以排除过拟合的影响，测量预测模型的准确精度。所谓过拟合，就是构建的模型过度依赖于训练数据，以至于对训练数据以外的数据无法做出准确预测的现象。例如，要构建一个身高预测模型。训练数据中 33 岁的数据仅有 1 个，对应的身高是 175 cm，在模型出现过拟合的情况下，构建的预测模型必然将所有 33 岁的人的身高都预测为 175 cm。毋庸置疑，33 岁的人的身高并不一定都是 175 cm，因此在对训练数据以外的数据进行预测时，模型的预测精度将变得非常低。我们可通过交叉验证测量由于过拟合而精度下降的模型的精度。

在交叉验证中，需要将数据拆分后的份数作为输入参数，这一参数称为**交叉验证折数**。交叉验证折数会对训练数据量和计算量产生影响。例如，考虑交叉验证折数为 2 的情况。此时，训练数据量仅能用到全部数据的 50%（1/2），与不进行交叉验证相比，更有可能出现较差精度。由于当折数为 2 时，交叉验证只是进行 2 次模型构建与验证，因此交叉验证处理的计算成本最多是不进行交叉验证时的 2 倍。接下来，我们考虑交叉验证折数为 10 的情况。在这种情况下，训练数据量可用到全部数据的 90%（(10 – 1) ÷ 10），很可能与不进行交叉验证时的精度差别不大。此时，需要重复进行 10 次模型构建与验证，计算量最大会达到不进行交叉验证时的 10 倍。可见，在设置交叉验证折数时，需要权衡训练数据量和计算量之间的关系。基本原则是，在保证不降低精度的训练数据量的基础上，尽可能小地设置交叉验证折数（根据笔者的认知，交叉验证折数通常设置为 8。这大概是基于“确保训练数据量在源数据的 80% 以上”和“交叉验证可以并行处理，而通常所用的 CPU 中 8 核的居多”这两点得来的）。

如前所述，交叉验证是有效的模型精度验证方法，但这种方法并不是完全没有问题。例如，在反复进行交叉验证，为提高模型精度而持续调参时，对于交叉验证的问题，模型将逐渐接近过拟合的状态。虽然训练数据和验证数据是分开的，模型不会陷入极端的过拟合状态，但与应用时的精度差距将增大。为解决这一问题，需要事先准备一份区别于交叉验证中所用数据的私密数据，最终使用该数据验证模型精度，这种验证方法称为**留出验证**。

由于留出验证减少了训练时可用的数据，因此在数据量少的情况下难以使用这种方法。此外，该方法比较耗时，因此除了模型精度对商业利益影响较大的情况外，一般很少使用。但就笔者个人来看，建议在数据量富余时进行留出验证，以确认模型自身的误差。

交叉验证

目标数据集是生产记录，请对生产记录表中的数据执行数据拆分，以便构建预测模型。要确保将其中 20% 的数据用作留出验证的验证数据，将剩下的数据用于 4 折交叉验证（图 5-2）。

type	length	thickness	fault_flg
B	−34.743311	−1.5865954	True
E	−10.789816	−0.2620702	False
E	9.228733	0.4333280	False
C	147.110538	26.6938774	False
D	1.363170	0.1661490	False
B	−7.879625	−0.9626665	True
B	−60.878717	−4.4510080	False
E	−28.377433	−1.3960276	True
D	−43.324622	−5.8571695	False
D	72.747374	12.4784050	False
C	108.399187	15.5813578	True
C	15.113713	2.2487359	False
B	−86.635975	−11.4731778	False
B	−82.739878	−5.0718539	False
E	−30.850873	−3.0772432	False
E	−60.622788	−5.0388515	False
E	58.865154	2.2261563	False
A	−62.484811	−8.8844766	False
D	50.858233	1.9775838	False
B	−73.465397	−1.8891682	False

留出验证的训练数据

type	length	thickness	fault_flg
B	−34.743311	−1.5865954	True
E	−10.789816	−0.2620702	False
E	9.228733	0.4333280	False
C	147.110538	26.6938774	False
D	1.363170	0.1661490	False
B	−7.879625	−0.9626665	True
B	−60.878717	−4.4510080	False
E	−28.377433	−1.3960276	True
D	−43.324622	−5.8571695	False
C	15.113713	2.2487359	False
B	−82.739878	−5.0718539	False
E	−30.850873	−3.0772432	False
E	−60.622788	−5.0388515	False
A	−62.484811	−8.8844766	False
D	50.858233	1.9775838	False
B	−73.465397	−1.8891682	False

留出验证的验证数据

type	length	thickness	fault_flg
D	72.74737	12.478405	False
C	108.39919	15.581358	True
B	−86.63597	−11.473178	False
E	58.86515	2.226156	False

交叉验证的训练数据

type	length	thickness	fault_flg
C	15.113713	2.2487359	False
D	1.363170	0.1661490	False
B	-73.465397	-1.8891682	False
E	-60.622788	-5.0388515	False
B	-7.879625	-0.9626665	True
D	50.858233	1.9775838	False
D	-43.324622	-5.8571695	False
B	-60.878717	-4.4510080	False
B	-34.743311	-1.5865954	True
A	-62.484811	-8.8844766	False
B	-82.739878	-5.0718539	False
E	-10.789816	-0.2620702	False

交叉验证的验证数据

type	length	thickness	fault_flg
E	9.228733	0.433328	False
E	-30.850873	-3.077243	False
C	147.110538	26.693877	False
E	-28.377433	-1.396028	True

图 5-2 使用留出验证时的数据拆分

示例代码▶005_split/01

基于 R 的预处理

R 提供了大量用于数据拆分的包，某些机器学习模型函数还内置了交叉验证的处理。在本段代码中，我们采用 caTools 包的 sample.split 函数和 cvTools 包的 cvFolds 函数进行介绍，因为上述函数提供了根据数据行号实现数据拆分的简单功能，通用性很强。

R 理想代码

r_awesome.R（节选）

```
# 导入 sample.split 所在的包
library(caTools)

# 导入 cvFolds 所在的包
library(cvTools)

# 设置随机数种子。据说 71 在某些地方被称为幸运数
set.seed(71)

# 为进行留出验证而执行数据拆分
# production_tb$fault_flg 只要是与数据行数等长的向量即可
# test_tf 是与数据行数等长的元素为 FAlSE 或 TRUE 的向量，当数据是训练数据时为 FALSE，是验证
数据时为 TRUE
# SplitRatio 是验证数据的比例
test_tf <- sample.split(production_tb$fault_flg, SplitRatio=0.2)

# 从 production_tb 中提取留出验证用的训练数据
train <- production_tb %>% filter(!test_tf)
```

```
# 从production_tb中提取留出验证用的验证数据
private_test  <- production_tb %>% filter(test_tf)

# 为进行交叉验证而执行数据拆分
cv_no <- cvFolds(nrow(train), K=4)

# 执行cv_no$K（所设置的折数）次重复处理（可并行处理）
for(test_k in 1:cv_no$K){

  # 从production_tb中提取交叉验证用的训练数据
  train_cv <- train %>% slice(cv_no$subsets[cv_no$which!=test_k])

  # 从production_tb中提取交叉验证用的验证数据
  test_cv <- train %>% slice(cv_no$subsets[cv_no$which==test_k])

  # 将train_cv作为训练数据，将test_cv作为验证数据，构建和验证机器学习模型
}

# 汇总交叉验证的结果

# 将train作为训练数据，将private_test作为验证数据，构建和验证机器学习模型
```

set.seed是用于设置随机数种子的函数。所谓种子，就是基于随机数生成表，通过设置相同的值重现随机数。如果不设置随机数种子，就无法再现同样的数据拆分，所以要养成设置随机数种子的习惯。

sample.split是用于把数据拆分成训练数据和验证数据的函数，返回的是与传入的参数向量等长的TRUE或FALSE向量，FALSE表示数据是训练数据，TRUE表示数据是验证数据。验证数据的比例可通过SplitRatio参数设置。使用返回的向量，可从data.frame中提取训练数据和验证数据。

cvFolds是用于把数据拆分成交叉验证的训练数据和验证数据的函数，返回的是K折交叉验证中K轮对应的索引向量（cv_no$which）[①]和随机排列的行号向量（cv_no$subsets）。在提取训练数据、验证数据时，从随机排列的行号向量中，基于K轮的索引向量获取分配给相应的交叉索引的行号，并将获取的行号应用于源data.frame，即可实现提取。

关键点

虽然不使用包也能轻松实现数据拆分，但从代码可读性和削减Bug的角度来看，笔者还是建议使用比较有名的包。基于这一点来说，本段代码可以说是比较理想的。

基于Python的预处理

Python与R一样，也提供了各种各样的用于数据拆分的库。同选择R包一样，这里我们从提

① 比如K折交叉验证，此处即返回1, 2, …, K, 1, 2, …形式的索引向量。——译者注

供了简单的数据拆分功能的 sklearn 库中选择了 train_test_split 函数与 KFold 函数。sklearn 库是 Python 中最有名的机器学习库，使用者众多，这也是选择使用该库的原因之一。

Python 理想代码 python_awesome.py（节选）

```
from sklearn.model_selection import train_test_split
from sklearn.model_selection import KFold

# 为进行留出验证而执行数据拆分
# 分别在 train_test_split 函数中设置预测模型的输入值和预测值
# test_size 是验证数据的比例
train_data, test_data, train_target, test_target = \
  train_test_split(production_tb.drop('fault_flg', axis=1),
                   production_tb[['fault_flg']],
                   test_size=0.2)

# 通过 train_test_split 将行名修改为当前的行号
train_data.reset_index(inplace=True, drop=True)
test_data.reset_index(inplace=True, drop=True)
train_target.reset_index(inplace=True, drop=True)
test_target.reset_index(inplace=True, drop=True)

# 生成对象的行号列表
row_no_list = list(range(len(train_target)))

# 为进行交叉验证而执行数据拆分
k_fold = KFold(n_splits=4, shuffle=True)

# 执行"交叉验证的折数"次循环处理，可并行处理
for train_cv_no, test_cv_no in k_fold.split(row_no_list):

  # 提取交叉验证用的训练数据
  train_cv = train_data.iloc[train_cv_no, :]

  # 提取交叉验证用的验证数据
  test_cv = train_data.iloc[test_cv_no, :]

  # 将 train_data 和 train_target 作为训练数据
  # 将 test_data 和 test_target 作为验证数据，构建和验证机器学习模型

# 汇总交叉验证的结果

# 将 train 作为训练数据，将 private_test 作为验证数据，构建和验证机器学习模型
```

train_test_split 是用于把数据拆分成训练数据和验证数据的函数。通过分别传入预测模型的输

入值和标签值参数，用 test_size 参数设置验证数据的比例，可将预测模型的输入值和标签值拆分为训练数据和验证数据并返回。在拆分数据时，数据行随机排序，由于要进一步拆分，所以作为索引的行号是彼此不相交的。在需要执行后续处理时，可通过 reset_index 函数将索引从原始的行号修改为当前的行号。

KFold 是用于把数据拆分成交叉验证的训练数据和验证数据的函数，从由参数传入的行号列表中，生成通过 n_splits 参数指定的交叉验证折数份训练数据的行号列表与验证数据的行号列表的组合。在提取训练数据、验证数据时，将生成的行号列表应用于源 DataFrame 即可。当 KFold 函数中的 shuffle 参数没有设置为 True 时，程序会给连续的行号指定相同的交叉索引，没有随机性。在 DataFrame 的数据行未随机排列的情况下，必须将 shuffle 参数设置为 True。

关键点

虽然同 R 一样，Python 也可以写出不使用库的代码，但在进行机器学习时常用的 Python 库 sklearn 提供了函数。从可读性和削减 Bug 的角度来看，使用 sklearn 才是比较理想的。此外，在 Python 和 R 中，即使是类似的函数，其细节也有所不同，所以要格外留意函数的用法。

5–2 时序数据中模型验证数据的拆分

R Python

由于在时序数据中进行交叉验证通常会不恰当地提高模型精度，所以简单的交叉验证是无效的，这是人们容易犯错的地方。这主要是因为，在构建模型时使用的是将来的数据，而在验证模型时使用的却是过去的数据（历史数据），数据混杂在一起了。

这里以房价预测模型为例思考一下。按说我们应当通过历史数据构建预测模型，然后预测将来的价格。此时，应该把房龄、房屋面积等房产规格与价格的关系，以及房地产市场价格的长期变动等因素考虑在内，否则将无法生成高精度的预测模型。但是，在随机拆分的交叉验证所用的训练数据中，历史数据和将来数据混在了一起，因而即使不考虑房地产市场价格的长期变动，模型精度也不会降低。因此，生成的将会是一个未考虑房地产市场价格的长期变动因素的预测模型，哪怕在进行交叉验证时精度很高，也极有可能在模型应用时出现较低的精度。所以，对于时序数据，我们不能使用交叉验证。

那么，在使用时序数据时，该采用何种方法验证模型精度呢？方法之一是将训练数据和验证数据沿时间轴滑动进行验证。例如，在已知 2016 年全年数据的情况下，按如下方法进行滑动验证（图 5–3 上）。

- 第 1 次验证：1 月至 6 月作为训练数据，7 月至 8 月作为验证数据
- 第 2 次验证：3 月至 8 月作为训练数据，9 月至 10 月作为验证数据
- 第 3 次验证：5 月至 10 月作为训练数据，11 月至 12 月作为验证数据

与交叉验证不同，通过这种方法，我们可以不再使用将来的数据进行预测，从而准确地测量模型的精度。但事实上，本例也不能实现准确的验证，因为上述模式仅使用验证期在 7 月至 12 月这 6 个月的数据对模型进行了评价，而没有使用全年数据进行评价。假如数据具有明显的季节性趋势，这种验证方法是行不通的。因此，应确保验证数据至少为一整年，而这将需要我们准备更长时间范围的数据。

如上所述，在用时序数据构建预测模型时，基本上应当一边滑动训练数据、验证数据的时间范围，一边进行验证。在数据的时间范围不足时，也可以在不滑动的情况下增加训练数据。结合前面的例子，该方法如下所示（图 5-3 下）。

- 第 1 次验证：1 月至 6 月作为训练数据，7 月至 8 月作为验证数据
- 第 2 次验证：1 月至 8 月作为训练数据，9 月至 10 月作为验证数据
- 第 3 次验证：1 月至 10 月作为训练数据，11 月至 12 月作为验证数据

在这种情况下，可以逐步增加训练数据。但由于验证的时间范围不同，训练数据量也会不同，所以第 1 次和第 3 次验证时模型的精度也会有所不同，因而我们很难通过验证准确把握应用时的模型精度。不过，在数据量较小的情况下，可以采用该验证方法。此时，要想掌握模型应用时的精度，就必须掌握数据量与精度提升之间的关系。

训练数据的时间范围固定的模式

1月	2月	3月	4月	5月	6月	7月	8月	9月	10月	11月	12月
训练	训练	训练	训练	训练	训练	验证	验证				
		训练	训练	训练	训练	训练	训练	验证	验证		
				训练	训练	训练	训练	训练	训练	验证	验证

增加训练数据的时间范围的模式

1月	2月	3月	4月	5月	6月	7月	8月	9月	10月	11月	12月
训练	训练	训练	训练	训练	训练	验证	验证				
训练	训练	训练	训练	训练	训练	训练	训练	验证	验证		
训练	训练	训练	训练	训练	训练	训练	训练	训练	训练	验证	验证

图 5-3 时序数据中验证数据的拆分

接下来，我们尝试解决实际案例。

准备时序数据中的训练数据和验证数据

目标数据集是月度经营指标数据，请以月度记录数据为对象，沿时间轴按月滑动，生成训练数据和验证数据（图 5-4）。假定训练数据的时间范围是 24 个月，验证数据的时间范围是 12 个月，滑动的时间范围是 12 个月。

year_month	sales_amount	customer_number
2010-01	7191240	6885
2010-02	6253663	6824
2010-03	6868320	7834
2010-04	7147388	8552
2010-05	8755929	8171
2010-06	8373124	8925
2010-07	9916308	10104
2010-08	12393468	11236
2010-09	11116463	9983
2010-10	8933028	10477
2010-11	15456653	13283
2010-12	10358716	12275
2011-01	14693940	12974
2011-02	13857181	14918
2011-03	14358551	14318
2011-04	14456858	16313
2011-05	11843648	14773
2011-06	13360363	15035
2011-07	21355608	17879
2011-08	18967375	19190
2011-09	14431865	16676
2011-10	21377418	17830
2011-11	17600642	20179
2011-12	19250634	22143
2012-01	17911051	20521
2012-02	25463522	21875
2012-03	20119418	23667
2012-04	25893403	23565
2012-05	22022850	24826
2012-06	22059480	22390
2012-07	23467487	23515
2012-08	29272775	27095
2012-09	31017056	25984
2012-10	23617191	25813
2012-11	29220027	26596
2012-12	30238780	26831

拆分成训练数据和验证数据（重复次数为时间范围的宽度）

训练数据

year_month	sales_amount	customer_number
2010-01	7191240	6885
2010-02	6253663	6824
2010-03	6868320	7834
2010-04	7147388	8552
2010-05	8755929	8171
2010-06	8373124	8925
2010-07	9916308	10104
2010-08	12393468	11236
2010-09	11116463	9983
2010-10	8933028	10477
2010-11	15456653	13283
2010-12	10358716	12275
2011-01	14693940	12974
2011-02	13857181	14918
2011-03	14358551	14318
2011-04	14456858	16313
2011-05	11843648	14773
2011-06	13360363	15035
2011-07	21355608	17879
2011-08	18967375	19190
2011-09	14431865	16676
2011-10	21377418	17830
2011-11	17600642	20179
2011-12	19250634	22143

验证数据

year_month	sales_amount	customer_number
2012-01	17911051	20521
2012-02	25463522	21875
2012-03	20119418	23667
2012-04	25893403	23565
2012-05	22022850	24826
2012-06	22059480	22390
2012-07	23467487	23515
2012-08	29272775	27095
2012-09	31017056	25984
2012-10	23617191	25813
2012-11	29220027	26596
2012-12	30238780	26831

图 5-4　将时序数据拆分成训练数据和验证数据

示例代码▶005_split/02

基于 R 的预处理

本段代码使用 caret 包中的 createTimeSlices 函数对时序数据执行了拆分处理。createTimeSlices 函数仅生成目标数据的行号，简单且易于理解。与 S3 等与模型捆绑较紧密的方法不同，createTimeSlices 函数能应用于各种各样的场景。

R 理想代码

r_awesome.R（节选）

```
# 导入 createTimeSlices 所在的库
library(caret)

# 设置随机数种子
set.seed(71)

# 基于年月进行数据排序
target_data <- monthly_index_tb %>% arrange(year_month) %>% as.data.frame()

# 通过 createTimeSlices 函数，获取拆分后的训练数据和验证数据的数据行号
# 把 initialWindow 设置为训练数据的条数
# 把 horizon 设置为验证数据的条数
```

```
# 把 skip 设置为"滑动次数①- 1"的值
# 把 fixedWindow 设置为 TRUE，表示在不增加训练数据的条数的前提下进行滑动
timeSlice <-
  createTimeSlices(1:nrow(target_data), initialWindow=24, horizon=12,
                   skip=(12 - 1), fixedWindow=TRUE)

# 用 for 语句循环"拆分数据的份数"次
for(slice_no in 1:length(timeSlice$train)){

  # 指定行号，从源数据中获取训练数据
  train <- target_data[timeSlice$train[[slice_no]], ]

  # 指定行号，从源数据中获取验证数据
  test <- target_data[timeSlice$test[[slice_no]], ]

  # 将 train 作为训练数据，将 test 作为验证数据，构建并验证机器学习模型
}

# 汇总交叉验证的结果
```

createTimeSlices 函数基于参数设置，根据给定向量的行号生成训练数据的行号和验证数据的行号。第 1 个参数是源数据的行号，initialWindow 参数是训练数据的数量，horizon 参数是验证数据的数量，skip 参数是训练数据和验证数据的滑动宽度。当 fixedWindow 参数设置为 TRUE 时，表示在不增加训练数据的前提下进行滑动；而设置为 FALSE 时，表示在不滑动的前提下增加训练数据。

关键点

虽说不使用包而自己编码也可以实现，但使用 createTimeSlices 函数实现起来会更简单。本段代码的可读性强，即使拆分方法发生了改变，也只需稍微更改参数即可，比较理想。

基于 Python 的预处理

虽然在有较好的库的情况下应当尽可能地使用库，但 Python 中并没有能够轻松实现时序数据的拆分的库，因此需要自己实现。在构建特定的模型时，如果在内部使用自动进行数据拆分的函数，则更改模型时必须修改数据拆分的处理部分，因此请务必掌握不依赖于模型和使用方法的通用代码。

Python 理想代码

python_awesome.py（节选）

```
# 在 train_window_start 中指定原始的训练数据的起始行号
train_window_start = 1
# 在 train_window_end 中指定原始的训练数据的终止行号
```

① 滑动次数等于滑动的时间范围除以每次滑动的时间单位，此处为 12 个月除以 1 个月，即 12。——译者注

```
train_window_end = 24
# 在 horizon 中指定验证数据的条数
horizon = 12
# 在 skip 中设置要滑动的数据条数
skip = 12

# 基于年月进行数据排序
monthly_index_tb.sort_values(by='year_month')

while True:
  # 计算验证数据的终止行号
  test_window_end = train_window_end + horizon

  # 指定行号，从源数据中获取训练数据
  # 如果将 train_window_start 固定为 1，则可以方便地调整训练数据的条数
  train = monthly_index_tb[train_window_start:train_window_end]

  # 指定行号，从源数据中获取验证数据
  test = monthly_index_tb[(train_window_end + 1):test_window_end]

  # 判断验证数据的终止行号是否超出源数据的行数
  if test_window_end >= len(monthly_index_tb.index):
    # 全部数据已用到，退出
    break

  # 滑动数据
  train_window_start += skip
  train_window_end += skip

# 汇总交叉验证的结果
```

关键点

由于 Python 中没有能够简单实现时序数据拆分的库，所以需要自己来实现。本段代码比 R 的代码量大，但只需通过更改变量的值即可简单地更改拆分方法，灵活性强，较为理想。但如果你知道有较好的库，还是要优先选择使用库！[1]

① 使用 sklearn 库的 TimeSeriesSplit 类，可以轻松实现在不固定训练数据量的情况下通过增加训练数据量来进行拆分。通过 tscv=TimeSeriessplit(n_splits=拆分数)生成对象，如 tscv.split(monthly_index_tb) 所示调用 split 函数，取出拆分后的数据。在编写代码时，请不要将 split 函数的返回值存储在列表中，而要在 for 语句中逐一调用。这是因为，如果存储在列表中，则拆分后的所有数据模式都将保存在内存上；但如果逐一调用，则可以节约内存使用量。

第 6 章 数据生成

在数据充足时，不需要生成数据，因为即使强行增加了数据，数据价值与增加数据前也相差不大。但在某些情况下，数据生成就很有必要，比如在调整不平衡数据时。

在用机器学习构建模型时，如果训练数据不平衡，则预测精度往往会降低。所谓数据**不平衡**，就是数据均衡性较差。例如要根据训练数据构建故障预测模型，但没有故障的数据有 100 万个，而有故障的数据只有 100 个，像这样属于某一分类的数据量与其他分类的数据量相比非常少的情况就称为不平衡。

处理不平衡数据的方法大致分为两种。

一种是在构建机器学习模型时对不同分类的数据赋予权重。虽然该方法并不适用于所有机器学习模型，但是通过提升少数类的数据的权重，不用操纵源数据，即可使用不平衡数据进行训练。另一种是操纵数据，消除不平衡的状态，该方法可进一步大致分为 3 种。

- 用**过采样**增加少数类的数据（图 6-1 上）
- 用**欠采样**减少多数类的数据（图 6-1 下）
- 同时采用上面两种方法

本书主要介绍过采样和欠采样等具有代表性的技术。

对于通过在构建机器学习模型时给数据赋予权重来处理不平衡数据的方法，本书并未进行详细介绍，因为该方法的特性因机器学习模型的类型不同而不同，难以掌握，而且有些库不支持这种方法。这里推荐大家首先掌握如何通过操纵数据来处理不平衡数据。

那么如何选择用于实现采样的编程语言呢？与数据拆分处理一样，由于具有丰富的机器学习系统库的 Python 和 R 都提供了实现采样的功能，而 SQL 并没有提供直接实现采样的功能，所以这里推荐使用 Python 和 R。

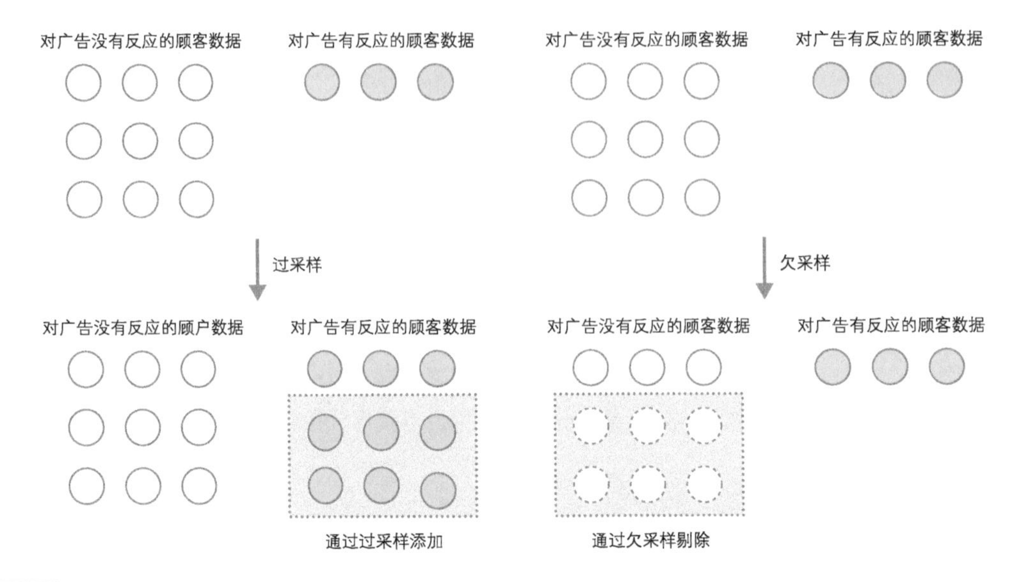

图 6-1 **过采样和欠采样**

6-1 通过欠采样调整不平衡数据

欠采样比过采样容易，因为这是减少数据量的操作，只需考虑如何选择数据，而不需要生成数据。笔者对选择数据的建议是不要有重复选择（即同一数据选择 2 次及以上），因为重复选择会导致特定数据被选择多次，使数据产生偏倚，容易造成过拟合等问题。

欠采样中的随机采样可通过与第 4 章和第 5 章相同的方法实现，在采样数量较少时，为了实现无偏倚的随机采样，可以预先对数据进行聚类（通过机器学习将数据分组的技术），然后按生成的分组进行采样。此外，还有一种方法是同时进行机器学习聚类和欠采样，但是需要像这样执行欠采样的情况很少，所以本书不再对其进行介绍。

由于欠采样是一种将数据稀疏化，从而减少信息量的方法，所以尽量不使用该方法为宜。虽然在某些情况下，由于内存和计算量的制约，不可避免地要使用欠采样，但如果是为了使不平衡数据变得平衡，那么请大家尽量使用过采样。然而，如果通过过采样根据少量数据生成大量数据，那么就又会受到前面所述的不利影响。在这种情况下，大家要综合使用过采样和欠采样，比如在不至于带来不利影响的情况下使用过采样增加少数类的数据集合，并通过欠采样减少多数类的数据集合以消除数据不平衡，这种方法很有效。

欠采样的代码与第 4 章和第 5 章中的案例实现相同，唯一不同的地方在于，我们应预先计算为消除不平衡数据需要进行的欠采样的程度。因此，此处省略了关于欠采样的实现的介绍。

6-2 通过过采样调整不平衡数据

过采样可根据原始数据生成新数据，通过随机采样提取比源数据更多的数据就是生成方法之一。随机采样的方法非常简单，但也存在一个问题，即出现完全相同的数据，这容易导致过拟合。能够有效缓和这一问题的代表性技术有**合成少数类过采样技术**（Synthetic Minority Over-sampling Technique，SMOTE）。

SMOTE 是一种在进行过采样时基于原始数据生成新数据的技术。SMOTE 的数据生成部分的算法大致如下所示（图 6-2）。

1. 从源数据中随机选择一个数据
2. 基于设置的 k 值，从 1 至 k 的整数值（均匀分布）中随机选择一个值，并将其设置为 n
3. 选择距离步骤 1 中所选数据第 n 近的数据作为新数据
4. 基于步骤 1 和步骤 3 中所选数据生成新数据
   所生成的数据的列值 = 步骤 1 中所选的列值 +（步骤 3 中所选的列值 − 步骤 1 中所选的列值）×（从 0 至 1 均匀分布的随机数）
5. 循环步骤 1 至步骤 4，直至达到指定的数据量

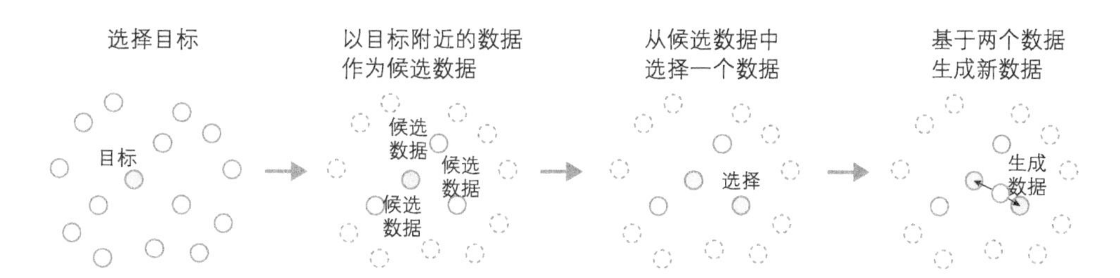

图 6-2 SMOTE 算法概述

用 SMOTE 生成的数据也就是在与源数据保持相同特性的同时添加了不同的噪声的数据，因此与简单地通过随机采样复制源数据相比，用 SMOTE 生成的数据通常更接近于自然产生的数据，因而易于提升模型的精度。因此，与简单地复制源数据的过采样相比，使用 SMOTE 更好。

只是 SMOTE 并非万能的。SMOTE 是在采样源数据之间的直线上进行采样的技术，在维数

（生成数据的列数）较大的情况下，存在较大的空间，但采样仅在采样源数据之间的直线上进行，容易产生偏差。在维数较大的情况下，组合运用欠采样和装袋算法[①]构建预测模型会更稳定。

过采样

目标数据集是生产记录，没有发生故障（`fault_flg` 为 `False`）的记录有 927 条，发生故障（`fault_flg` 为 `True`）的记录有 73 条。请使用 SMOTE 对发生故障的记录进行过采样，使之与没有发生故障的记录的条数接近（图 6-3）。这里假设 SMOTE 的 k 参数为 5。

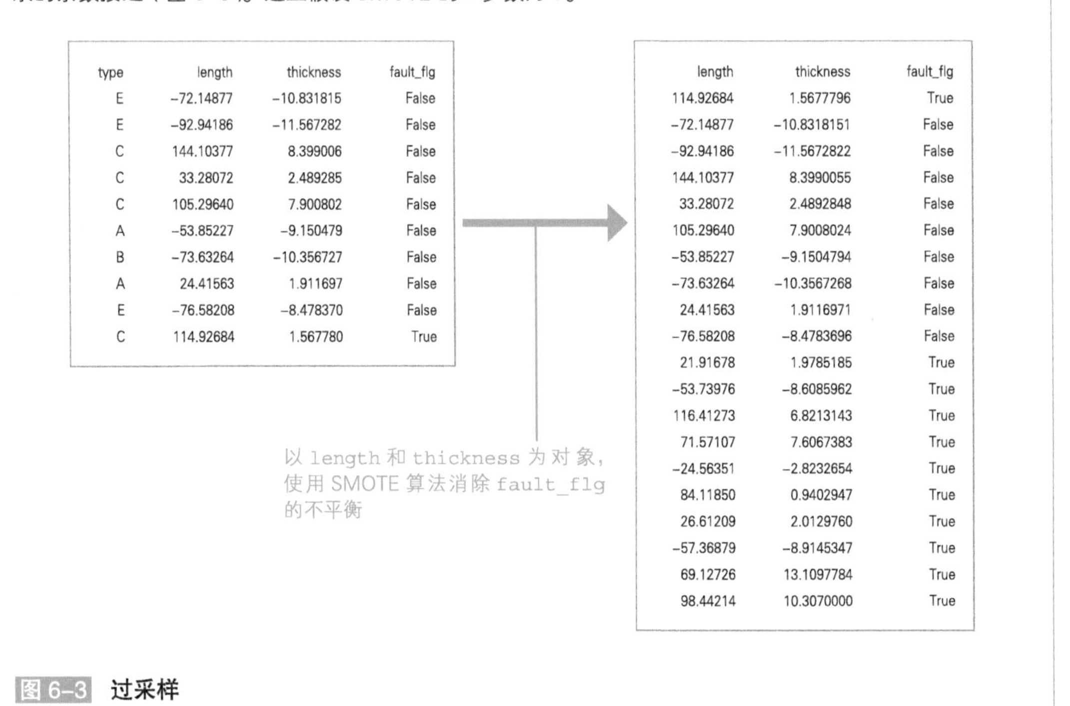

type	length	thickness	fault_flg
E	-72.14877	-10.831815	False
E	-92.94186	-11.567282	False
C	144.10377	8.399006	False
C	33.28072	2.489285	False
C	105.29640	7.900802	False
A	-53.85227	-9.150479	False
B	-73.63264	-10.356727	False
A	24.41563	1.911697	False
E	-76.58208	-8.478370	False
C	114.92684	1.567780	True

length	thickness	fault_flg
114.92684	1.5677796	True
-72.14877	-10.8318151	False
-92.94186	-11.5672822	False
144.10377	8.3990055	False
33.28072	2.4892848	False
105.29640	7.9008024	False
-53.85227	-9.1504794	False
-73.63264	-10.3567268	False
24.41563	1.9116971	False
-76.58208	-8.4783696	False
21.91678	1.9785185	True
-53.73976	-8.6085962	True
116.41273	6.8213143	True
71.57107	7.6067383	True
-24.56351	-2.8232654	True
84.11850	0.9402947	True
26.61209	2.0129760	True
-57.36879	-8.9145347	True
69.12726	13.1097784	True
98.44214	10.3070000	True

图 6-3 过采样

示例代码▶006_generate/02

基于 R 的预处理

R 中虽然提供了能够使用 SMOTE 的包，但该包将基于有重复的随机选择的欠采样与基于 SMOTE 算法的过采样综合到一起了，使用方式上有点不合常规。虽然使用包也有便利之处，但是用法复杂，所以本书仅解说使用 `ubBalance` 函数实现 SMOTE 的过采样的代码。

① 所谓装袋算法（bagging）又称为引导聚集算法，指的是构建多个独立的模型，并利用多个模型的预测结果最终计算出预测值的技术。每个模型都利用全部数据中的一部分数据进行训练。诸如随机森林（random forest）等机器学习技术就运用了装袋算法的思想。

R 理想代码

r_awesome.R（节选）

```
# 导入 ubBalance 函数所在的库
library(unbalanced)
library(tidyverse)
# 计算 percOver 的设置值
t_num <- production_tb %>% filter(fault_flg==True)%>% summarize(t_num=n())
f_num <- production_tb %>% filter(fault_flg==False)%>% summarize(f_num=n())
percOver <- round(f_num / t_unm) * 100 - 100

# 将纠正不平衡状态的对象转换为 factor 类型（注意不是 logical 类型）（详见第 9 章）
production_tb$fault_flg <- as.factor(production_tb$fault_flg)

# 用 ubBalance 函数实现过采样
# 将 type 设置为 ubSMOTE
# positive 指定的是分类中少数类的类别值（不指定也是可以的，但会显示警告）
# 把 percOver 参数设置为基于源数据增加百分之多少
#（当 percOver 值为 200 时增加为原来的 3（200/100 + 1）倍，当值为 500 时增加为原来的 6
（500/100 + 1）倍，不足 100 的值舍去）
# 在进行欠采样时，必须向 percUnder 传入参数，若不进行欠采样，则设置参数为 0
# k 是 smote 的 k 参数
production_balance <-
  ubBalance(production_tb[,c('length', 'thickness')],
            production_tb$fault_flg,
            type='ubSMOTE', positive='True',
            percOver=percOver, percUnder=0, k=5)

# 将生成的 fault_flg 为 True 的数据和源数据中 fault_flg 为 False 的数据合并
bind_rows(

  # 在 production_balance$X 中存储生成的 length 和 thickness 的 data.frame
  production_balance$X %>%

    # 在 production_balance$Y 中存储生成的 fault_flg 的向量
    mutate(fault_flg=production_balance$Y),

  # 获取源数据中 fault_flg 为 False 的数据
  production_tb %>%

    # 由于 production_tb 是 factor 类型，所以可通过匹配判断来获取
    filter(fault_flg == 'False') %>%
    select(length, thickness, fault_flg)
)
```

在通过 ubBalance 函数实现 SMOTE 时，第 1 个参数指定过采样的对象列数据，第 2 个参数指定分类结果，分类结果必须是分类型数据。关于分类型数据，第 9 章将详细介绍。

虽然本案例中仅以数值作为对象，但在通过 ubBalance 函数实现的 SMOTE 中，也可以将分类值作为过采样的对象。如果将分类值添加为过采样的对象，那么添加到第 1 个参数中即可。此外，生成分类值的算法是从由 SMOTE 选择的 2 个源数据的分类值中随机采用其中 1 个分类值。

将 percUnder 设置为非 0 的值，即可对不平衡数据中多数类的数据进行采样和提取。此时的采样就是有重复的随机采样，这会产生重复数据。此外，要想通过 perUnder 的值控制随机采样的数据量，就必须理解非常复杂的原理，不能依靠直觉判断。这里简单说明一下：将 percUnder 的值设置为 0，ubBalance 函数就不会返回不平衡数据中多数类的数据，而会变成实现 SMOTE 的过采样的函数，所以一般推荐这种用法。

关键点

虽然 ubBalance 函数不够灵活，但它灵活运用了 SMOTE 的过采样部分，从而免去了自己实现。对于小规模预处理的库，不同的包在用法上存在差异，且很多包没有提供丰富的帮助文档，所以我们有必要检查一下包的内容。本段代码在详细了解包的内容的基础上灵活运用了包，可以说比较理想。

基于 Python 的预处理

Python 提供的 SMOTE 函数用法简单，非常容易理解。本段代码中使用的是 imblearn 库中的 SMOTE 函数。

Python 理想代码

python_awesome.py（节选）

```
# 从库中导入 SMOTE 函数
from imblearn.over_sampling import SMOTE

# 设置 SMOTE 函数参数
# ratio 表示的是将不平衡数据中少数类的数据增加至多数类的数据的百分之多少
#（当设置为 auto 时，表示增加至与多数类的数据量相同；当设置为 0.5 时，表示增加至 50%）
# k_neighbor 为 smote 的 k 参数
# random_state 是随机数种子（随机数生成模式的基础）
sm = SMOTE(ratio='auto', k_neighbors=5, random_state=71)

# 执行过采样
balance_data, balance_target = \
  sm.fit_sample(production_tb[['length', 'thickness']],
                production_tb['fault_flg'])
```

为实现 SMOTE 算法，这里首先指定参数值并生成了 SMOTE 对象，然后调用了生成的 SMOTE 对象的 `fit_sample` 函数。该函数第 1 个参数是过采样的对象列的数据，第 2 个参数是分类结果（虽然用于对生成数据的源模型进行训练的 `fit` 函数和用于根据经过训练的模型生成数据的 `sample` 函数是分开提供的，但在一起执行时，最好使用 `fit_sample` 函数）。

本段代码所使用的库不能以分类值为过采样的对象，因此要想将分类值作为对象，就必须更改库的内容，或者从头实现 SMOTE 的函数。

关键点

本段代码通过灵活使用库，用简单的代码实现了 SMOTE，比较理想。在执行稍小规模的预处理时，找到一个好的库是一项重要的技能。但是在没有好的库时也不必沮丧，因为这正好为你提供了一个亲自开发好的库并提供给大家使用的机会，即“给予，而后收获回报”的 OSS（Open Source Software，开源软件）理念。

第 7 章 数据扩展

数据扩展[①]在预处理中必不可少，用于将数据的统计结果转换成表的形式。例如，在如下情况下，就需要执行扩展处理。

- 要使简单的统计处理的结果易于理解
- 要准备用于推荐的数据

部分分析人员经常采用人工操作的方式将数据转换为表的形式，因为用 SQL 实现起来非常麻烦，而且他们不知道使用 R 或 Python 可以轻松实现。本章将首先介绍强行用 SQL 实现会是什么样的情况，然后介绍基于 R 或 Python 的简洁的实现方法。

7-1 转换为横向显示

SQL
R
Python

在数据处理中，当数据以记录的形式显示时称为**纵向显示**，以表的形式显示时称为**横向显示**。在纵向显示时，一条记录代表数据的一个数据元素，包括表示数据集合的键值、表示数据元素类别的键值以及数据元素的值。在横向显示时，一条记录是一个数据集合，包括表示数据集合的键值以及多个数据元素的值。在纵向显示时，数据的行数多而列数少；在横向显示时，数据的行数少而列数多。

例如，考虑一年内每个顾客以不同住宿人数预订的预订次数。在纵向显示时，用“顾客 ID/ 住宿人数、预订次数”[②]的形式来表达。在横向显示时，用“顾客 ID/ 当住宿人数为 1 时的预订次数、当住宿人数为 2 时的预订次数……当住宿人数为 *n* 时的预订次数”的形式来表达。在这种情况下，表示数据集合的键值就是“顾客 ID”，表示数据元素类别的键值就是“住宿人数”，数据元素的值就是“预订次数”。图 7-1 展示了纵向显示的列和横向显示的列。

---

① 类似于数据分析中的透视操作。——译者注

② 这里的“/”表示交叉表的两个维度，在纵向显示时，列表示住宿人数，行表示顾客 ID，而值是预订次数；在横向显示时，列表示顾客 ID，行表示住宿人数，而值是预订次数，具体可参见图 7-2。——译者注

纵向显示

年代	性别	人数
20	男性	50
20	女性	37
30	男性	64
30	女性	68
40	男性	57
40	女性	49

横向显示

年代	男性人数	女性人数
20	50	37
30	64	68
40	57	49

图 7-1 纵向显示和横向显示

通常情况下，在执行数据聚合时，数据会自然地纵向显示。例如，在酒店的预订记录中，通过 GroupBy 以酒店为单位按性别计算出预订次数后，数据就会以“酒店 ID”“性别代号”“预订次数”的形式纵向显示。为了创建表数据，在创建纵向显示的数据之后，必须将其转换为横向显示的数据。

转换为横向显示

目标数据集是酒店的预订记录，请根据预订记录表，按顾客和住宿人数计算预订次数，并将其转换为以顾客 ID 为行，以住宿人数为列，以预订次数为值的矩阵（表）（图 7-2）。

reserve_id	hotel_id	customer_id	reserve_datetime	checkin_date	checkin_time	checkout_date	people_num	total_price
r1	h_75	c_1	2016-03-06 13:09:42	2016-03-26	10:00:00	2016-03-29	4	97200
r2	h_219	c_1	2016-07-16 23:39:55	2016-07-20	11:30:00	2016-07-21	2	20600
r3	h_179	c_1	2016-09-24 10:03:17	2016-10-19	09:00:00	2016-10-22	2	33600
r4	h_214	c_1	2017-03-08 03:20:10	2017-03-29	11:00:00	2017-03-30	4	194400
r5	h_16	c_1	2017-09-05 19:50:37	2017-09-22	10:30:00	2017-09-23	3	68100
r6	h_241	c_1	2017-11-27 18:47:05	2017-12-04	12:00:00	2017-12-06	3	36000
r7	h_256	c_1	2017-12-29 10:38:36	2018-01-25	10:30:00	2018-01-28	1	103500
r8	h_241	c_1	2018-05-26 08:42:51	2018-06-08	10:00:00	2018-06-09	1	6000
r9	h_217	c_2	2016-03-05 13:31:06	2016-03-25	09:30:00	2016-03-27	3	68400
r10	h_240	c_2	2016-06-25 09:12:22	2016-07-14	11:00:00	2016-07-17	4	320400
r11	h_183	c_2	2016-11-19 12:49:10	2016-12-08	11:00:00	2016-12-11	1	29700
r12	h_268	c_2	2017-05-24 10:06:21	2017-06-20	09:00:00	2017-06-21	4	81600
r13	h_223	c_2	2017-10-19 03:03:30	2017-10-21	09:30:00	2017-10-23	1	137000
r14	h_133	c_2	2018-02-18 05:12:58	2018-03-12	10:00:00	2018-03-15	2	75600
r15	h_92	c_2	2018-04-19 11:25:00	2018-05-04	12:30:00	2018-05-05	2	68800
r16	h_135	c_2	2018-07-06 04:18:28	2018-07-08	10:00:00	2018-07-09	4	46400

按 customer_id 以每种 people_num 值为单位分别计算预订次数，然后将数据转换为横向显示

customer_id	1	2	3	4
c_1	2	2	2	2
c_2	2	2	1	3

图 7-2 转换为横向显示

示例代码▶007_spread/01

基于 SQL 的预处理

SQL 没有提供能够简单地将数据转换为横向显示的函数，因此我们必须多次书写 CASE 语句，从而将数据转换为横向显示。

SQL 一般代码

sql_not_awesome.sql

```
-- 预订次数的计数表
WITH cnt_tb AS(
  SELECT
    customer_id, people_num,
    COUNT(reserve_id) AS rsv_cnt
  FROM work.reserve_tb
  GROUP BY customer_id, people_num
)
SELECT
  customer_id,
  max(CASE people_num WHEN 1 THEN rsv_cnt ELSE 0 END) AS people_num_1,
  max(CASE people_num WHEN 2 THEN rsv_cnt ELSE 0 END) AS people_num_2,
  max(CASE people_num WHEN 3 THEN rsv_cnt ELSE 0 END) AS people_num_3,
  max(CASE people_num WHEN 4 THEN rsv_cnt ELSE 0 END) AS people_num_4
FROM cnt_tb
GROUP BY customer_id
```

关键点

虽然用 SQL 也能编写，但是必须多次（次数是要横向显示的值的类别数）编写 CASE 语句，而且当横向显示的列值（people_num）的取值范围发生变化时，代码也必须修改，因此本段代码是冗长且变化适应性较差的一般代码。建议大家不要使用 SQL 强行编写。

基于 R 的预处理

使用 tidyverse 包提供的 spread 函数可以简单地将数据扩展为横向显示。

R 理想代码

r_awesome.R（节选）

```
# 将people_num更改为分类型（factor），以便在更改为横向显示时获取列名
# 关于分类型数据，详见第 9 章
reserve_tb$people_num <- as.factor(reserve_tb$people_num)

reserve_tb %>%
  group_by(customer_id, people_num) %>%
  summarise(rsv_cnt=n()) %>%
```

```
# 用 spread 函数将数据更改为横向显示
# 用 fill 设置当相应值为空时的填充值
spread(people_num, rsv_cnt, fill=0)
```

spread 函数的第 1 个参数指定的是表示数据元素的类别的键值，第 2 个参数指定的是数据元素的值，本段代码由此实现了数据的横向显示。未指定的值不会被转换，将成为表示数据集合的键值。此外，通过 fill 参数，可以设置当相应值不存在时的填充值。

关键点

通过 spread 函数，用简洁的代码即可实现横向显示。本段代码先用 dplyr 实现更改为横向显示之前的聚合处理，然后用管道将处理连接起来，进而使用 spread 函数，这样的处理流程易于理解，因而代码比较理想。哪怕只有一个方便的函数，世界也会发生巨大变化。

基于 Python 的预处理

Pandas 库提供了可用于实现横向显示的函数，即 pivot_table 函数。该函数不仅可以将数据转换为横向显示，还能同时执行聚合处理。

Python 理想代码

python_awesome.py（节选）

```
# 用 pivot_table 函数同时实现横向显示和聚合处理
# 向 aggfunc 参数指定用于计算预订数的函数
pd.pivot_table(reserve_tb, index='customer_id', columns='people_num',
               values='reserve_id',
               aggfunc=lambda x: len(x), fill_value=0)
```

pivot_table 函数的第 1 个参数指定的是对象表，index 参数指定的是表示数据集合的键值，columns 参数指定的是表示数据元素类别的键值，而 values 参数指定的是数据元素值对应的对象列（可通过数组形式指定多个 index 和 columns 参数）。此外，aggfunc 参数指定的是用于将 values 参数指定的列值转换为数据元素值的函数。在 fill_value 参数中设置值，可以指定当相应列值不存在时数据元素的填充值。

关键点

pivot_table 函数可以同时实现聚合处理和横向显示，无论从可读性还是从性能来看，它都是很好很方便的函数。尤其是在执行带聚合处理的数据分析时，本段代码非常理想，因为我们必须将数据转换为表的形式以便于人们理解。让我们将其用于即时分析，和对手拉开差距吧！

7-2 转换为稀疏矩阵

R
Python

上一节介绍了如何将数据从纵向显示转换为横向显示，以扩展成表的形式，但是根据数据特征的不同，在某些情况下，数据会在转换为横向显示时变得很大，比如转换后变成稀疏矩阵。所谓**稀疏矩阵**（sparse matrix），就是大部分的元素值为0，仅存在极少的值的巨大矩阵（表）。

在用纵向显示的形式表示稀疏矩阵时，由于大部分元素值为0，所以如果采取“不保留元素值为0的记录”的规则，那么虽然表示的矩阵很大，但行数不会很多。而在用横向显示的形式表示稀疏矩阵时，即使元素值为0，也必须把矩阵表示出来，所以列数会非常多。

要想使数据在横向显示的情况下不会变得很大，需要在采用纵向显示的形式的同时，将数据转换成表的形式。这种说法自相矛盾，似乎不可能实现，但R和Python确实提供了相关的库，这些库在内部以纵向显示的数据表示形式保存数据，同时可通过接口将数据以矩阵的形式表示出来。但SQL没有提供这样的功能。

稀疏矩阵

请将根据上一节的例题创建的矩阵转换为稀疏矩阵。

示例代码▶007_spread/02

基于R的预处理

通过 `Matrix` 包的 `sparseMatrix` 函数可生成稀疏矩阵。在生成时，需要准备作为稀疏矩阵的生成源的纵向显示的数据。

R 理想代码

r_awesome.R（节选）

```
# 导入 sparseMatrix 所在的包
library(Matrix)

cnt_tb <-
  reserve_tb %>%
    group_by(customer_id, people_num) %>%
    summarise(rsv_cnt=n())

# 将 sparseMatrix 的行和列所对应的值转换为分类型（factor）
# 关于分类型数据，详见第 9 章
cnt_tb$customer_id <- as.factor(cnt_tb$customer_id)
```

```
cnt_tb$people_num <- as.factor(cnt_tb$people_num)

# 生成稀疏矩阵
# 在第 1 个到第 3 个参数中指定横向显示的数据
# 第 1 个参数：行号；第 2 个参数：列号；第 3 个参数：设置指定的矩阵所对应的值的向量
# 在 dims 中指定稀疏矩阵的维度（设置为行数和列数的向量）
# (as.numeric(cnt_tb$customer_id) 用于返回索引号）
# (length(levels(cnt_tb$customer_id)) 用于对 customer_id 进行唯一值计数）
sparseMatrix(as.numeric(cnt_tb$customer_id), as.numeric(cnt_tb$people_num),
             x=cnt_tb$rsv_cnt,
             dims=c(length(levels(cnt_tb$customer_id)),
                    length(levels(cnt_tb$people_num))))
```

将 sparseMatrix 函数的第 1 个到第 3 个参数指定为横向显示的数据（行号、列号以及指定的矩阵所对应的值的向量），将 dims 参数指定为稀疏矩阵的维度（设置行数和列数的向量），即可生成稀疏矩阵。

稀疏矩阵中没有用于保存行号以及列号所对应的数据的结构。例如，我们不知道第 43 行对应哪个顾客 ID。因此，本段代码是先将数据转换为分类型（factor），再获取传入稀疏矩阵的行号和列号的。然后，通过引用分类型数据的主数据，即可知道某个行号对应的是哪一数据。以前面的例子来说，通过 levels(cnt_tb$customer_id)[43] 的形式引用主数据，即可知道对应的顾客 ID（在 levels 函数中指定分类型数据，即可引用其主数据，第 9 章将对此进行详细介绍）。

关键点

本段代码使用分类型数据，弥补了稀疏矩阵所没有的功能，比较理想。在用 R 实现稀疏矩阵时，不要忘记先转换为分类型数据，再传入函数中。

基于 Python 的预处理

Python 提供了比 R 更多样的生成稀疏矩阵的函数，这些函数各自擅长不同的处理。与 R 一样，在使用 Python 实现时也必须准备作为稀疏矩阵生成源的纵向显示的数据。

Python 理想代码

python_awesome.py（节选）

```
# 导入稀疏矩阵的库
from scipy.sparse import csc_matrix

# 生成不同顾客 ID 和不同住宿人数的预订次数的表
cnt_tb = reserve_tb \
  .groupby(['customer_id', 'people_num'])['reserve_id'].size() \
  .reset_index()
cnt_tb.columns = ['customer_id', 'people_num', 'rsv_cnt']
```

```
# 将稀疏矩阵的行和列所对应的值转换为分类型
# 关于分类型数据，详见第 9 章
customer_id = pd.Categorical(cnt_tb['customer_id'])
people_num = pd.Categorical(cnt_tb['people_num'])

# 生成稀疏矩阵
# 第 1 个参数是将指定的矩阵所对应的值、行号数组和列号数组汇总而成的元组
# 将 shape 参数指定为稀疏矩阵的维度（设置为行数和列数的元组）
#（customer_id.codes 用于获取索引号）
#（len(customer_id.categories) 用于对 customer_id 进行唯一值计数）
csc_matrix((cnt_tb['rsv_cnt'], (customer_id.codes, people_num.codes)),
           shape=(len(customer_id.categories), len(people_num.categories)))
```

在用 csc_matrix 函数生成稀疏矩阵时，要将第 1 个参数指定为横向显示的数据（由指定的矩阵对应的值、行号数组和列号数组汇总而成的元组），将 shape 参数指定为稀疏矩阵的维度（设置为行数和列数的元组）。

与 R 一样，先将数据转换为分类型，再获取传入稀疏矩阵的行号和列号，即可轻松地将相应的数据与行号和列号相关联。例如，要引用第 43 行的顾客 ID，就可以采用 customer_id.categories[43-1] 的形式。在 Python 中，索引号从 0 开始计数，所以要引用第 43 行，就要访问第 42 行数据（通过分类型的 categories 属性，可以访问分类型的主数据，第 9 章将对此进行详细介绍）。

scipy.sparse 中提供了各种数据类型的稀疏矩阵，我们经常使用的有如下 3 种形式。

- lil_matrix：matrix 的值更新较快，但算术处理较慢
- csr_matrix：行的访问速度快，且算术处理也比较快
- csc_matrix：列的访问速度快，且算术处理也比较快

在依次更新数据时，采用 lil_matrix；在进行算术处理时，只要能够正确使用 csr_matrix 或 csc_matrix 就足够了。此外，通过调用 tolil 函数、tocsr 函数和 tocsc 函数，可以将数据转换为相应的格式。

关键点

本段代码与 R 一样，使用分类型的数据，弥补了稀疏矩阵所没有的功能，比较理想。虽然本段代码中采用的是 csc_matrix 函数，但也可以根据后续处理选择 csr_matrix。不过，在使用 lil_matrix 函数时必须注意：如果可以一起准备数据，则没有必要使用 lil_matrix，在不使用它的情况下，稀疏矩阵的生成速度会更快。除此之外，当后续还有算术处理时，由于 lil_matrix 形式的运算很慢，所以必须将数据转换为其他形式。基于上述原因可知，lil_matrix 的使用场景非常有限。

第3部分
对数据内容的预处理

在通过对数据结构的预处理获取目标数据之后，接下来就要对数据内容进行转换。通过操纵数据内容，可以提高后续数据分析的精度，在机器学习中也可以最大限度地利用模型的特征。

第 8 章 数值型

数据分析中处理最多的数据类型就是数值。与其他数据类型相比，该类型具有存储空间更小、易于加工的特点。此外，即使将数据聚合为平均值和极值，也可以在不损失大量信息的情况下表示数据。本书主要对数值型相关的典型预处理进行介绍。

8-1 转换为数值型

SQL R Python

即使不进行显式转换，数值型的列一般也会自动转换为数值型，但在值中混有字符的情况下，程序会将其识别为字符串。此外，数值型又包括整数型和浮点型等数据类型，需要在必要时进行转换。例如，虽然住宿人数为整数类型，但在计算平均住宿人数时，如果不将数据类型转换为浮点型，则仅能获得舍入为整数的平均值。在这种情况下，就必须进行数值类型的转换处理。

各种数据类型的转换

将 40 000/3 转换为各种数值数据类型。

示例代码▶008_number/01

基于 SQL 的预处理

SQL（Redshift）中主要的数值数据类型包括如下 5 种。

- `INT2`
- `INT4`
- `INT8`
- `FLOAT4`
- `FLOAT8`

这些数据类型还有别的名称，但本书使用的名称更易于理解，推荐使用本书中的名称。`INT` 是整数型，FLOAT 是浮点型，末尾的数字是在表示数据时使用的字节数。对于整数型，其字节数越大，可以表示的数值的绝对值越大；对于浮点型，其字节数越大，有效精度位数越多。此外，还有由用户自定义数值数据的存储精度的 DECIMAL 型，由于需要使用它的情况不多，所以本书不对其介绍。

整数型可表示的最大值和最小值如表 8-1 所示。浮点型的有效精度位数如表 8-2 所示。

表 8-1 整数型可表示的最大值和最小值

数据类型	字节数	最小值	最大值
INT2	2 字节（16 比特）	-32 768	+32 767
INT4	4 字节（32 比特）	-2 147 483 648	+2 147 483 647
INT8	8 字节（64 比特）	-9 223 372 036 854 775 808	+9 223 372 036 854 775 807

表 8-2 浮点型的有效精度位数

数据类型	字节数	有效精度位数
FLOAT4	4 字节（32 比特）	6 位
FLOAT8	8 字节（64 比特）	15 位

SQL 理想代码

sql_awesome.sql

```
SELECT
  -- 转换为整数型
  -- 如果写成 40 000/3，则将其作为整数类型进行计算，小数点后面的部分不计算
  CAST((40000.0 / 3) AS INT2) AS v_int2,
  CAST((40000.0 / 3) AS INT4) AS v_int4,
  CAST((40000.0 / 3) AS INT8) AS v_int8,

  -- 转换为浮点型
  CAST((40000.0 / 3) AS FLOAT4) AS v_float4,
  CAST((40000.0 / 3) AS FLOAT8) AS v_float8

-- 上述内容与 reserve_tb 表中数据没多大关系，但为了演示这里还是在 FROM 中指定了表名
FROM work.reserve_tb
LIMIT 1
```

CAST 函数用于数据类型转换，其参数为要转换的值和 AS XXXX 的形式，XXXX 是要转换成的数据类型的名称。

关键点

本段代码中的数据类型使用的是易于理解的名称，比较理想。

基于 R 的预处理

R 中的数值类型有整数型 integer 和浮点型 numeric，integer 使用 4 字节（32 比特）表示数据，numeric 使用 8 字节（64 比特）表示数据，可表示的最大值、最小值和有效精度位数与表 8-1 和表 8-2 相同。

R 理想代码

r_awesome.R

```
# 确认数据类型
mode(40000 / 3)

# 转换为整数型
as.integer(40000 / 3)

# 转换为浮点型
as.numeric(40000 / 3)
```

mode 函数用于查看参数的数据类型。

as.integer 函数和 as.numeric 函数用于将参数转换为 integer 和 numeric 的数据类型。在 R 中，可使用 as.XXXX 函数将数据类型转换为 XXXX。

关键点

只有这一种写法，因而每个人都能写出理想的代码。

基于 Python 的预处理

Python 中的数值型包括 int 和 float，int 是整数型，float 是浮点型，用于表示数据的比特数是根据系统环境自动选择的，要么是 4 字节（32 比特），要么是 8 字节（64 比特）。此外，Pandas（NumPy）库中能够设置指定比特数的 int 和 float 数据类型。二者可表示的最大值、最小值和有效精度位数与表 8-1 和表 8-2 相同。

Python 理想代码

python_awesome.py（节选）

```
# 确认数据类型
type(40000 / 3)

# 转换为整数型
int(40000 / 3)

# 转换为浮点型
float(40000 / 3)
```

```
df = pd.DataFrame({'value': [40000 / 3]})

# 确认数据类型
df.dtypes

# 转换为整数型
df['value'].astype('int8')
df['value'].astype('int16')
df['value'].astype('int32')
df['value'].astype('int64')

# 转换为浮点型
df['value'].astype('float16')
df['value'].astype('float32')
df['value'].astype('float64')
df['value'].astype('float128')

# 可以按如下方式指定 Python 的数据类型
df['value'].astype(int)
df['value'].astype(float)
```

type 函数用于确认 Python 的数据类型，DataFrame 的数据类型可通过 DataFrame 对象所具有的 dtypes 属性来确认。

int 函数和 float 函数用于将参数转换为 int 和 float 数据类型，在转换 DataFrame 的数据类型时，可通过 DataFrame 的列对象（Series 对象）所具有的 astype 函数执行转换，函数参数指定为要转换成的数据类型。

关键点

本段代码正确地选用了数据转换的实现方法，比较理想。

8-2 通过对数化实现非线性变换

SQL R Python

在针对机器学习模型执行预处理时，需要确认当前应用的机器学习模型是假设为线性模型，还是假设为非线性模型。所谓线性模型，顾名思义，就是只能对输入进行线性表示的模型。这种模型比较简单、计算速度快，且预测的计算依据易于理解，但模型的表示能力较差。简单地说，线性模型就是用 $y = ax + b$ 等数学式进行预测的模型，将输入值（x）乘以系数（a），再加上设置的常数（b），并输出结果，即可得到预测值（y）。哪怕变量是二维的，换言之，哪怕 y、x 和 b 为向量，而 a 为矩阵，模型仍然为线性模型。

这里以根据年龄预测身高的回归模型为例思考一下。在这种情况下，将年龄乘以系数再加上常数，模型即可输出身高的预测值。但是，这只能体现一点，即 10 ~ 11 岁的身高增长率与 60 ~ 61 岁的身高增长率相同。人在青少年时期身高会随着年龄增长而增长，但到达一定年龄后，身高不会再增长，可是线性模型无法恰当地体现这种趋势。为使用线性模型解决这一问题，我们可以先进行假设，再进行数值转换的预处理，对数化就是方法之一。

所谓对数化，顾名思义，就是对输入值进行对数转换的处理。当 $x = a^b$ 成立时，用 x 表示 b 就是对数化[①]（图 8-1）。在用 x 表示 b 时，数学式可以表示为 $\log_a x$，此时称 a 为底，底数为以 e 表示的纳皮尔数或 10，e 的大小约为 2.718（以纳皮尔数为底的对数称为自然对数）。

x	$\log_{10}x$
10	1.00
20	1.30
30	1.48
40	1.60
50	1.70
60	1.78
70	1.85
80	1.90
90	1.95

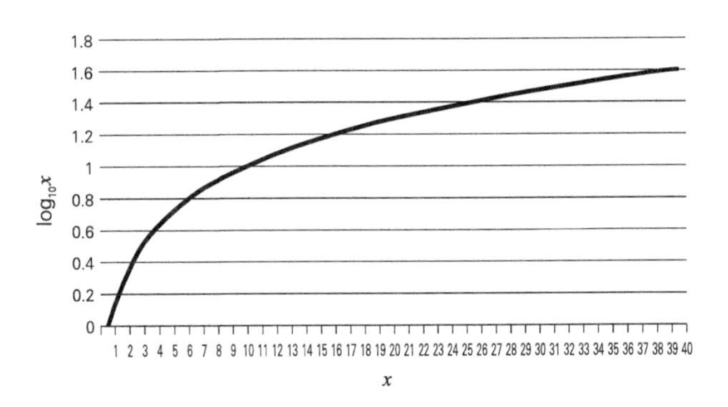

图 8-1 对数化示例（以 10 为底的情况）

在对 0 进行对数化时，值会变成负无穷，所以要对数化的值必须更改为大于 0 的值。在大多数情况下，对于大于或等于 0 的输入值，会先加上 1，然后进行对数化。这是因为，在对大于或等于 1 的值进行对数化时，对数化之后的值会大于或等于 0，易于处理。

- 年龄的对数化示例
  - log(年龄 + 1) = 对数化的年龄

通过对数化，可以表示“10 岁和 11 岁之间的 1 岁差距”与“50 岁和 51 岁之间的 1 岁差距”的不同，即前者的差距较大，而后者的差距较小。这种转换事先假定了身高服从平均值为“log(年龄 + 1) + 常数”的正态分布。可见，当要使得值越大而值的差距越小时，对数化是一种有效的技术。除此之外，对数值应用函数并更改值也是一种有效手段。我们要先确认预测值与变量之间关系的分布，并考虑值之间的结构，在此基础上选择应用合适的函数对数值进行转换。

① 确切地说，对数化是将 x 变换为“常数 $\times b$”。——译者注

对数化

目标数据集是酒店的预订记录，请用预订记录表中的 total_price 除以 1000，然后以 10 为底进行对数化（图 8-2）。

reserve_id	hotel_id	customer_id	reserve_datetime	checkin_date	checkin_time	checkout_date	people_num	total_price
r1	h_75	c_1	2016-03-06 13:09:42	2016-03-26	10:00:00	2016-03-29	4	97200
r2	h_219	c_1	2016-07-16 23:39:55	2016-07-20	11:30:00	2016-07-21	2	20600
r3	h_179	c_1	2016-09-24 10:03:17	2016-10-19	09:00:00	2016-10-22	2	33600
r4	h_214	c_1	2017-03-08 03:20:10	2017-03-29	11:00:00	2017-03-30	4	194400
r5	h_16	c_1	2017-09-05 19:50:37	2017-09-22	10:30:00	2017-09-23	3	68100
r6	h_241	c_1	2017-11-27 18:47:05	2017-12-04	12:00:00	2017-12-06	3	36000

用 total_price 除以 1000，然后加上 1，并进行对数化

reserve_id	hotel_id	customer_id	reserve_datetime	checkin_date	checkin_time	checkout_date	people_num	total_price	total_price_log
r1	h_75	c_1	2016-03-06 13:09:42	2016-03-26	10:00:00	2016-03-29	4	97200	1.992111
r2	h_219	c_1	2016-07-16 23:39:55	2016-07-20	11:30:00	2016-07-21	2	20600	1.334454
r3	h_179	c_1	2016-09-24 10:03:17	2016-10-19	09:00:00	2016-10-22	2	33600	1.539076
r4	h_214	c_1	2017-03-08 03:20:10	2017-03-29	11:00:00	2017-03-30	4	194400	2.290925
r5	h_16	c_1	2017-09-05 19:50:37	2017-09-22	10:30:00	2017-09-23	3	68100	1.839478
r6	h_241	c_1	2017-11-27 18:47:05	2017-12-04	12:00:00	2017-12-06	3	36000	1.568202

图 8-2 对数化

示例代码▶008_number/02

基于 SQL 的预处理

使用计算对数的 LOG 函数，可以轻松地实现对数化。

SQL 理想代码

sql_awesome.sql

```
SELECT
  *,

  -- 用total_price除以1000，然后加上1，对结果进行对数化
  LOG(total_price / 1000 + 1) AS total_price_log

FROM work.reserve_tb
```

LOG 函数用于计算以 10 为底的对数。

关键点

本段代码应用 LOG 函数实现了对数化，简单且比较理想。

基于 R 的预处理

由于 R 也提供了 log 函数，所以也可轻松地实现对数化。

R 理想代码

r_awesome.R（节选）

```
reserve_tb %>%
  mutate(total_price_log=log((total_price/1000+1), 10))
```

log 函数用于计算对数，第一个参数是要进行对数化的数值，第二个参数是对数的底。如果只给出一个参数，则对数的底设置为纳皮尔数。

关键点

本段代码通过在 mutate 函数内指定 log 函数而实现了对数化，比较简单。

基于 Python 的预处理

Python 的 NumPy 库中也提供了 log 函数。

Python 理想代码

python_awesome.py（节选）

```
reserve_tb['total_price_log'] = \
  reserve_tb['total_price'].apply(lambda x: np.log10(x / 1000 + 1))
```

NumPy 库的 log 函数用于计算对数，参数是要对数化的值，对数的底为自然数。对于函数 log 2，对数的底为 2；对于函数 log 10，对数的底为 10。

通过 total_price 的 pandas.Series 对象调用 apply 函数，即可对 pandas.Series 对象的所有值应用函数。在原样传入参数的情况下，通过指定函数来指定处理内容；在其他情况下，通过 lambda 表达式指定处理内容。

关键点

本段代码通过灵活使用 apply 函数而简洁地实现了对数化，比较理想。

8-3 通过分类化实现非线性变换

上一节介绍了如何通过对数化对数值进行非线性变换，但是仅凭这一方法无法表示所有的非线性关系。就上一节的例子来说，当超过 60 岁时，身高有可能降低，而如果处于生长期，则身高增长会比平常要快，但仅凭对数化，我们无法充分表示这些趋势。为了用线性模型表示这种复杂变化，可以使用分类化（图 8-3）。所谓分类化，就是将数值转换为分类值，也就是多个标签值[①]（取值仅为 TRUE 或 FALSE 的值）。

例如，将年龄按 0 ~ 9 岁、10 ~ 19 岁、20 ~ 59 岁以及 60 岁以上贴标签。此时，由于转换后有 4 种标签，所以分类数为 4。针对这 4 种标签，可设置不同的系数。因此，可通过如下形式处理非连续变化的情况：如果是 0 ~ 9 岁则加上 30 cm；如果是 10 ~ 19 岁，则加上 50 cm；如果是 20 ~ 59 岁，则加上 90 cm；如果是 60 岁以上，则加上 0 cm。换言之，通过将数值转换为分类值，即可灵活地表示非线性变化。

当年龄导致的非线性变化非常大而无法充分表示时，可通过细化粒度，增加分类数来表示细微的非连续变化，如以 3 岁为增量生成分类值等。但是这一方法有副作用：如果要表现细微的非连续变化，分类数必然会增加，而随着分类数的增加，数据可取的模式数量也会呈指数增长，所以为了用机器学习模型正确学习数据特征而必须准备的训练数据量也会呈指数增长。因此，要考虑到训练数据量的问题，在保证能够满足学习数据特征的要求的前提下控制分类数。

有一种技术可以稍微节省分类数，那就是从分类数中减少一个分类标签。例如，在将年龄转换为 0 ~ 9 岁标签、10 ~ 19 岁标签以及 20 岁以上标签时，实际上机器学习模型只使用 0 ~ 9 岁标签和 10 ~ 19 岁标签就足够了，因为在 0 ~ 9 岁标签和 10 ~ 19 岁标签都不成立的情况下，数据肯定是 20 岁以上的。这样一来，向机器学习模型输入的分类数便可比实际存在的分类数少一个。

年　龄	0 ~ 9 岁的标签	10 ~ 19 岁的标签	20 ~ 59 岁的标签	60 岁以上的标签
9 岁	TRUE	FALSE	FALSE	FALSE
15 岁	FALSE	TRUE	FALSE	FALSE
27 岁	FALSE	FALSE	TRUE	FALSE
39 岁	FALSE	FALSE	TRUE	FALSE
58 岁	FALSE	FALSE	TRUE	FALSE
64 岁	FALSE	FALSE	FALSE	TRUE

图 8-3 分类化示例

① 准确地说，分类值在大多数程序语言中并不是用标签的集合存储的，而是分为主数据（分类值的所有种类的内容数据）和各数据的分类值的索引数据（表示选择哪一分类值的数据）存储的。只是，在机器学习模型中使用时，要将其转换为多个标签值。具体内容请参考 9-1 节和 9-2 节。

数值型的分类化

目标数据集是酒店的预订记录。请将顾客表中的年龄转换为以 10 为增量的分类型并添加到表中（图 8-4）。

customer_id	age	sex	home_latitude	home_longitude
c_1	41	man	35.09219	136.5123
c_2	38	man	35.32508	139.4106
c_3	49	woman	35.12054	136.5112
c_4	43	man	43.03487	141.2403
c_5	31	man	35.10266	136.5238
c_6	52	man	34.44077	135.3905

customer_id	age	sex	home_latitude	home_longitude	age_rank
c_1	41	man	35.09219	136.5123	40
c_2	38	man	35.32508	139.4106	30
c_3	49	woman	35.12054	136.5112	40
c_4	43	man	43.03487	141.2403	40
c_5	31	man	35.10266	136.5238	30
c_6	52	man	34.44077	135.3905	50

图 8-4 **分类化**

示例代码▶008_number/03

基于 SQL 的预处理

SQL 中不存在分类型这种数据类型，但是我们可以将数据可取的值的种类数限制为可取的分类值，从而达到类似的效果。

SQL 理想代码

sql_awesome.sql

```
SELECT
  *,

  -- 更改为以 10 为增量的值
  FLOOR(age / 10) * 10 AS age_rank

FROM work.customer_tb
```

FLOOR 函数用于舍去小数点后面的部分（下取整）。要想舍去个位，需要将值减少一位（除以 10），并在应用 FLOOR 函数后再恢复个位。

关键点

如果只是想得到整齐的数值，那么使用 FLOOR 等函数截断或四舍五入即可实现。但是，当在特定范围内创建分组（对 100 及以上进行分组等）时，需要使用 CASE 语句。本段代码使用 SQL 实现了类似于分类化的效果，比较理想。

基于 R 的预处理

R 提供的分类型是 factor 类型。在将数据转换为 factor 类型时，可使用 as.factor 函数。关于 factor 类型，9-1 节将详细介绍。

R 理想代码

r_awesome.R（节选）

```
customer_tb %>%
  mutate(age_rank=as.factor(floor(age / 10) * 10))
```

floor 是用于舍去小数点后面部分的函数，准确地说，是返回不大于参数的最大整数的函数，因此必须注意参数为负的情况。例如，在 floor(-3.4) 的情况下，函数将返回 -4。

as.factor 是将参数转换为 factor 类型的函数，在传入参数前，要先调整数据可取的值的种类数，使之成为目标分类数。在指定数据可取的值（分类型的主数据）时，可使用 factor 函数，详见 9-1 节。

关键点

本段代码使用 as.factor 函数简洁地添加了分类型的值，比较理想。其实，通过 ggplot2 包的 cut_interval 函数，能够写出更理想的代码。cut_interval 函数可将参数向量转换为以可选参数 length 的值为增量的分类型。与本书的答案代码不同，即使不传入 length 的值，cut_interval 函数也会返回参数的最小值和最大值之间所能存在的所有分类型的主数据[①]。

基于 Python 的预处理

Python 中许多用于分析的函数都必须将分类型转换为哑变量才能使用，所以和 R 相比，Python 会给人留下很少使用分类型的印象。但是，显式地转换为分类型能够防止分析中的错误，减少数据量，因此大家一定要掌握。

Python 理想代码

python_awesome.py（节选）

```
customer_tb['age_rank'] = \
  (np.floor(customer_tb['age'] / 10) * 10).astype('category')
```

① 在 R 语言 3.5.1 版本中，该函数必须要传入要转换的对象参数 x 和分组数 n（或分组的宽度参数）。——译者注

NumPy 库的 floor 函数可用于舍去参数的小数点后面的部分，准确地说，它和 R 的 floor 函数一样，返回的是不大于参数的最大整数。例如，在 floor(-3.4) 的情况下，函数会返回 -4。

as.type 函数可用于转换数据类型，通过将参数指定为 category，即可将数据类型转换为 Pandas 库的 Category 类型。在指定数据可取的值（分类型的主数据）时，可使用 pandas.Categorical 函数，详见 9-1 节。

关键点

本段代码使用 as.type 函数简洁地实现了向分类型的转换，比较理想。

8-4 归一化

R
Python

多元回归分析和聚类等机器学习技术通常会使用多个列的值。在使用这些机器学习技术时，如果每列的值的可取范围（scale）相差较大，就会出现问题。例如，在多元回归分析模型中应用**正则化**的情况。

所谓正则化，就是在训练机器学习模型时防止产生过拟合的机制。在产生过拟合时，机器学习模型对于特定输入值的系数会增大。正则化利用了这一趋势，模型的系数越大，则训练时给予的惩罚项的值越大，从而尽可能地使机器学习模型的系数减小。但是，如果输入值中每列的可取范围相差较大，则无论是否产生过拟合，与各输入值对应的模型系数的范围都会相差较大，且正则化无法正常操作。例如，有 A 和 B 两个对预测的影响程度相同的列，A 列的取值约为 10，而 B 列的取值约为 100。在这种情况下，即使 A 和 B 对预测的影响程度相同，A 列对应的模型系数也将是 B 列对应的模型系数的约 10 倍。如果在此状态下应用正则化，则将过度降低 A 列对应的预测模型系数。

在用聚类进行分类时也是一样的。许多聚类技术通过每个数据的多列的值来定义数据之间的距离，从而计算数据的相似性。因此，如果输入值的可取范围相差较大，则只会着重考虑可取范围较大的列的值。

像这样，由于输入值的可取范围相差较大，有的机器学习模型会产生较大问题。对此，我们可采用**归一化**的预处理方法来预防。所谓归一化，指的是对数值的可取范围进行对齐的转换处理。归一化有许多不同的种类，本节主要就其中比较常见的两种归一化[①]进行介绍，如下所示（图 8-5）。

① 当分母为 0 时，表示所有的值都相等，没有必要进行变换（换言之，此时不存在信息价值）。

1. 转换为均值为 0、方差为 1 的归一化，即 Z-score 归一化
   - 转换公式：
     - （输入值 – 输入值的平均值）/ 输入值的标准差
2. 转换为最小值为 0、最大值为 1 的归一化，即 MIN-MAX 归一化
   - 转换公式：
     - （输入值 – 输入值的最小值）/（输入值的最大值 – 输入值的最小值）

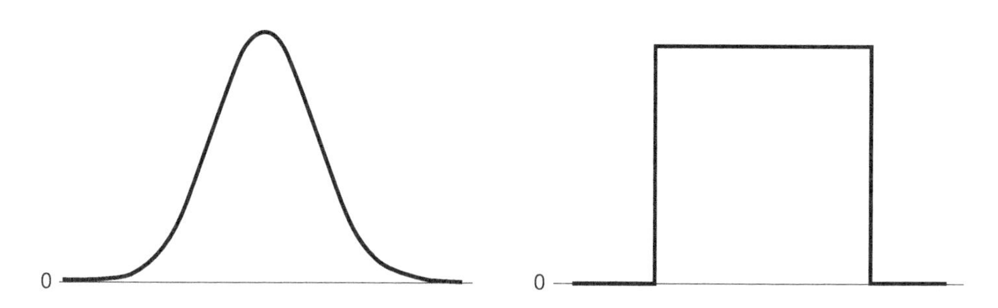

图 8-5 两种归一化

在进行归一化时，一定要根据要转换的值的特征选择合适的转换方式。例如，转换前的值几乎都取 1 ~ 10 的值，当只有一个值为 10 000 时，如果采用最小值为 0、最大值为 1 的归一化，则输入值就会转换为几乎所有值都在 0 附近，只有一个值为 1。这样一来，由于离群的最大值的影响，大多数值之间的差距将变得没有意义。如果这些差距确实是毫无意义的，则没有问题，但如果这些差距有意义，那么转换很可能会造成信息价值的损失。在存在离群点时，可采用下一节介绍的删除异常值的方法来处理，这种方法非常有效。

如何正确使用归一化呢？我们可以尝试这样做：如果存在离群点，则使用均值为 0、方差为 1 的归一化；如果不存在离群点，则使用最小值为 0、最大值为 1 的归一化。长远来说，如果能够结合源数据的特点和分布正确选择归一化方法自然非常理想，但那也是非常困难的事情，而且通常所下的工夫与达到的效果不成正比，所以大家注意不要过度纠结于此。

归一化的计算可以用 SQL 实现，但由于其代码稍显复杂，所以我们很少使用 SQL。这里将用 R 和 Python 实现。

Q 归一化

目标数据集是酒店的预订记录。请将预订记录表中的预订人数（people_num）和住宿费总额（total_price）转换为均值为 0、方差为 1 的分布，实现归一化（图 8-6）。

reserve_id	hotel_id	customer_id	reserve_datetime	checkin_date	checkin_time	checkout_date	people_num	total_price
r1	h_75	c_1	2016-03-06 13:09:42	2016-03-26	10:00:00	2016-03-29	4	97200
r2	h_219	c_1	2016-07-16 23:39:55	2016-07-20	11:30:00	2016-07-21	2	20600
r3	h_179	c_1	2016-09-24 10:03:17	2016-10-19	09:00:00	2016-10-22	2	33600
r4	h_214	c_1	2017-03-08 03:20:10	2017-03-29	11:00:00	2017-03-30	4	194400
r5	h_16	c_1	2017-09-05 19:50:37	2017-09-22	10:30:00	2017-09-23	3	68100
r6	h_241	c_1	2017-11-27 18:47:05	2017-12-04	12:00:00	2017-12-06	3	36000

对 people_num 和 total_price 进行归一化

reserve_id	hotel_id	customer_id	reserve_datetime	checkin_date	checkin_time	checkout_date	people_num	total_price	people_num_normalized	total_price_normalized
r1	h_75	c_1	2016-03-06 13:09:42	2016-03-26	10:00:00	2016-03-29	4	97200	1.3005477	-0.05318738
r2	h_219	c_1	2016-07-16 23:39:55	2016-07-20	11:30:00	2016-07-21	2	20600	-0.4836931	-0.74772952
r3	h_179	c_1	2016-09-24 10:03:17	2016-10-19	09:00:00	2016-10-22	2	33600	-0.4836931	-0.62985683
r4	h_214	c_1	2017-03-08 03:20:10	2017-03-29	11:00:00	2017-03-30	4	194400	1.3005477	0.82813764
r5	h_16	c_1	2017-09-05 19:50:37	2017-09-22	10:30:00	2017-09-23	3	68100	0.4084273	-0.31704085
r6	h_241	c_1	2017-11-27 18:47:05	2017-12-04	12:00:00	2017-12-06	3	36000	0.4084273	-0.60809572

图 8-6 归一化

示例代码▶008_number/04

基于 R 的预处理

在 R 中，使用 scale 函数即可轻松地实现归一化。虽然归一化的计算公式简单，不用 scale 函数也可以实现，但从可读性和转换的难易程度来看，最好使用 scale 函数。

R 理想代码

r_awesome.R（节选）

```
# 通过 scale 函数对参数的列值进行归一化
# 将 center 参数设置为 TRUE，则转换结果的平均值为 0
# 将 scale 参数设置为 TRUE，则转换结果的方差为 1
reserve_tb %>%
  mutate(
    people_num_normalized=scale(people_num, center=TRUE, scale=TRUE),
    total_price_normalized=scale(total_price, center=TRUE, scale=TRUE)
  )
```

scale 函数用于实现归一化，具体就是将下式应用于每个数据：

（每个数据的值 – center 指定的值）/ scale 指定的值

如果 center 参数设置为 TRUE，则“center 指定的值”设置为数据的平均值；如果设置为 FALSE，则“center 指定的值”为 0，即不进行减法运算；如果设置为数值，该数值即为“center 指定的值”。

如果 scale 参数设置为 TRUE，则“scale 指定的值”设置为数据的标准差；如果设置为 FALSE，则“scale 指定的值”为 1，即不进行除法运算；如果设置为数值向量，则该值即为“scale 指定的值”。

也就是说，当 center 参数和 scale 参数都设置为 TRUE 时，就是均值为 0、方差为 1 的归一化。当 center 设置为最小值、scale 设置为“最大值 – 最小值”时，就是最小值为 0、最大值为 1 的归一化。

关键点

本段代码使用 scale 函数简洁地实现了归一化，比较理想。

基于 Python 的预处理

通过 sklearn 库的 StandardScaler 类，即可实现均值为 0、方差为 1 的归一化。虽然使用 NumPy 库也可以实现计算公式，但这里不推荐使用 NumPy 库，因为在重复执行相同参数的归一化处理时，通过重用 StandardScaler 类的对象即可实现，非常方便。

Python 理想代码

python_awesome.py（节选）

```
from sklearn.preprocessing import StandardScaler

# 为了对小数点后面的部分进行处理，将数据转换为 float 类型
reserve_tb['people_num'] = reserve_tb['people_num'].astype(float)

# 生成用于进行归一化的对象
ss = StandardScaler()

# fit_transform 函数可同时实现 fit 函数（归一化前的准备性计算）
# 和 transform 函数（根据准备好的信息进行归一化的转换处理）的功能
result = ss.fit_transform(reserve_tb[['people_num', 'total_price']])

reserve_tb['people_num_normalized'] = [x[0] for x in result]
reserve_tb['total_price_normalized'] = [x[1] for x in result]
```

StandardScaler 类可以生成用于进行均值为 0、方差为 1 的归一化变换的对象。通过生成的对象的 fit 函数，计算针对参数中传入的所有列的归一化所需的聚合结果（均值和标准差），并保存在该对象内。通过 fit 函数生成模型对象，再调用其对象的 transform 函数，即可对参数中传入的数据进行归一化。此外，fit_transform 函数可同时实现 fit 函数和 transform 函数的功能。

还可以用 MinMaxScaler 类替代 StandardScaler 类，从而实现最小值为 0、最大值为 1 的归一化变换。

关键点

本段代码使用 StandardScaler 类简洁地实现了归一化，比较理想。此外，只要稍微修改代码，就可以针对新的数据实现同样的归一化处理。例如，为了将数据输入预测模型，可以将对训练数据使用的归一化处理再次应用于测试数据。在本例中，通过生成的 ss 对象调用 transform 函数，并将参数设置为测试数据，即可实现。

8-5 删除异常值

R Python

如上一节归一化的问题中所述，比其他很多值大很多或小很多的值可能会引发问题，像这样极大或极小的值称为**异常值**。异常值不仅会对归一化产生不良影响，通常也会对预测模型的构建产生不良影响，我们需要通过预处理将其删除。但是，删除数据就意味着不考虑极端值的情况。如果你想在分析中也考虑特殊情况，最好不要删除异常值。

要想删除异常值，首先必须区别一般值和异常值。然而，仅异常值检测就是一个很大的主题，方法非常多，必须选择正确的方法。由于本书不可能讲解全部方法，所以这里主要针对最常见的、经常使用的正态分布讲解异常值检测的方法。此外，即使不依赖于计算公式，也可以通过数据可视化找到异常值，并将其删除。虽然方法很简单，却非常有效，所以大家也要记住类似的方法。

以正态分布为前提、最简单且经常使用的异常值检测方法就是，删除到平均值的距离大于或等于标准差特定倍数的离群值。当特定倍数较小时，大量的值会被检测为异常值；当较大时，则仅有更极端的值被检测为异常值。一般来说，特定倍数要设置为大于 3 的值，这是笔者的经验之谈。因为当服从正态分布时，在距离平均值 3 倍标准差的范围内包含了约 99.73% 的值，所以最好将发生概率为 0.27% 及以下的值视为异常值。将检测为异常值的值按数据行删除，便能删除异常值。

Q 根据标准差删除异常值

目标数据集是酒店的预订记录，请将预订记录表中住宿费总额（total_price）在距离其平均值 3 倍标准差的范围内的预订记录提取出来（图 8-7）。

reserve_id	hotel_id	customer_id	reserve_datetime	checkin_date	checkin_time	checkout_date	people_num	total_price
r1001	h_6	c_244	2018-05-04 01:46:32	2018-05-11	10:30:00	2018-05-14	2	297000
r1002	h_290	c_244	2018-09-26 07:41:44	2018-10-20	10:00:00	2018-10-23	4	190800
r1003	h_18	c_245	2016-06-08 14:47:38	2016-07-08	11:00:00	2016-07-11	4	333600
r1004	h_214	c_245	2016-07-31 12:32:40	2016-08-13	12:00:00	2016-08-16	3	437400
r1005	h_176	c_246	2016-02-29 19:45:59	2016-03-23	11:30:00	2016-03-25	3	104400
r1006	h_172	c_247	2016-03-14 17:08:50	2016-03-28	10:00:00	2016-03-30	4	128000

基于 total_price 删除异常值

reserve_id	hotel_id	customer_id	reserve_datetime	checkin_date	checkin_time	checkout_date	people_num	total_price
r1001	h_6	c_244	2018-05-04 01:46:32	2018-05-11	10:30:00	2018-05-14	2	297000
r1002	h_290	c_244	2018-09-26 07:41:44	2018-10-20	10:00:00	2018-10-23	4	190800
r1003	h_18	c_245	2016-06-08 14:47:38	2016-07-08	11:00:00	2016-07-11	4	333600
r1005	h_176	c_246	2016-02-29 19:45:59	2016-03-23	11:30:00	2016-03-25	3	104400
r1006	h_172	c_247	2016-03-14 17:08:50	2016-03-28	10:00:00	2016-03-30	4	128000

图 8-7 删除异常值

示例代码▶008_number/05

基于 R 的预处理

R 中虽然有用于删除异常值的包，但是包里并没有汇总代表性的技术，因而这里介绍的是不使用包的实现方法。

R 理想代码

r_awesome.R（节选）

```
reserve_tb %>%
  filter(abs(total_price - mean(total_price)) / sd(total_price) <= 3)
```

关键点

先用数据值减去平均值，然后用得到的绝对值除以标准差，并计算数据偏离平均值标准差多少倍（习惯上将标准差 1 倍以内的范围称为 1σ，将标准差 3 倍以内的范围称为 3σ）。接下来，将不等式应用于计算结果，删除异常值。本段代码简洁地写出了删除异常值的计算公式，比较理想。

基于 Python 的预处理

Python 中虽然也有用于删除异常值的包，但也没有汇总了主要技术的包，所以需要自己去实现。

Python 理想代码

python_awesome.py（节选）

```
reserve_tb = reserve_tb[
  (abs(reserve_tb['total_price'] - np.mean(reserve_tb['total_price'])) /
   np.std(reserve_tb['total_price']) <= 3)
].reset_index()
```

关键点

与 R 一样，本段代码也是先用数据值减去平均值，然后用得到的绝对值除以标准差，计算数据偏离平均值标准差多少倍，并应用不等式，比较理想。由于在 Python 中行号不会自动更新，所以不要忘记调用 `reset_index` 函数。

8–6 用主成分分析实现降维

R Python

正如 8–2 节所说，输入值的种类越多，机器学习模型在学习数据的特征时所需的数据量越大。但是为了考虑到各种各样的元素，必须尽可能地处理多个种类的输入值。解决这一问题的预处理方法之一就是用主成分分析实现降维，即把多个种类的输入值压缩为更少种类的输入值的技术。

所谓主成分分析，就是消除元素之间的相关性，并以尽可能少的信息损失定义新的元素（轴）的技术。单看定义可能很难真正理解，所以下面举例介绍一下。现有如表 8–3 所示的数据。

表 8–3 数据示例

Data No	X	Y
1	3	6
2	2	4
3	5	9
4	9	18
5	7	13

表中有 5 条数据，每条数据均包含 X 和 Y 属性值。现对每条数据的 X 和 Y 进行压缩，并假设仅用新的元素 Z 表示。在本例的大多数数据记录中，Y 属性值近似等于 $2X$，所以考虑以 $Y = 2X$ 的直线为轴，计算新的值 Z。X 和 Y 的压缩过程如表 8–4 所示。

表 8–4 数据压缩

Data No	X	Y	Z
1	3	6	6.7
2	2	4	4.5
3	5	9	11.2
4	9	18	20.1
5	7	13	15.7

以上便是主成分分析中的降维的示例。在示例中，我们以 $Y = 2X$ 的形式确定了斜率，但这种做法是错误的。准确地说，在主成分分析中应预先计算信息损失最少（即 Z 的方差最大）的斜率，并将其作为轴（图 8–8）。

主成分分析以主成分的**贡献率**为评价指标，并以此来确定主成分。贡献率表示该主成分能在多大程度上反映原始数据，该值越大则意味着降维时的信息损失越少。图 8–8 中的信息损失可以表示为从数据点到投影轴的垂线的距离。

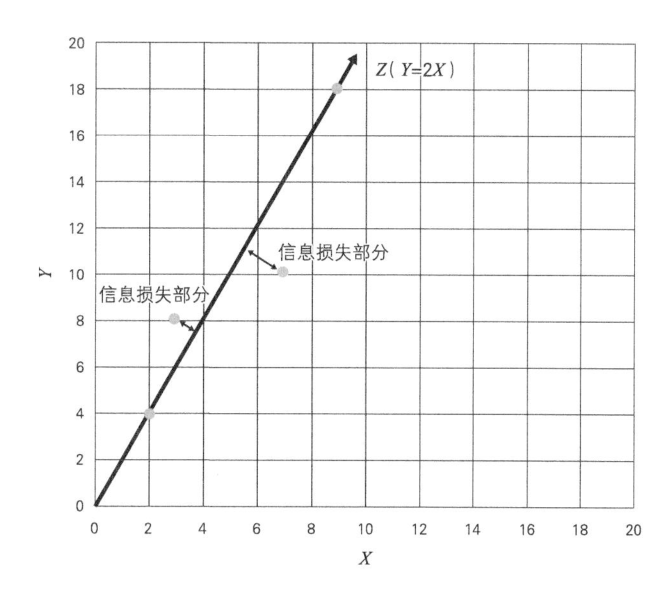

图 8-8 **用主成分分析实现降维**

在上面的讲解中，我们只是将 X、Y 两个维度压缩为 Z 这一个维度，通过主成分分析，还可以实现指定维数的压缩。例如，可以将六维数据压缩为三维数据。在确定要压缩到多少维时，一般以主成分的累计贡献率为依据。贡献率是指某主成分能在多大程度上反映数据的变动情况。通常是先将所有主成分的贡献率由高到低排序，再保留前几个主成分，使得累计贡献率达到 90% 以上，这里保留的主成分个数就是降维的目标维数。

根据笔者的经验，在机器学习中用主成分分析来降维，并不会使模型精度有明显提升。如果是线性模型，当变量之间存在多重共线性等强相关性时，该方法能够有效防止过拟合。然而，过拟合问题已经可以通过正则化、变量选择来预防，主成分分析并非唯一选择。在非线性模型中，模型精度有时会因主成分分析的信息损失而下降。但是，主成分分析也具有其他技术无可比拟的优点，例如，经过主成分分析降维，数据可视化更容易实现，也能让我们从新的维度发现新的数据特点。

主成分分析涉及复杂的计算处理，所以用 SQL 处理起来比较困难，因而这里用 R 和 Python 来实现。

用主成分分析实现降维

目标数据集是生产记录。请根据主成分分析，将生产记录中 length 和 thickness 压缩为一维（图 8-9）。

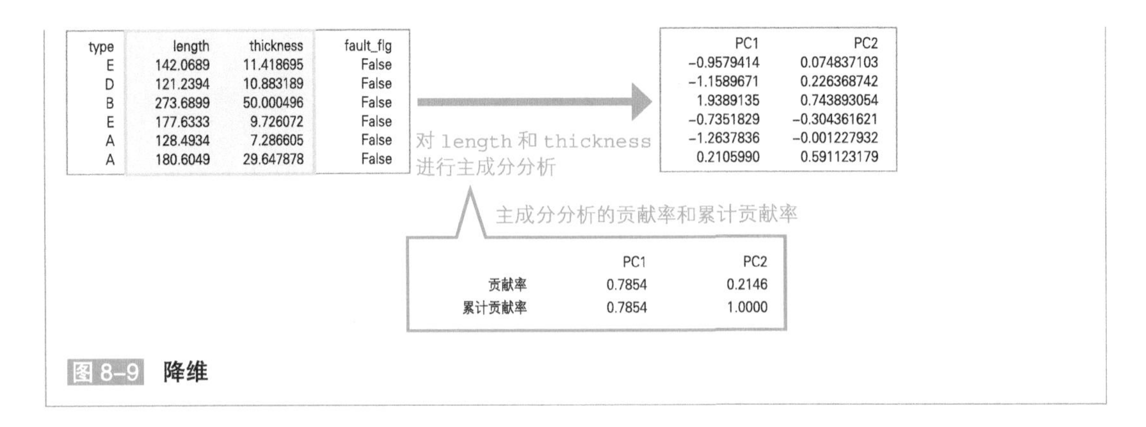

type	length	thickness	fault_flg
E	142.0689	11.418695	False
D	121.2394	10.883189	False
B	273.6899	50.000496	False
E	177.6333	9.726072	False
A	128.4934	7.286605	False
A	180.6049	29.647878	False

PC1	PC2
-0.9579414	0.074837103
-1.1589671	0.226368742
1.9389135	0.743893054
-0.7351829	-0.304361621
-1.2637836	-0.001227932
0.2105990	0.591123179

	PC1	PC2
贡献率	0.7854	0.2146
累计贡献率	0.7854	1.0000

图 8-9 降维

示例代码▶008_number/06

基于 R 的预处理

通过 prcomp 函数即可实现主成分分析。

R 理想代码

r_awesome.R（节选）

```
# 通过 prcomp 函数实现主成分分析（采用奇异值分解算法）
# 当 scale 设置为 FALSE 时，不进行归一化，直接进行主成分分析
pca <- prcomp(production_tb %>% select(length, thickness), scale=FALSE)

# 通过 summary 函数确认每个维度的下列值
# Proportion of Variance：贡献率
# Cumulative Proportion：累计贡献率
summary(pca)

# 将主成分分析的应用结果存储在 x 中
pca_values <- pca$x

# 使用 predict 函数实现同样的降维处理
pca_newvalues <-
  predict(pca, newdata=production_tb %>% select(length, thickness))
```

prcomp 函数用于实现主成分分析，第 1 个参数是要进行主成分分析的数据。此外，如果 scale 参数设置为 TRUE，则归一化为服从均值为 0、标准差为 1 的分布。主成分分析后的维数等于参数中指定的数据的列数。将 prcomp 函数的返回值传入 summary 函数，便可确认贡献率与累计贡献率。主成分分析的应用结果（新轴的值）存储在 prcomp 函数的返回值的 x 中。

predict 函数可用于对新的数据使用相同的主成分分析进行降维，并返回降维后的结果，第 1 个参数是 prcomp 函数的返回值，第 2 个参数是要应用降维的数据。

关键点

本段代码通过 prcomp 函数对新的数据实现了同样的降维处理，比较理想。归一化和主成分分析等基于数据确定变换参数的处理，最好在一个对于新数据也能进行同样处理的环境中实现。因为如果不进行相同的变换处理，那么在将数据用作机器学习模型的输入时，就会产生误差，在比较以前的分析结果和新数据的分析结果时，也无法在同一轴上进行比较。

基于 Python 的预处理

通过 sklearn 库提供的 PCA 类，即可实现主成分分析。

Python 理想代码

python_awesome.py（节选）

```
# 导入 PCA
from sklearn.decomposition import PCA

# 将 n_components 设置为用主成分分析进行变换后的维数
pca = PCA(n_components=2)
# 实现主成分分析
# 主成分分析的变换参数保存在 pca 中，主成分分析后的值以返回值形式返回
pca_values = pca.fit_transform(production_tb[['length', 'thickness']])

# 确认累计贡献率和贡献率
print('累计贡献率：{0}'.format(sum(pca.explained_variance_ratio_)))
print('每个维度的贡献率：{0}'.format(pca.explained_variance_ratio_))

# 使用 predict 函数实现同样的降维处理
pca_newvalues = pca.transform(production_tb[['length', 'thickness']])
```

PCA 类可以生成用于进行主成分分析的对象。在生成对象时，可以通过 n_components 参数设置降维后的维数。通过生成的对象的 fit 函数，可以将主成分分析的变换参数和贡献率等结果保存在该对象内。通过 fit 函数生成模型对象，再调用其对象的 transform 函数，即可对传入的参数数据使用主成分分析进行降维。此外，fit_transform 函数可以同时实现 fit 函数和 transform 函数的功能。

关键点

与 8-4 节使用 Python 实现归一化的对象一样，sklearn 包中进行基于数据的变换处理的对象也提供了 fit 函数和 transform 函数。本段代码也是通过生成提供了同样的 fit 函数和 transform 函数的对象来实现主成分分析的，因此对于熟悉 sklearn 包的读者来说很容易理解，比较理想。

8-7 数值填充

SQL
R
Python

有些数据产生源可能每天都会丢失数据。最近由于物联网（Internet of Things，IoT）的普及，处理传感器数据的任务越来越多。传感器数据经常会由于传感器故障而产生缺失值，有时甚至会导致数据完全丢失。

在执行缺失值的预处理之前，必须先确认是什么类型的缺失。缺失大致可以分为如下 3 种类型，我们可以根据这些类型思考处理方法。

- MCAR（Missing Completely At Random）：偶然发生的完全随机的缺失。例如，测量室温的温度传感器所发送的数据有一定的概率损坏（不依赖于任何变量）
- MAR（Missing At Random）：与缺失变量无关，依赖于其他完整变量的缺失。例如，测量室温的温度传感器所发送的数据，湿度越高，其损坏的概率也越高（温度变量的缺失依赖于湿度变量）
- MNAR（Missing Not At Random）：依赖于缺失变量的缺失。例如，测量室温的温度传感器所发送的数据在温度超过 40 度时损坏（温度变量的缺失依赖于其本身）

处理缺失值的最简单的方法就是将带缺失值的记录数据整个删除。当然，这样做可能会删除有价值的数据。在 MAR 和 MNAR 中，原始数据中具有特定特征的数据会被删除，我们将无法掌握数据的整体特征。解决这一问题的方法除了删除带缺失值的数据，还有填充缺失值。此外，虽然也可以不填充缺失值而直接进行分析，但这不属于预处理的内容，所以本书不对其进行介绍。

数据填充有许多不同的方法，本书主要介绍如下 4 种填充方法（学术上通常以与本书不同的系统汇总）。

1. 用常数填充

   指定任意值，将其用作缺失值的填充值的方法。一般来说，这种方法会导致指定的常数数据大量增加，从而引发数据的方差（变异程度）比真实方差小得多等问题。因此，在缺失值较多时，不推荐用常数填充的方法。

2. 用聚合值填充

   计算非缺失值的平均值、中位数、最小值和最大值等指标，并将不带数据的指标值作为填充值的方法。例如，在缺少部分人员的身高数据时，用不会大幅偏离的身高值的中位数进行填充。与用常数填充的方法一样，这种方法会导致指定的常数数据大量增加，引发许多问题。因此，在缺失值较多时，也不推荐用聚合值填充的方法。

3. 用基于无缺失值的数据的预测值填充

   根据无缺失值的列的值与有部分缺失值的列的值的关系，预测缺失值并填充的方法。用于预测的关系可以通过机器学习模型等表示。此外，我们有时会使用一个无缺失值的列，有时则会使用多个无缺失值的列。例如，在缺少部分人员的身高数据时，可以分析体重与身高的关系，根据体重预测缺失的身高值并进行填充。

4. 基于时序关系的填充

 根据缺失数据前后的数据预测缺失值并填充的方法，可将其视为时序数据版的方法 3，即使用了时序数据的方法 3。例如，当 10:01 的温度数据缺失时，可使用 10:00 和 10:02 的温度数据的平均值进行填充。如果是以时间上连续的值为对象，则该方法在 MCAR 和 MAR 中均有效。

5. 多重插补法

 在 MACR 以外的情况下，将特定的值填充到缺失部分的方法会产生副作用，即会产生偏差（bias，与真实数据特征不同的特征）。对于这一问题，可以使用多重插补法解决。该方法将填充好的数据集分成多份并对不同的数据集进行分析，然后对得到的多个结果进行整合，即可得到偏差较小的结果。该方法在 MCAR 和 MAR 中均有效。

6. 最大似然法

 与多重插补法一样，用于解决填充后的数据比原始数据的变异程度小的问题。该方法不是用机器学习模型预测缺失值，而是通过引入隐变量，采用 EM 算法（填充的结果数据服从多元正态分布）最大化似然概率，从而估计缺失值。该方法在 MCAR 和 MAR 中均有效。

在 MCAR 和 MAR 中，一般采用多重插补法和最大似然法。

数据填充是在陷入数据缺失而又必须进行分析的困境时使用的方法。大家要记住，为了使最初始的数据无缺失，最好重新考虑数据收集机制。尤其是对于 MNAR，目前并没有特别有效的数据填充方法，所以必须确保数据不会丢失。

Q 删除缺失记录

目标数据集是 thickness 值存在缺失的生产记录，请删除缺失 thickness 值的记录（图 8–10）。

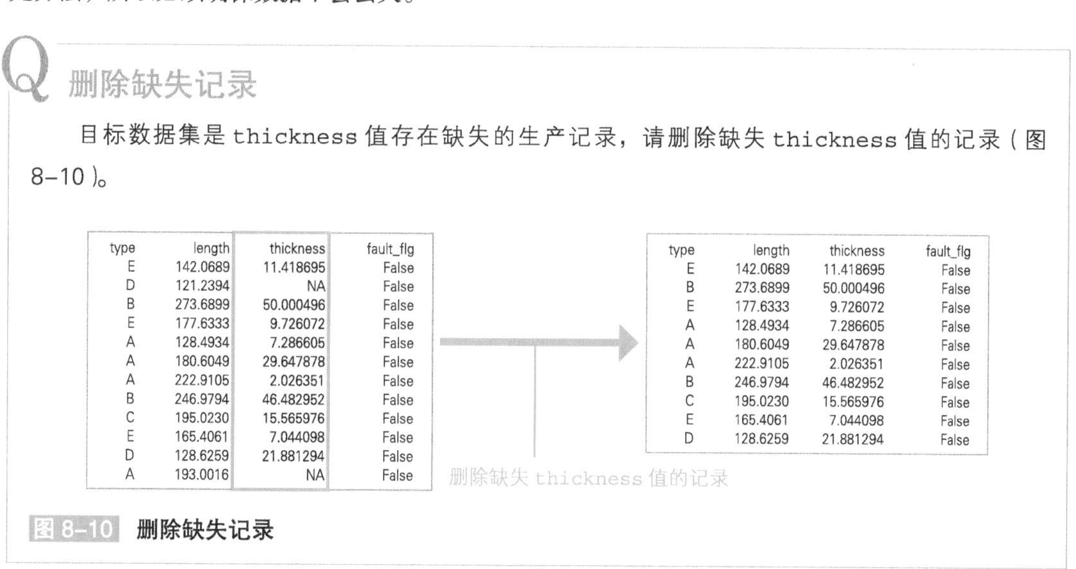

type	length	thickness	fault_flg
E	142.0689	11.418695	False
D	121.2394	NA	False
B	273.6899	50.000496	False
E	177.6333	9.726072	False
A	128.4934	7.286605	False
A	180.6049	29.647878	False
A	222.9105	2.026351	False
B	246.9794	46.482952	False
C	195.0230	15.565976	False
E	165.4061	7.044098	False
D	128.6259	21.881294	False
A	193.0016	NA	False

type	length	thickness	fault_flg
E	142.0689	11.418695	False
B	273.6899	50.000496	False
E	177.6333	9.726072	False
A	128.4934	7.286605	False
A	180.6049	29.647878	False
A	222.9105	2.026351	False
B	246.9794	46.482952	False
C	195.0230	15.565976	False
E	165.4061	7.044098	False
D	128.6259	21.881294	False

图 8–10 删除缺失记录

示例代码▶008_number/07_a

基于 SQL 的预处理

在 SQL 中，缺失值用 NULL 表示，使用 WHERE 语句即可剔除包含缺失值的记录。

SQL 理想代码

sql_awesome.sql

```
SELECT *
FROM work.production_missn_tb

-- 删除 thickness 为 null 的记录
WHERE thickness is not NULL
```

关键点

代码简单，比较理想。

基于 R 的预处理

在 R 中，缺失值用 NULL、NA 或 NaN 等值表示，准确地说，NaN 并不是缺失值的意思，而是非数字（Not a Number）的意思。通过 filter 函数提取记录，即可剔除包含缺失值的记录，但从可读性和代码修改的难易程度来看，应当使用 drop_na 函数。

R 理想代码

r_awesome.R（节选）

```
# 通过 drop_na 函数删除 thickness 为 NULL、NA 或 NaN 的记录
production_missn_tb %>% drop_na(thickness)

# 无论是哪个列，只要包含 NULL、NA 或 NaN，即删除整条记录
# na.omit(production_missn_tb)
```

drop_na 函数用于删除包含 NULL、NA 或 NaN 的记录，其参数是需要确认其中有无 NULL、NA 或 NaN 的对象列。当未在参数中指定列时，以所有列为对象列。

na.omit 函数用于删除包含 NULL、NA 或 NaN 的记录，此时所有列都是需要确认其中有无 NULL、NA 或 NaN 的对象列，其参数为需要删除包含 NULL、NA 或 NaN 的记录的 data.frame。

关键点

本段代码使用了 drop_na 函数，可读性强，比较理想。

基于 Python 的预处理

在 Python 中，缺失值用 None、nan（由 NumPy 提供）等值表示。与 R 中一样，nan 指的是非数字的值。我们虽然可以通过提取记录来剔除包含缺失值的记录，但在 Python 中同样地应当使用专门的 dropna 函数。不过，dropna 函数虽然会将 nan 识别为缺失值，却不会将 None 识别为缺失值[①]。该函数会将值转换为与其原始含义不同的值，虽然从这一点来说，使用 dropna 函数的方法并非好的处理方法，但笔者认为，这比分别使用 None 和 nan 对缺失值执行处理的方法更好。

Python 理想代码

python_awesome.py（节选）

```
# 通过replace函数将None转换为nan
#（在指定None时必须以字符串的形式指定）
production_miss_num.replace('None', np.nan, inplace=True)

# 通过dropna函数删除thickness为nan的记录
production_miss_num.dropna(subset=['thickness'], inplace=True)
```

replace 函数用于替换作为调用源的 DataFrame 内的值，第 1 个参数是要替换的对象值，第 2 个参数是替换后设置的值。在指定 None 时，必须以 'None'（字符串）的形式指定。

dropna 函数用于删除作为调用源的 DataFrame 内存在 nan 值的行或列，默认是按行删除，但如果在参数中加上 axis=1，则可按列删除。subset 参数中可以指定需要确认其中有无 nan 的对象列，在不指定 subset 时，以全部列为对象列。

关键点

虽然这里必须先将 None 转换为 nan，但通过 dropna 函数，代码的可读性和代码修改的容易程度大大提高，因而本段代码比较理想。

用常数填充

目标数据集是 thickness 值存在缺失的生产记录数据，请用数值 1 填充缺失的 thickness 值（图 8-11）。

① 在使用 dropna 函数时，包含 None（如果是以字符串的形式指定，则不会视为空值将其删除）和 np.nan 的记录都会被删除，dropna 函数会对二者进行统一处理。——译者注

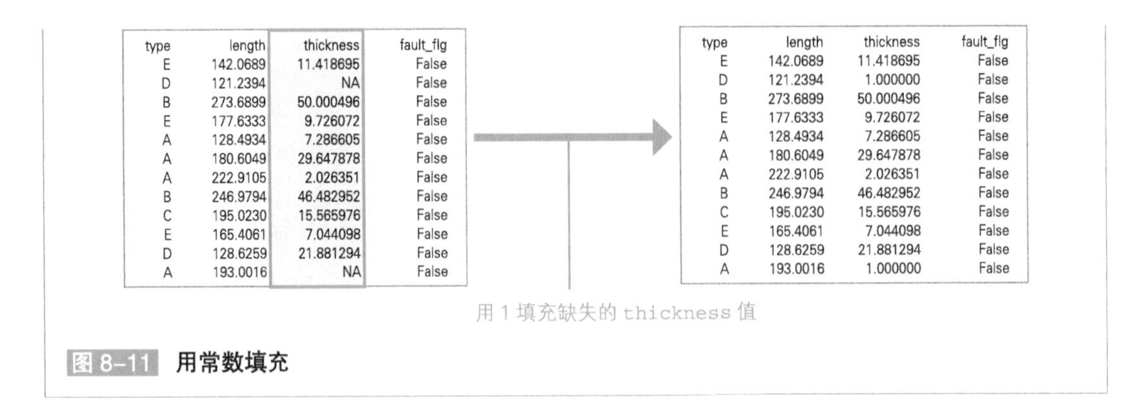

图 8-11 用常数填充

示例代码▶008_number/07_b

基于 SQL 的预处理

通过 COALESCE 函数即可轻松实现缺失值填充。

SQL 理想代码

sql_awesome.sql

```sql
SELECT
  type,
  length,

  -- 用1填充 thickness 的缺失值
  COALESCE(thickness, 1) AS thickness,
  fault_flg
FROM work.production_missn_tb
```

关键点

本段代码使用了 COALESCE 语句，简单且比较理想。

基于 R 的预处理

虽然可以通过提取缺失值并填充值等方法实现缺失值填充，但是和上一个例题一样，从可读性和代码修改的难易程度来看，这里更推荐使用 replace_na 函数。

R 理想代码

r_awesome.R（节选）

```r
production_missn_tb %>%
```

```
# 通过replace_na函数，在thickness为NULL、NA或NaN时用1填充
replace_na(list(thickness = 1))
```

replace_na函数用于使用指定的值填充NULL、NA或NaN，其参数list指定为要填充的对象列名和填充值的组合。

关键点

本段代码使用了replace_na函数，可读性强，比较理想。

基于Python的预处理

虽然使用replace函数直接替换的方法代码短，处理也很轻松，但使用fillna函数能够明确表达填充缺失值的意思，所以在填充nan值时最好使用fillna函数。

Python 理想代码

python_awesome.py（节选）

```
# 通过replace函数将None转换为nan
production_miss_num.replace('None', np.nan, inplace=True)

# 通过fillna函数将thickness的缺失值填充为1
production_miss_num['thickness'].fillna(1, inplace=True)
```

fillna函数用于使用指定的值填充作为调用源的DataFrame内的nan。当参数中指定值时，表示用指定的值填充。当method参数指定为ffill时，表示用前一行相同列的值填充；当指定为bfill时，表示用后一行相同列的值填充。

关键点

本段代码使用了fillna函数，简洁且比较理想。

Q 均值填充

目标数据集是thickness值存在缺失的生产记录，请用未缺失的thickness的平均值填充缺失的thickness值（图8-12）。

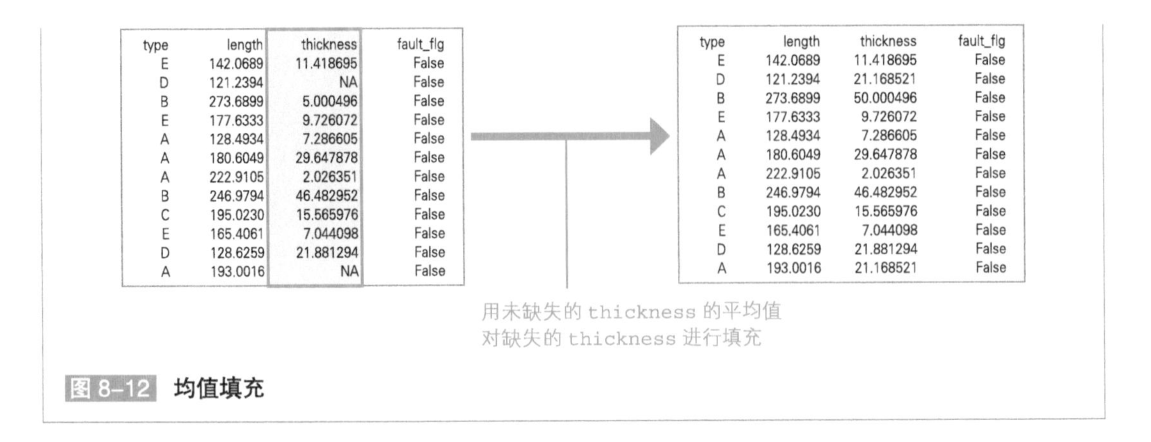

type	length	thickness	fault_flg
E	142.0689	11.418695	False
D	121.2394	NA	False
B	273.6899	5.000496	False
E	177.6333	9.726072	False
A	128.4934	7.286605	False
A	180.6049	29.647878	False
A	222.9105	2.026351	False
B	246.9794	46.482952	False
C	195.0230	15.565976	False
E	165.4061	7.044098	False
D	128.6259	21.881294	False
A	193.0016	NA	False

type	length	thickness	fault_flg
E	142.0689	11.418695	False
D	121.2394	21.168521	False
B	273.6899	50.000496	False
E	177.6333	9.726072	False
A	128.4934	7.286605	False
A	180.6049	29.647878	False
A	222.9105	2.026351	False
B	246.9794	46.482952	False
C	195.0230	15.565976	False
E	165.4061	7.044098	False
D	128.6259	21.881294	False
A	193.0016	21.168521	False

图 8-12　均值填充

示例代码▶008_number/07_c

基于 SQL 的预处理

用计算平均值的子查询替代上一个例题中使用的常数，即可实现均值填充。

SQL 理想代码

sql_awesome.sql

```
SELECT
  type,
  length,
  COALESCE(thickness,
           (SELECT AVG(thickness) FROM work.production_missn_tb))
    AS thickness,
  fault_flg
FROM work.production_missn_tb
```

关键点

将 COALESCE 语句中的填充值指定为用于计算 thickness 平均值的子查询，即可实现均值填充。由于 AVG 函数可以计算非 NULL 值的平均值，所以我们可以使用它方便地计算包含缺失值的数据的平均值。大家要积极运用上述方法构建理想的代码。

基于 R 的预处理

用计算平均值的处理替代上一个例题中使用的常数，即可实现均值填充。但在使用 R 中的 mean 函数时，需要先去除 na 值再计算平均值。

R 理想代码

r_awesome.R（节选）

```
# 去除缺失值，然后计算 thickness 的平均值
# 通过将 na.rm 设置为 TRUE，可计算去除 NA 后的聚合值
thickness_mean <- mean(production_missn_tb$thickness, na.rm=TRUE)

# 通过 replace_na 函数，用去除缺失值后的 thickness 的平均值进行填充
production_missn_tb %>% replace_na(list(thickness = thickness_mean))
```

关键点

本段代码灵活运用了便捷的函数，比如使用 mean 函数的 na.rm 参数计算去除缺失值后的平均值，使用 replace_na 函数填充缺失值，比较理想。

基于 Python 的预处理

Python 采用的是与 R 中一样的方法。用计算平均值的处理替代上一个例题中使用的常数，即可实现均值填充。

Python 理想代码

python_awesome.py（节选）

```
# 通过 replace 函数将 None 转换为 nan①
production_miss_num.replace('None', np.nan, inplace=True)

# 将 thickness 转换为数值型（由于 None 字符串混在其中，所以不是数值型）
production_miss_num['thickness'] = \
  production_miss_num['thickness'].astype('float64')

# 计算 thickness 的平均值
thickness_mean = production_miss_num['thickness'].mean()

# 用 thickness 的平均值填充 thickness 的缺失值
production_miss_num['thickness'].fillna(thickness_mean, inplace=True)
```

关键点

本段代码使用 fillna 函数执行了预处理，处理意图很容易理解，比较理想。

① 在使用 replace 函数时，必须首先确定空值类型是 'NA' 还是 'None'。如果替换不成功，则下面的 astype('float64') 转换也会报错。——译者注

Q 用PMM实现多重插补

目标数据集是 thickness 值存在缺失的生产记录数据，请用多重插补法填充缺失的 thickness 值。多重插补法分为几种，这里使用 PMM（Predictive Mean Matching，预测均值匹配）方法。

简单来说，PMM 的步骤如下所示。

1. 使用去除丢失数据后的数据构建用于预测缺失数据的回归模型
2. 计算构建的回归模型的系数和误差方差的分布
3. 根据系数和误差方差的分布生成新的系数和误差方差
4. 根据服从步骤 3 中生成的系数和误差方差的回归模型计算预测值
5. 从无缺失的观测数据中选择离预测值最近的数据作为填充值
6. 填充数据并构建新的回归模型，计算模型系数和误差方差的分布，然后返回步骤 3

循环执行步骤 3 至步骤 6，直到填充值的分布收敛为止。收敛后，如果获得了与指定数据集的数量相等的填充值，则结束（图 8-13）。

type	length	thickness	fault_flg
E	142.0689	11.418695	False
D	121.2394	NA	False
B	273.6899	50.000496	False
E	177.6333	9.726072	False
A	128.4934	7.286605	False
A	180.6049	29.647878	False
A	222.9105	2.026351	False
B	246.9794	46.482952	False
C	195.0230	15.565976	False
E	165.4061	7.044098	False
D	128.6259	21.881294	False
A	193.0016	NA	False

用多重插补法填充缺失的 thickness

type	length	thickness	fault_flg
E	142.0689	11.418695	FALSE
D	121.2394	12.983744	FALSE
B	273.6899	50.000496	FALSE
E	177.6333	9.726072	FALSE
A	128.4934	7.286605	FALSE
A	180.6049	29.647878	FALSE
A	222.9105	2.026351	FALSE
B	246.9794	46.482952	FALSE
C	195.0230	15.565976	FALSE
E	165.4061	7.044098	FALSE
D	128.6259	21.881294	FALSE
A	193.0016	30.015281	FALSE

type	length	thickness	fault_flg
E	142.0689	11.418695	FALSE
D	121.2394	1.723718	FALSE
B	273.6899	50.000496	FALSE
E	177.6333	9.726072	FALSE
A	128.4934	7.286605	FALSE
A	180.6049	29.647878	FALSE
A	222.9105	2.026351	FALSE
B	246.9794	46.482952	FALSE
C	195.0230	15.565976	FALSE
E	165.4061	7.044098	FALSE
D	128.6259	21.881294	FALSE
A	193.0016	10.751621	FALSE

……

图 8-13 基于 PMM 的多重插补

示例代码▶008_number/07_d

基于 R 的预处理

使用 mice 包的 mice 函数即可轻松实现基于 PMM 的多重插补法。

R 理想代码

r_awesome.R（节选）

```
library(mice)

# 为了使用 mice 函数而进行数据类型转换（因为要在 mice 函数内部构建模型）
production_missn_tb$type <- as.factor(production_missn_tb$type)

# 由于 fault_flg 是字符串类型，所以转换为布尔型（详见第 9 章）
production_missn_tb$fault_flg <- production_missn_tb$fault_flg == 'TRUE'

# 在 mice 函数中指定 pmm，实现多重插补
# m 是获取的数据集的数量
# maxit 是获取填充值之前的循环次数
production_mice <-
  mice(production_missn_tb, m=10, maxit=50, method='pmm', seed=71)

# 以如下形式存储填充值
production_mice$imp$thickness
```

mice 函数用于实现各种不同的多重插补法，m 参数可以指定为用多重插补法填充的值的模式数（获取的数据集的个数），maxit 参数可以指定为获取填充值之前模型系数的更新次数，method 参数可以指定为多重插补法所采用的技术。除了 PMM 之外，mice 函数还提供了各种各样的技术，但由于篇幅所限，这里省略说明。

关键点

虽然多重插补法乍看上去很难，但使用便捷的函数即可简单实现，本段代码非常理想。

基于 Python 的预处理

与 R 一样，通过生成 statsmodels 库中 MICE 类、MICEData 类的对象并调用相应的函数，即可轻松实现基于 PMM 的多重插补法。

Python 理想代码

python_awesome.py

```
from preprocess.load_data.data_loader import load_production_missing_num
# 直接调用已经封装好的函数
production_miss_num = load_production_missing_num()
```

```
import statsmodels.api as sm
from statsmodels.imputation import mice
import pandas as pd
import numpy as np

# 将缺失值统一替换为np.nan
production_miss_num.replace('None',np.nan,inplace=True)

# 将数据类型由pandas的Series类型转换为float64、category类型
production_miss_num['thickness']=\
    production_miss_num['thickness'].astype('float64')

production_miss_num['type']=\
    production_miss_num['type'].astype('category')

production_miss_num['fault_flg']=\
    production_miss_num['fault_flg'].astype('category')

# 将分类变量转换为哑变量
production_dummy_flg=pd.get_dummies(
    production_miss_num[['type','fault_flg']],drop_first=True)

# 将转换后的各列拼接成一个数据集
dataset=pd.concat([production_miss_num[['length','thickness']],production_
dummy_flg],axis=1)
# 封装数据集，供插补模型使用
fit_data=mice.MICEData(dataset,k_pmm=6)
# 指定扰动变量
fit_data.perturb_params('thickness')
# 使用预测均值插补
fit_data.impute_pmm('thickness')
# 查看插补后数据
fit_data.data
# 查看模型参数置信区间
fit_data.results['thickness'].conf_int()
# 查看各变量间的协方差矩阵，可分析变量间的相关性
fit_data.results['thickness'].cov_param()
# 更新参数列的值
fit_data.update('thickness')

# 下面的注释代码通过使用普通的最小二乘法拟合进行线性插补
#fml='thickness ~ length + type_B + type_C + type_E + type_E + fault_flg_True'
#model=mice.MICE(fml,sm.OLS,fit_data)
#results=model.fit()
#results.summary()
```

MICEData 类通过 impute_pmm 函数实现基于 PMM 的多重插补法。该类有一个主要参数 data，用于指定要填充缺失值的数据集。同时，也可通过指定 k_pmm 参数来指定在使用预测均值时计算最近邻的个数。MICE 类也可实现多重插补，主要有 3 个参数：第 1 个参数用于指定模型公式；第 2 个参数用于指定模型拟合所用的算法，示例中使用的是普通的最小二乘法拟合；第 3 个参数是 MICEData 类型，用于指定要拟合的数据集。在 MICE 类的 fit 方法中，第 1 个参数 n_burnin 用于指定最大迭代次数；第 2 个参数 n_imputations 用于指定多重插补补全值的模式数（返回的数据集的数目），可与 R 语言中的 m 参数、maxit 参数对比理解。最后，可使用示例中的 summary 等方法查看拟合结果。

关键点

在通常情况下，通过 MICE 多重插补后会产生多个统计结果，可使用 MICE 类的 combine 函数将多重插补后的多个结果综合起来。本段代码与 R 一样使用了便捷的库函数，非常理想。

第 9 章 分类型

在数据分析中，分类型的常用程度仅次于数值型。所谓**分类型**，就是可取值的种类是定值的数据类型。例如，居住地所在的“都道府县”① 列的取值必定是从 47 个都道府县中选择的数据，所以该列就是分类型的数据；“会员状态”列的取值为会员和非会员中的任意一个，所以该列也是分类型的数据。此外，仅取两种分类值的值称为标志（flag）值，其数据类型称为布尔型。在程序中，布尔型取值为 `True` 或 `False`。

如 8-3 节所述，数值型的数据也可以通过赋予类别而转换为分类型。具体来说，比如通过将年龄划分为未满 10 岁、10 多岁、20 多岁、30 多岁、40 多岁、50 多岁、60 岁以上等多个类别，可以将原本为数值型的年龄数据作为分类值来处理。

分类型虽然可以表示非线性变化，但需要有大量的数据才能使用机器学习准确地训练模型。此外，在将数值分类化时，没有体现出分类值之间的相关性。所谓分类值之间的相关性，以刚刚的年龄的例子来说，就是 20 多岁比 10 多岁的年龄大，比 30 多岁的年龄小等关系。分类型中没有体现上述相关性信息，我们要充分理解像这样的分类型的特点，并在此基础上运用分类型。

9-1 转换为分类型

SQL
R
Python

乍一看，分类型和字符型、数值型的数据差别不大，因此在大多数情况下，程序以字符串和数值型的形式读取数据。为了将数据作为分类型来处理，我们需要先将其转换为分类型。Python 和 R 中有分类型和布尔型，但 SQL 中只有布尔型。

分类型还能够有效地减小数据存储量。分类型将数据分为两部分存储，一部分是分类值的主数据（分类值的所有种类的内容数据），另一部分是每个数据的分类值的索引数据（表示选择哪一分类值的数据）。如果分类的种类数不多，则分类值的主数据的数据存储量不会太大。另外，由于分类值的索引数据可以用数值存储，所以即使数据个数很多，数据存储量也不会太大，我们甚至能够使数据存储量比用字符串存储分类值时还小。

① 日本的行政区划级别，类似于我国的“省市自治区”。——译者注

分类型的转换

目标数据集是酒店的预订记录，请将顾客主表中的性别（sex）转换为布尔型和分类型（图 9-1）。

customer_id	age	sex	home_latitude	home_longitude
c_1	41	man	35.09219	136.5123
c_2	38	man	35.32508	139.4106
c_3	49	woman	35.12054	136.5112
c_4	43	man	43.03487	141.2403
c_5	31	man	35.10266	136.5238
c_6	52	man	34.44077	135.3905

将 sex 转换为布尔型和分类型

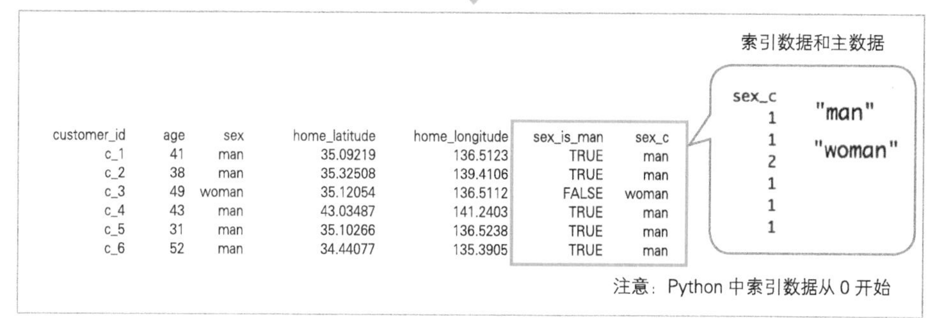

customer_id	age	sex	home_latitude	home_longitude	sex_is_man	sex_c
c_1	41	man	35.09219	136.5123	TRUE	man
c_2	38	man	35.32508	139.4106	TRUE	man
c_3	49	woman	35.12054	136.5112	FALSE	woman
c_4	43	man	43.03487	141.2403	TRUE	man
c_5	31	man	35.10266	136.5238	TRUE	man
c_6	52	man	34.44077	135.3905	TRUE	man

图 9-1 分类型的转换

示例代码▶009_category/01

基于 SQL 的预处理

SQL 提供了布尔型 Boolean，但是没有提供分类型，我们可以通过设置 CASE 语句的条件为 TRUE 时的表达式来转换为布尔型。

SQL 理想代码

sql_1_awesome.sql

```
SELECT
  CASE WHEN sex = 'man' THEN TRUE ELSE FALSE END AS sex_is_man
FROM work.customer_tb
```

关键点

本段代码使用 CASE 语句将 sex 转换为了布尔型，比较理想。

虽然 SQL 中没有以数据类型的形式提供分类型，但是通过按数据值的种类赋予相应的 ID，可以模拟分类型。

SQL 理想代码

sql_2_awesome.sql

```
-- 生成 SEX 列分类的主表
WITH sex_mst AS(
  SELECT
    sex,
    ROW_NUMBER() OVER() AS sex_mst_id
  FROM work.customer_tb
  GROUP BY sex
)
SELECT
  base.*,
  s_mst.sex_mst_id
FROM work.customer_tb base
INNER JOIN sex_mst s_mst
  ON base.sex = s_mst.sex
```

关键点

虽然 SQL 中没有分类型的概念，但是通过新创建一个表示分类值和分类 ID 之间对应关系的主表，并将数据值转换为分类 ID，即可模拟表示分类型。在上面的示例代码中，通过保存 sex_mst 并将 customer_tb 的 sex 列转换为 sex_mst_id 列，便可以用分类型表示 sex 列。本段代码是用 SQL 表示分类型的比较理想的代码（使用示例见 13-2 节）。注意，在下面的模拟分类型的 SQL 代码中，我们将省略添加 ID 的步骤。

基于 R 的预处理

R 提供 logical 类型作为布尔类型，提供 factor 类型作为分类型。通过 as.logical 函数和 factor 函数，即可将数据转换为相应的类型。

R 理想代码

r_awesome.R（节选）

```
# 添加布尔型的列，当 sex 的值为 man 时，该列元素值为 TRUE
# 即使本段代码中不用 as.logical 函数，sex 也会被转换为布尔型
customer_tb$sex_is_man <- as.logical(customer_tb$sex == 'man')
```

```
# 将 sex 转换为分类型
customer_tb$sex_c <- factor(customer_tb$sex, levels=c('man', 'woman'))

# 通过转换为数值，即可获取索引数据的数值
as.numeric(customer_tb$sex_c)

# 使用 levels 函数即可访问主数据
levels(customer_tb$sex_c)
```

as.logical 函数用于将参数转换为 logical 类型（TRUE 或 FALSE）。当参数为数值时，如果非 0，则转换为 TRUE；如果为 0，则转换为 FALSE。当参数为字符串时，如果是 TRUE、True 或 true，则转换为 TRUE；如果是 FALSE、False 或 false，则转换为 FALSE，否则转换为 NA。

factor 函数用于将参数转换为 factor 类型。可以在 levels 参数中指定主数据的向量，如果不指定，则将参数的所有种类的值设置为主数据。虽然 as.factor 函数也可以把数据转换为 factor 类型，但是无法指定 levels 参数。

要确认 factor 类型的分类主数据，可以使用 levels 函数。将分类数据传入 levels 函数的参数，levels 函数即可返回主数据的向量。

关键点

本段代码恰当使用了基本函数，比较理想。

基于 Python 的预处理

Python 提供 bool 类型作为布尔型，提供 category 类型作为分类型。通过在 astype 函数中指定 'bool' 或 'category'，即可实现相应的转换。

Python 理想代码

python_awesome.py（节选）

```
# 添加布尔型的列，当 sex 的值为 man 时，该列元素值为 TRUE
# 即使本段代码中不用 astype 函数，sex 也会被转换为布尔型
customer_tb[['sex_is_man']] = (customer_tb[['sex']] == 'man').astype('bool')

# 将 sex 转换为分类型
customer_tb['sex_c'] = \
  pd.Categorical(customer_tb['sex'], categories=['man', 'woman'])

# astype 函数也可以实现分类型的转换
# customer_tb['sex_c'] = customer_tb['sex_c'].astype('category')

# 索引数据存储在 codes 中
customer_tb['sex_c'].cat.codes
```

```
# 主数据存储在 categories 中
customer_tb['sex_c'].cat.categories
```

astype 函数用于转换数据类型，当参数指定为 bool 时，可以转换为 bool 类型；当指定为 category 时，可以转换为 category 类型。但在用 astype 函数转换为 category 类型时，无法指定主数据。

pd.Categorical 函数用于将参数生成为 category 类型。可以在 categories 参数中指定主数据的数组，如果不指定，则将参数的全部种类的值作为主数据。

索引数据存储在转换为 category 类型的列的 cat.codes 中，主数据存储在 cat.categories 中。通过将要转换的值传入 pd.Categorical 函数中，也可以转换为 category 类型。

关键点

本段代码与 R 一样，恰当地使用了基本函数，比较理想。

9-2 哑变量化

SQL R Python

虽然上一节介绍的 Python 和 R 中的分类型非常方便，但不幸的是，一部分可以在 Python 和 R 机器学习中采用的方法可能与分类型不兼容。当不兼容时，必须将分类值转换为标志的集合，像这样的转换称为哑变量化，生成的标志称为**哑变量**。

生成的哑变量的个数与分类的种类数相同。如 8-3 节所述，在用机器学习构建预测模型时，可以减少一个哑变量。虽然通过这种方法可以减少所需的训练数据，但在某些情况下，不使用这一方法反而更好。我们以通过机器学习预测模型分析某种服务的使用费受年龄的影响程度的场景为例思考一下。如果在分析时不减少哑变量，则通过每个哑变量的重要程度（多元回归模型的每个哑变量的系数），即可轻松了解不同年龄段对使用费的影响程度。但如果将哑变量减少一个，则由于减少的哑变量的影响会掺杂在剩余的哑变量中，因而我们很难弄清每个年龄段对使用费的影响程度。因此，如果要分析每个分类值的影响程度，则最好不要使用减少哑变量的方法（图 9-2）。

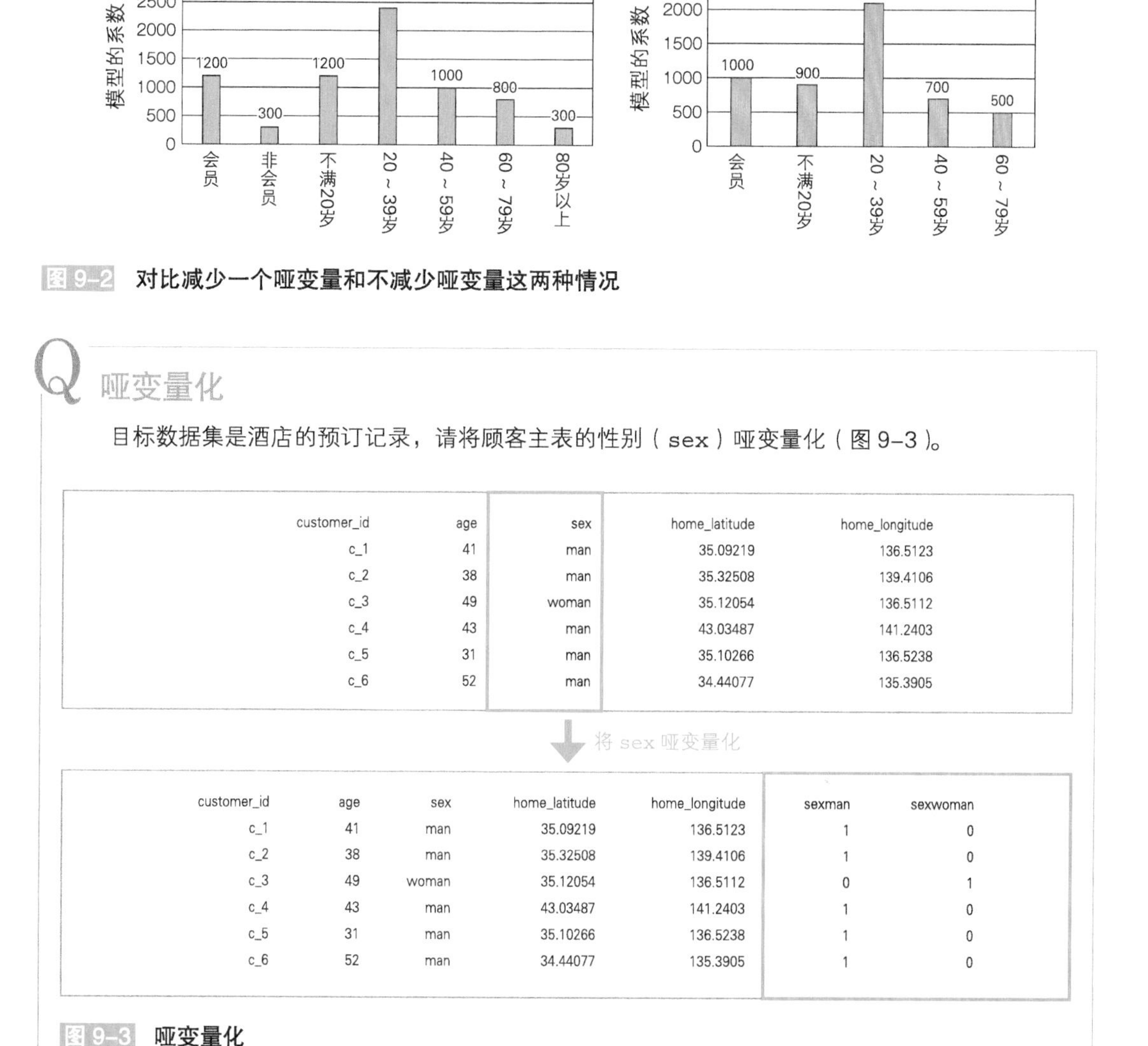

图 9-2 对比减少一个哑变量和不减少哑变量这两种情况

Q 哑变量化

目标数据集是酒店的预订记录，请将顾客主表的性别（sex）哑变量化（图 9-3）。

customer_id	age	sex	home_latitude	home_longitude
c_1	41	man	35.09219	136.5123
c_2	38	man	35.32508	139.4106
c_3	49	woman	35.12054	136.5112
c_4	43	man	43.03487	141.2403
c_5	31	man	35.10266	136.5238
c_6	52	man	34.44077	135.3905

将 sex 哑变量化

customer_id	age	sex	home_latitude	home_longitude	sexman	sexwoman
c_1	41	man	35.09219	136.5123	1	0
c_2	38	man	35.32508	139.4106	1	0
c_3	49	woman	35.12054	136.5112	0	1
c_4	43	man	43.03487	141.2403	1	0
c_5	31	man	35.10266	136.5238	1	0
c_6	52	man	34.44077	135.3905	1	0

图 9-3 哑变量化

示例代码▶009_category/02

基于 SQL 的预处理

在 SQL 中，通过 CASE 语句按分类值的种类转换为标志，即可实现哑变量化。

SQL 一般代码

sql_not_awesome.sql

```
SELECT
  -- 生成“男性”的标志
  CASE WHEN sex = 'man' THEN TRUE ELSE FALSE END AS sex_is_man,

  -- 生成“女性”的标志
  CASE WHEN sex = 'woman' THEN TRUE ELSE FALSE END AS sex_is_woman

FROM work.customer_tb
```

关键点

本段代码虽然实现了哑变量化，但每当分类值的种类增加时，就需要添加 CASE 语句，代码对数据内容的依赖性太强，对数据变化的适应性较差，不甚理想。

基于 R 的预处理

通过 caret 包的 dummyVars 函数即可实现哑变量化。由于 R 提供的函数大部分是支持 factor 类型的（不用多此一举转换为哑变量），所以使用 dummyVars 函数的机会不多，但以防万一，大家还是要记住它。

R 理想代码

r_awesome.R（节选）

```
# 导入 dummyVars 函数所在的库
library(caret)

# 在参数中指定要转换为哑变量的变量
# 当 fullRank 设置为 FALSE 时，所有的分类值都会被标志化
dummy_model <- dummyVars(~sex, data=customer_tb, fullRank=FALSE)

# 用 predict 生成哑变量
dummy_vars <- predict(dummy_model, customer_tb)
```

dummyVars 函数用于实现哑变量化。通过向 dummyVars 函数的参数指定要转换为哑变量的对象变量名以及包含要哑变量化的变量的数据，即可生成执行哑变量化的模型。此时，可以通过将 fullRank 参数设置为 FALSE 来生成分类值的所有种类的值的哑变量。当设置为 TRUE 时，将减少一个哑变量。要生成哑变量，将生成的模型和包含要哑变量化的变量的数据指定为 predict 函数的参数即可。

关键点

本段代码通过 dummyVars 函数，用简短的代码实现了哑变量化，比较理想。虽然不用 dummyVars 函数也可以实现，但在有可靠且方便的函数时，大家一定要记得使用函数。

基于 Python 的预处理

在 Python 中，可以通过 Pandas 库的 get_dummies 函数实现哑变量化。与 R 相比，Python 中许多函数都与分类型不兼容，所以大家要扎实地学会哑变量化的方法。

Python 理想代码

python_awesome.py（节选）

```
# 在哑变量化之前先转换为分类型
customer_tb['sex'] = pd.Categorical(customer_tb['sex'])

# 通过 get_dummies 函数实现 sex 的哑变量化
# 当 drop_first 为 False 时，生成分类值的所有种类的值的哑变量标志
dummy_vars = pd.get_dummies(customer_tb['sex'], drop_first=False)
```

get_dummies 函数用于将分类型的参数哑变量化。当 drop_first 参数为 True 时，表示删除第一个哑变量标志，将标志数减少一个。

关键点

本段代码使用 get_dummies 函数，以简短的代码实现了哑变量化，比较理想。不使用 drop_first 参数而通过删除一列 DataFrame 来减少哑变量的代码很少见，比较难理解，所以大家不要使用。

9-3 分类值的聚合

SQL R Python

在采用分类型时，如果某一分类值对应的数据很少，那么机器学习模型就会根据较少的数据学习分类值的特征，这就很容易陷入过拟合。此外，在执行即时分析时，如果分类值的种类过多，则很难进行汇总。为避免这样的问题，有时我们会将数据过少的分类值与其他分类值合并（聚合）到一起。

在进行聚合时，如果分类值之间具有相关性，那么尽可能地将其合并到相关性较强的分类，可以更好地表示数据的趋势，通常预测精度也会有所提高。例如，相比将不满 10 岁和 60 岁以上作为同一分类，将不满 10 岁和 10 多岁合并为同一分类更好。

分类值的聚合

目标数据集是酒店的预订记录，请将顾客主表中的年龄（age）每隔 10 岁转换为一个分类值，如果年龄超过 60 岁，则转换为“60 岁以上”的分类值（图 9-4）。

customer_id	age	sex	home_latitude	home_longitude	age_rank
c_20	43	woman	34.44108	135.3925	40
c_21	62	woman	34.47405	135.3821	60
c_22	37	man	34.47354	135.3740	30
c_23	36	man	43.04559	141.2342	30
c_24	30	man	35.13382	136.5219	30
c_25	86	woman	35.32228	139.4041	80

customer_id	age	sex	home_latitude	home_longitude	age_rank
c_20	43	woman	34.44108	135.3925	40
c_21	62	woman	34.47405	135.3821	60 以上
c_22	37	man	34.47354	135.3740	30
c_23	36	man	43.04559	141.2342	30
c_24	30	man	35.13382	136.5219	30
c_25	86	woman	35.32228	139.4041	60 以上

图 9-4 分类值的聚合

示例代码▶009_category/03

基于 SQL 的预处理

由于 SQL 中不存在分类型，所以这里使用 CASE 语句实现分类型的聚合。

SQL 理想代码

sql_awesome.sql

```
WITH customer_tb_with_age_rank AS(
  SELECT
    *,

    -- 每隔 10 岁将年龄转换为一个分类值
    CAST(FLOOR(age / 10) * 10 AS TEXT) AS age_rank
```

```
  FROM work.customer_tb
)
SELECT
  customer_id, age, sex, home_latitude, home_longitude,

  -- 实现分类的聚合
  CASE WHEN age_rank = '60' OR age_rank = '70' OR age_rank = '80'
  THEN '60岁以上' ELSE age_rank END AS age_rank

FROM customer_tb_with_age_rank
```

关键点

通过在 CASE 语句的条件表达式中使用 OR，可以一次性指定多个条件。本段代码书写简洁，比较理想，但如果要聚合的分类值增加，比如 age_rank 等于 90，则必须修改代码，因此本段代码也可以说是依赖于数据的代码。如果在转换为分类型之前就确定了聚合目标，那么将转换处理和聚合处理一并执行，就不会造成计算浪费，代码也会变得理想。以本例题来说，就是对第一个 WITH 语句的 age_rank 进行如下更改。

```
CASE WHEN age > 60 THEN '60岁以上' ELSE CAST(FLOOR(age / 10) * 10 AS TEXT) AS age_rank
```

基于 R 的预处理

在 R 中，要对 factor 类型执行聚合处理，直接更改 factor 类型的值即可，但在此之前和之后，都必须更改 factor 类型的主数据。

R 理想代码

r_awesome.R（节选）

```
customer_tb$age_rank <- factor(floor(customer_tb$age / 10) * 10)

# 在主数据中添加'60岁以上'
levels(customer_tb$age_rank) <- c(levels(customer_tb$age_rank), '60岁以上')

# 更改要聚合的数据
# 分类型仅能进行“==”或“!=”的判断
# 使用 in 函数实现替换
customer_tb[customer_tb$age_rank %in% c('60', '70', '80'), 'age_rank'] <- '60岁以上'

# 删除未使用的主数据（60, 70, 80）
customer_tb$age_rank <- droplevels(customer_tb$age_rank)
```

droplevels 函数用于从 factor 类型的参数的主数据中删除未使用（未被索引数据引用）的主数据。必须注意的是，哪怕特定的类别值只是暂时不存在或暂时未被引用，一旦使用了 droplevels 函数，就无法再设置已被删除的分类值。

关键点

本段代码使用 levels 函数和 droplevels 函数恰当地更新了 factor 类型的主数据，比较理想。与 SQL 一样，如果在生成分类值时就考虑聚合处理，代码将会更理想。具体来说，就是在应用 factor 函数之前将 age 在 60 以上的值全部替换为 60。此外，如果使用 forcats 包的 fct_other 函数，那么仅用一行代码即可实现分类型的聚合，有兴趣的读者可以自行查阅。

基于 Python 的预处理

与 R 一样，在对 Python 中的 category 类型执行分类值聚合时，也必须更新主数据。这里使用 add_categories 函数和 remove_unused_categories 函数实现 category 类型的主数据更新。

Python 理想代码

python_awesome.py（节选）

```
# 通过 pd.Categorical 将数据转换为 category 类型
customer_tb['age_rank'] = \
  pd.Categorical(np.floor(customer_tb['age']/10)*10)

# 在主数据中添加 '60 岁以上 '
customer_tb['age_rank'].cat.add_categories(['60 岁以上 '], inplace=True)

# 更改要聚合的数据
# 由于 category 类型仅能进行 “==” 或 “!=” 的判断，所以这里使用 isin 函数
customer_tb.loc[customer_tb['age_rank'] \
           .isin([60.0, 70.0, 80.0]), 'age_rank'] = '60 岁以上 '

# 删除未使用的主数据
customer_tb['age_rank'].cat.remove_unused_categories(inplace=True)
```

add_categories 函数用于添加 category 类型的主数据，可以将参数指定的值添加到调用该函数的 category 类型的主数据中。

remove_unused_categories 函数用于删除 category 类型的主数据，可以从调用该函数的 category 类型的主数据中删除未使用（未被索引数据引用）的主数据。与 R 一样，当我们有意删除分类值时，可以使用该函数。

关键点

本段代码使用 add_categories 函数和 remove_unused_categories 函数恰当地更新了 category 类型的主数据，比较理想。与 R 一样，如果在生成分类值时就考虑聚合处理，那么需要在使用 pd.Categorical 函数转换为 category 类型之前就将 age 在 60 以上的值全部替换为 60。

9-4 分类值的组合

SQL
R
Python

有时我们需要按上一节介绍的方法减少分类值的种类，而有时又需要通过组合分类值增加分类值的种类。例如，将性别和年龄段的分类值组合起来，便可以扩展为 20 多岁男性、50 多岁女性等新的分类值。通过这种方法，即使同一年龄段的人由于男女差异而特征大大不同，也可以使用分类值表示非线性变化。

当然，上述做法也会有“副作用”。例如，将性别分为 2 种，将年龄段分为 7 种。当直接使用分类值时，哑变量的个数为 2 + 7 = 9 种，如果节省哑变量，则其个数会变成 (2 – 1) + (7 – 1) = 7 种；而在组合分类值的情况下，哑变量的个数为 2 × 7 = 14 种，即使节省哑变量，其个数也有 2 × 7 – 1 = 13 种。换言之，在组合分类值时，哑变量的个数会随着组合数量而增加，分析所需的数据量也会相应增加。因此，在组合分类值时，要在掌握数据量的同时，尽可能地避免使用数据种类多的分类值进行组合。

分类值的组合

目标数据集是酒店的预订记录，请将顾客主表中的性别（sex）和年龄（age，以 10 岁为间隔）的分类值组合起来，并生成性别和年龄段的组合分类值（图 9-5）。

customer_id	age	sex	home_latitude	home_longitude
c_1	41	man	35.09219	136.5123
c_2	38	man	35.32508	139.4106
c_3	49	woman	35.12054	136.5112
c_4	43	man	43.03487	141.2403
c_5	31	man	35.10266	136.5238
c_6	52	man	34.44077	135.3905

将 age 和 sex 组合起来

customer_id	age	sex	home_latitude	home_longitude	sex_and_age
c_1	41	man	35.09219	136.5123	40_man
c_2	38	man	35.32508	139.4106	30_man
c_3	49	woman	35.12054	136.5112	40_woman
c_4	43	man	43.03487	141.2403	40_man
c_5	31	man	35.10266	136.5238	30_man
c_6	52	man	34.44077	135.3905	50_man

图 9-5 分类值的组合

示例代码▶009_category/04

基于 SQL 的预处理

虽然 SQL 中不存在分类型，但我们可以通过字符串拼接的方式模拟实现分类值的组合。

SQL 理想代码

sql_awesome.sql

```
SELECT
  *,

  -- 将 sex 和以 10 岁为间隔的年龄的分类值以字符串的形式进行拼接，中间用 "_" 相连
  sex || '_' || CAST(FLOOR(age / 10) * 10 AS TEXT) AS sex_and_age

FROM work.customer_tb
```

|| 可以用于拼接字符串。我们也可以用 CONCAT 函数代替 || 实现字符串拼接，CONCAT 函数可以拼接 2 个参数字符串。

关键点

本段代码通过字符串拼接模拟实现了分类值的组合，比较理想。在使用 CONCAT 函数的情况下，如果对 3 个以上的字符串进行拼接，就会变成嵌套结构，所以使用 || 书写起来更简单。

基于 R 的预处理

在 R 中，通过以字符串的形式拼接分类值，并转换为 factor 类型，即可实现分类值的组合。

R 理想代码

r_awesome.R（节选）

```
customer_tb %>%
  mutate(sex_and_age=factor(paste(floor(age / 10) * 10, sex, sep='_')))
```

关键点

本段代码先使用 paste 函数以字符串的形式拼接了年龄和性别的分类值（中间用“_”连接），然后将其转换为分类型，从而实现了分类值的组合，比较理想。通过 sep 参数可以指定要拼接的参数字符串之间的连接符，所以要好好使用。

基于 Python 的预处理

与 R 一样，Python 也是通过先将分类值以字符串的形式拼接，然后再转换为 Category 类型，从而实现分类值的组合的。

Python 理想代码

python_awesome.py（节选）

```
customer_tb['sex_and_age'] = pd.Categorical(
  # 提取要拼接的列
  customer_tb[['sex', 'age']]

    # 在 lambda 函数内将 sex 和以 10 岁为间隔的 age 以字符串的形式进行拼接，中间用“_”相连
    .apply(lambda x: '{}_{}'.format(x[0], np.floor(x[1] / 10) * 10),
           axis=1)
)
```

关键点

本段代码使用 format 函数以字符串的形式拼接了年龄和性别的分类值（中间用“_”连接），从而实现了分类值的组合，比较理想。在拼接字符串时，如果使用 format 函数，那么添加要组合的分类值将变得更加容易，非常方便。

9-5 分类型的数值化

SQL R Python

9-3 节介绍了分类值的聚合，有一种将分类型数值化的方法可以实现进一步的聚合，在训练数

据量较少且想要使用分类值构建模型时，通常会使用该方法。但是，在将分类型数值化时一定要小心，因为有时可能会导致过拟合，丢失数据的原始含义。因此，笔者一般不推荐将分类型数值化，如果非要这样做，一定要正确认识到这些问题并有把握驾驭这种方法。

数值化方法通常使用每个分类值的相应特征和分类值对应的极值、代表值和变异程度。例如，考虑生产记录中产品种类的数值化，下面列出了 3 个例子。

- 按产品种类对其在记录中的出现次数进行计数，并用于代替分类值（产品种类）
- 按产品种类计算产品故障率（发生故障的比例）并用于代替分类值
- 基于每个分类值的产品故障率，按每个分类值的故障发生率以升序排序并计算位次，并用其代替分类值

虽然这样可以转换为各种不同的数值，但是既要不失去数据的原始含义，又要在不引发过拟合的前提下实现无泄漏[①]的转换，实在太难了。至于预处理的代码，将第 3 章和第 4 章介绍的代码组合起来即可。本节主要介绍实现上述第 2 个例子所用的代码。

分类型的数值化

目标数据集是生产记录，请将产品种类（type）转换为每种产品的平均故障率。在计算平均故障率时，要先将当前记录排除后再进行计算（图 9-6）。[②]

type	length	thickness	fault_flg
C	417.1607	4.699548	FALSE
E	171.1516	21.019763	TRUE
A	107.6991	7.890867	FALSE
B	234.1504	19.391544	FALSE
C	360.0682	57.483525	FALSE
C	187.2249	14.671020	TRUE

① 预测的目标值信息包含在用于预测的变量中的情况称为泄漏（leak）。

② 在利用每种产品的平均故障率训练故障预测模型时，如果先排除当前记录再计算平均值，通常能够提高模型的精度。因为按全部记录计算的每种产品的平均故障率中已经包含了应当预测的值的信息，所以会由于轻微的泄漏而引发过拟合。不过，如果要计算平均故障率的源记录的个数多到当前记录的影响可以忽略不计的程度，那么计算时不排除当前记录也不会有太大影响。像这样，将使用了预测值的解释变量应用于预测模型而不产生副作用是非常困难的。因此，笔者只推荐理解其中危险性并能够充分应对的读者使用这种方法。此外，在训练完机器学习模型后对其进行应用时，如果运用“使用每种产品的平均故障率构建的故障预测模型”进行预测，那么每种产品的平均故障率要使用全部训练数据中每种产品的平均故障率。

type	length	thickness	fault_flg	fault_rate_per_type
C	417.1607	4.699548	FALSE	0.07619048
E	171.1516	21.019763	TRUE	0.05612245
A	107.6991	7.890867	FALSE	0.05472637
B	234.1504	19.391544	FALSE	0.03448276
C	360.0682	57.483525	FALSE	0.07619048
C	187.2249	14.671020	TRUE	0.07142857

图 9-6 分类型的数值化

示例代码▶009_category/05

基于 SQL 的预处理

将到目前为止的预处理组合起来，便可实现分类型的数值化。这里将使用 WITH 语句，先计算每种产品的生产件数和故障件数，再计算并添加每种产品的平均故障率。

SQL 理想代码

sql_awesome.sql

```
-- 计算每种产品的生产件数和故障件数
WITH type_mst AS(
  SELECT
    type,

    -- 生产件数
    COUNT(*) AS record_cnt,

    -- 故障件数
    SUM(CASE WHEN fault_flg THEN 1 ELSE 0 END) AS fault_cnt

  FROM work.production_tb
  GROUP BY type
)
SELECT
  base.*,

  -- 计算排除当前产品记录后每种产品的平均故障率
  CAST(t_mst.fault_cnt - (CASE WHEN fault_flg THEN 1 ELSE 0 END) AS FLOAT)/
    (t_mst.record_cnt - 1) AS type_fault_rate

FROM work.production_tb base
INNER JOIN type_mst t_mst
  ON base.type = t_mst.type
```

关键点

本段代码使用 CASE 语句实现了从布尔型到数值型的转换，代码简洁，比较理想。虽然直接在 type_mst 中计算对象记录的 fault_flg 的两种模式（TRUE 和 FALSE）的 type_fault_rate，就可以稍微减少计算量，但本段代码的书写方式可读性更强，更理想。

基于 R 的预处理

对于 group_by 函数，我们无须借助 summarise 函数即可使用。通过在对聚合值和目标记录的值进行跨列计算时使用 group_by 函数，代码将非常简洁。

R 理想代码

r_awesome.R（节选）

```
production_tb %>%
  group_by(type) %>%
  mutate(fault_rate_per_type=(sum(fault_flg) - fault_flg) / (n() - 1))
```

关键点

R 中的 logical 类型实际上是数值，当值为 TRUE 时取 1，为 FALSE 时取 0。利用该性质，可以将处理数值的函数应用于 logical 类型。比如，在本段代码中，就是通过 sum(fault_flg) 计算故障件数的。该代码灵活地利用了 R 中 logical 类型的使用规范，比较理想。

基于 Python 的预处理

在 Python 中，无须使用特殊函数即可实现。因为处理有些复杂，所以我们要分步骤书写代码，以便于理解。

Python 理想代码

python_awesome.py（节选）

```
# 每种产品的故障件数
fault_cnt_per_type = production \
  .query('fault_flg') \
  .groupby('type')['fault_flg'] \
  .count()

# 每种产品的生产件数
type_cnt = production.groupby('type')['fault_flg'].count()

production['type_fault_rate'] = production[['type', 'fault_flg']] \
  .apply(lambda x:
```

```
        (fault_cnt_per_type[x[0]] - int(x[1])) / (type_cnt[x[0]] - 1),
        axis=1)
```

关键点

如果将 Python 的 bool 转换为 int，则 TRUE 会被转换为 1，而 FALSE 会被转换为 0。本段代码即灵活运用了这一性质，比较理想。要注意的是，Python 与 R 不同，必须进行显式转换。

9-6 分类型的填充

R Python

在分类型数据缺失的情况下，要与数值缺失（8-7 节）的情况一样，先确定是何种类型的缺失，再选择恰当的处理方法。此外，处理方法与 8-7 节一样，可以整个删除带缺失值的记录数据，也可以不进行填充，直接进行分析。本书主要介绍如下 6 种填充方法。

1. 用常数填充

   指定任意值，将其用作缺失值的填充值的方法。对于分类型，通常会创建新的分类值，例如“其他”或“缺失”，并将缺失值用作新的分类值。由于其创建了原本不存在的分类值，并且模型可能会学到实际上并不存在的特征，所以这里并不推荐这种方法。

2. 用聚合值填充

   根据无缺失值的数据计算众数，并将其用作缺失值的填充值的方法。例如，如果顾客的性别中男性较多，则将性别不明的顾客的性别填充为男性。但是，由于填充后指定的众数数据会增加过多，所以在缺失值较多的情况下，不推荐使用该方法。

3. 用基于无缺失值的数据的预测值填充

   根据无缺失值的列的值与有部分值缺失的列的值的关系，预测缺失值并填充的方法。用于预测缺失值的关系可以通过机器学习模型等表示。此外，我们有时会使用一个无缺失值的列，有时则会使用多个无缺失值的列。例如，在有些人的年收入排名数据缺失时，可以通过分析年收入排名与年龄、职业的关系，根据年龄和职业预测年收入排名的缺失值，并进行填充。与数值型一样，分类型也经常使用多重插补法填充。

4. 基于时序关系的填充

   根据缺失数据前后的数据预测缺失值并填充的方法，这种方法在分类型中不常使用。例如，当 2016 年的居住地不明时，如果 2015 年和 2017 年的居住地相同，则直接用该值填充；如果不同，则从二者中随机选择一个值进行填充。

5. 多重插补法

   与 8-7 节一样。

6. 最大似然法

   与 8-7 节一样。

接下来，我们实际练习一下分类型的填充。

Q 用 KNN 填充

目标数据集是 `type` 列存在缺失值的生产记录，请基于通过无缺失值的 `fault_flg` 列的数据预测的结果，对有缺失值的 `type` 列进行填充。在预测时采用 K- 最近邻（K-Nearest Neighbor，KNN）算法，如图 9-7 所示。

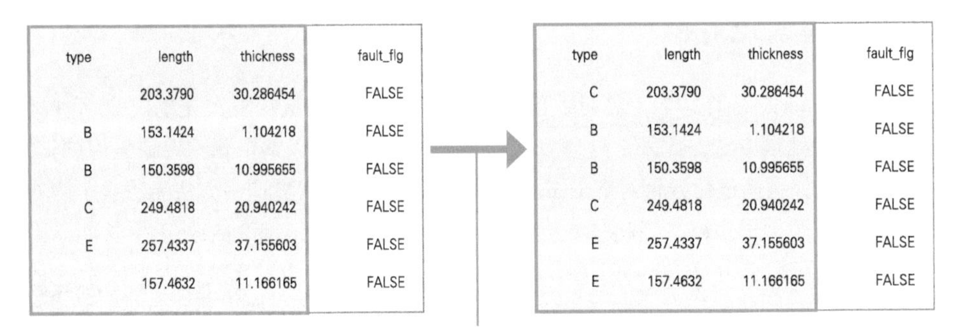

type	length	thickness	fault_flg
	203.3790	30.286454	FALSE
B	153.1424	1.104218	FALSE
B	150.3598	10.995655	FALSE
C	249.4818	20.940242	FALSE
E	257.4337	37.155603	FALSE
	157.4632	11.166165	FALSE

type	length	thickness	fault_flg
C	203.3790	30.286454	FALSE
B	153.1424	1.104218	FALSE
B	150.3598	10.995655	FALSE
C	249.4818	20.940242	FALSE
E	257.4337	37.155603	FALSE
E	157.4632	11.166165	FALSE

图 9-7 用 KNN 进行填充

所谓 KNN，就是基于所使用的变量计算出数据之间的距离，然后根据离目标数据最近的 *k* 个值进行预测的算法（图 9-8）。*k* 值可以通过参数来设置。

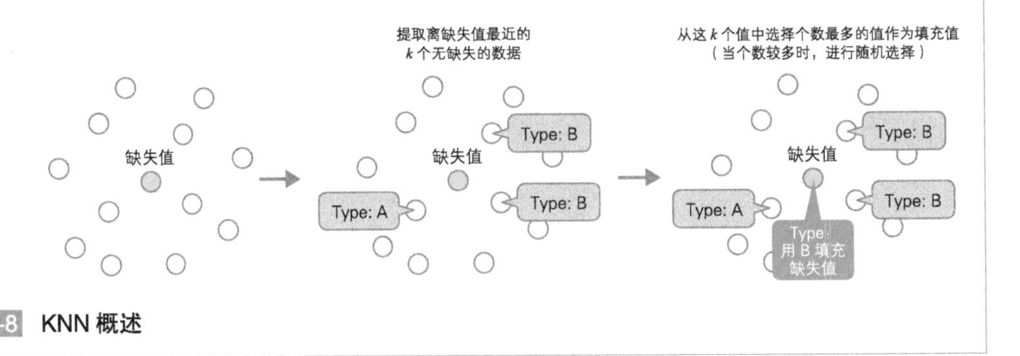

图 9-8 KNN 概述

示例代码▶009_category/06

基于 R 的预处理

在 R 中，可以通过 class 包的 knn 函数来使用 KNN 模型，仅需一次调用即可实现从训练到预测的过程。

R 理想代码

r_awesome.R（节选）

```
# 导入 knn 函数所在的库
library(class)

# 将 type 转换为 factor 类型
production_missc_tb$type <- factor(production_missc_tb$type)

# 提取无缺失值的数据
train <- production_missc_tb %>% filter(type != '')

# 提取包含缺失值的数据
test <- production_missc_tb %>% filter(type == '')

# 通过 knn 填充 type 值
# k 是 knn 的参数，将 prob 设置为 FALSE，将输出作为填充值
test$type <- knn(train=train %>% select(length, thickness),
                 test=test %>% select(length, thickness),
                 cl=factor(train$type), k=3, prob=FALSE)
```

knn 函数用于训练 KNN 模型并返回预测值。train 参数是用于计算数据之间的距离的训练数据，test 参数是用于计算数据之间的距离的应用数据，cl 参数是训练数据的真实标签，k 参数表示选择多少个离目标数据最近的数据作为预测基础。当 prob 参数设置为 TRUE 时，返回预测值和相应的概率；当设置为 FALSE 时，仅返回预测值。

关键点

本段代码使用了 knn 函数，书写简洁，比较理想。不要忘记预先将对象值转换为 factor 类型。

基于 Python 的预处理

在 Python 中，可以通过 sklearn 库的 KNeighborsClassifier 类使用 KNN 模型。与 R 不同，到预测为止的步骤可以分为 3 个阶段，分别是生成模型对象、利用训练数据进行训练、使用应用数据进行预测。

Python 理想代码

python_awesome.py（节选）

```
# 从 sklearn 库中导入 KNeighborsClassifier
from sklearn.neighbors import KNeighborsClassifier

# 通过 replace 函数将 None 转换为 nan
production_missc_tb.replace('None', np.nan, inplace=True)

# 提取无缺失值的数据
train = production_missc_tb.dropna(subset=['type'], inplace=False)

# 提取包含缺失值的数据
test = production_missc_tb \
  .loc[production_missc_tb.index.difference(train.index), :]

# 生成 knn 模型，n_neighbors 是 knn 的 k 参数
kn = KNeighborsClassifier(n_neighbors=3)

# 训练 knn 模型
kn.fit(train[['length', 'thickness']], train['type'])

# 用 knn 模型计算预测值并填充 type
test['type'] = kn.predict(test[['length', 'thickness']])
```

DataFrame.index.difference 函数用于返回与参数 index（行号）不同的 index，换言之，通过该函数可以获取仅在调用源的 index 中而不在参数 index 中的 index。

KNeighborsClassifier 类用于生成训练 KNN 模型并返回预测值的对象。首先生成 KNeighborsClassifier 类的对象，并通过该对象调用 fit 函数进行训练，然后通过训练后的对象调用 predict 函数进行预测。生成类时的 n_neighbors 参数设置为 KNN 的 k 参数。

在 fit 函数中，第 1 个参数是用于计算数据之间距离的训练数据，第 2 个参数是训练数据的真实标签，真实标签必须先转换为 Category 类型。predict 函数的参数设置为用于计算数据之间距离的应用数据。

关键点

用 fit 函数学习后的模型可以重复使用，在有新的缺失值时，可以应用同样的模型实现填充。本段代码可重用性好，比较理想。

第 10 章 日期时间型

在数据分析中，除数值、分类值外，最常用的数据就是日期时间型数据。所谓日期时间型，顾名思义，就是包含日期和时间的数据，其中甚至还包含时区信息，不过本书没有涉及。

从一条日期时间型的数据中，可以获取各种数据元素，所以其价值非常高。例如，从一条日期时间型的数据中，可以获取年、月、日、时间等单个元素。日期时间型还可以进而转换为分类值。例如，将月份转换为季节，将日期转换为月初、月中或月末，将时间转换为早晨、中午、傍晚或晚上，将年月日转换为星期、工作日或节假日等。此外，利用两条日期时间型的数据还可以计算天数差、周数差等。像这样，通过对日期时间型的转换，可以获取各种数据。

10-1 转换为日期时间型、日期型

SQL
R
Python

日期时间型包括 `Timestamp`（时间戳）和 `DateTime`（日期时间）等数据类型。在导入数据时，如果导入的是日期时间型，则没有问题。但是，有时我们也会用“年、月、日、时间”的字符串和 UNIXTIME（表示从 1970 年 1 月 1 日开始经过的以秒为单位的时间）的数值保存日期时间型，在这种情况下必须先将数据转换为日期时间型。

除日期时间型外，与时间相关的具有代表性的数据类型还有日期型（`Date`），顾名思义，就是仅包含日期信息的数据类型。日期型对于以天为单位的转换非常有用，比如转换为节假日数据。除此之外，还有时间型，但时间型不常用，因此本书也不对时间型进行介绍。

Q 日期时间型、日期型的转换

目标数据集是酒店的预订记录数据，请将预订记录表中的 `reserve_datetime` 转换为日期时间型和日期型。此外，请将 `checkin_date` 和 `checkin_time` 组合并转换成日期时间型，将 `checkin_date` 转换为日期型。

示例代码▶010_datetime/01

基于 SQL 的预处理

SQL 支持日期时间型和日期型。除此之外，SQL 中还有在 timestamp 中添加 timezone（时区）信息而构成的 timestamptz 类型，但本书不对 timezone 进行介绍。

SQL 理想代码

sql_awesome.sql

```
SELECT
  -- 转换为 timestamptz 类型
  TO_TIMESTAMP(reserve_datetime, 'YYYY-MM-DD HH24:MI:SS')
    AS reserve_datetime_timestamptz,

  -- 转换为 timestamptz 后，再将其转换为 timestamp
  CAST(
    TO_TIMESTAMP(reserve_datetime, 'YYYY-MM-DD HH24:MI:SS') AS TIMESTAMP
  ) AS reserve_datetime_timestamp,

  -- 将日期和时间的字符串拼接，然后转换为 TIMESTAMP
  TO_TIMESTAMP(checkin_date || checkin_time, 'YYYY-MM-DD HH24:MI:SS')
    AS checkin_timestamptz,

  -- 将日期时间字符串转换为日期型（时间信息在转换后删除）
  TO_DATE(reserve_datetime, 'YYYY-MM-DD HH24:MI:SS') AS reserve_date,

  -- 将日期字符串转换为日期型
  TO_DATE(checkin_date, 'YYYY-MM-DD') AS checkin_date

FROM work.reserve_tb
```

TO_TIMESTAMP 函数用于将字符串转换为 timestamptz 类型。第 1 个参数是要转换的字符串，第 2 个参数是用日期时间格式设置的字符串与日期时间之间的对应关系。timestamptz 类型使用起来几乎与 timestamp 类型一样，但在转换为 timestamp 类型时，要在 CAST 函数中指定 TIMESTAMP。

TO_DATE 函数用于将字符串转换为日期型。与 TO_TIMESTAMP 函数一样，第 1 个参数是要转换的字符串，第 2 个参数是日期的格式。

常用日期时间格式示例如表 10-1 所示。

表 10-1 Redshift 中具有代表性的日期时间格式

数据类型	格　式	示　例
年（四位数的公历年份）	YYYY	2017
月（填充 0）	MM	11
日（填充 0）	DD	06
时（24 小时制）	HH24	06
分（填充 0）	MI	06
秒（填充 0）	SS	09

关键点

本段代码没有比较特殊的地方，但恰当地实现了转换，比较理想。

基于R的预处理

R 支持 POSIXct 和 POSIXlt 两种日期时间型，以及日期型 Date。POSIXct 类型和 POSIXlt 类型的不同之处在于程序中数据的存储方式。POSIXct 类型以日期时间距 1970 年 1 月 1 日 0 时 0 分 0 秒的时间（以秒为单位）来存储数据，而 POSIXlt 将年、月、日、时、分、秒作为单独的数值数据来存储。POSIXct 类型适用于日期时间型之间的比较和差值计算，而 POSIXlt 类型适用于获取年、月等特定的日期时间元素。但是，因为 POSIXlt 类型的内部以列表的形式存储着多个值，所以有时无法作为函数参数使用。由于 dplyr 的处理内部也无法使用 POSIXlt 类型，所以请使用 POSIXct 类型。

R 理想代码

r_awesome.R（节选）

```
# lubridate 库
#（包含 parse_date_time, parse_date_time2, fast_strptime 的库）
library(lubridate)

# 转换为 POSIXct 类型
as.POSIXct(reserve_tb$reserve_datetime, format='%Y-%m-%d %H:%M:%S')
as.POSIXct(paste(reserve_tb$checkin_date, reserve_tb$checkin_time),
           format='%Y-%m-%d %H:%M:%S')

# 转换为 POSIXlt 类型
as.POSIXlt(reserve_tb$reserve_datetime, format='%Y-%m-%d %H:%M:%S')
as.POSIXlt(paste(reserve_tb$checkin_date, reserve_tb$checkin_time),
           format='%Y-%m-%d %H:%M:%S')

# 通过 parse_date_time 函数转换为 POSIXct 类型
parse_date_time(reserve_tb$reserve_datetime, orders='%Y-%m-%d %H:%M:%S')
parse_date_time(paste(reserve_tb$checkin_date, reserve_tb$checkin_time),
                orders='%Y-%m-%d %H:%M:%S')

# 通过 parse_date_time2 函数转换为 POSIXct 类型
parse_date_time2(reserve_tb$reserve_datetime, orders='%Y-%m-%d %H:%M:%S')
parse_date_time2(paste(reserve_tb$checkin_date, reserve_tb$checkin_time),
                 orders='%Y-%m-%d %H:%M:%S')

# 通过 strptime 函数转换为 POSIXlt 类型
strptime(reserve_tb$reserve_datetime, format='%Y-%m-%d %H:%M:%S')
strptime(paste(reserve_tb$checkin_date, reserve_tb$checkin_time),
```

```
        format='%Y-%m-%d %H:%M:%S')

# 通过 fast_strptime 函数转换为 POSIXlt 类型
fast_strptime(reserve_tb$reserve_datetime, format='%Y-%m-%d %H:%M:%S')
fast_strptime(paste(reserve_tb$checkin_date, reserve_tb$checkin_time),
              format='%Y-%m-%d %H:%M:%S')

# 转换为 Date 类型
as.Date(reserve_tb$reserve_datetime, format='%Y-%m-%d')
as.Date(reserve_tb$checkin_date, format='%Y-%m-%d')
```

as.POSIXct 函数用于将字符串转换为 POSIXct 类型。第 1 个参数是要转换为 POSIXct 类型的字符串，format 参数是用日期时间格式设置的字符串与日期时间之间的对应关系。as.POSIXlt 函数与 as.POSIXct 函数的参数相同，用于将字符串转换为 POSIXlt 类型。另外，R 还提供了与 as.POSIXlt 函数功能相同的 strptime 函数。lubridate 库还提供了用于转换为 POSIXct 类型的 parse_date_time 函数和 parse_date_time2 函数，以及用于转换为 POSIXlt 类型的 fast_strptime 函数。虽然参数等因函数的不同而有所不同，但因为 parse_date_time2 函数和 fast_strptime 函数的处理速度比默认提供的函数要快得多，所以在数据量较多的情况下优先使用前者。

as.Date 函数用于转换为 Date 类型。第 1 个参数是要转换为 Date 类型的字符串，format 参数是用日期时间格式设置的字符串与日期时间之间的对应关系。

lubridate 库中的 hms 类型是用于表示时间的数据类型，但它并不是时间类型，而是用时、分、秒表示的时间长度，比如，可以取 25 时 10 分 30 秒等形式的值。

R 中具有代表性的日期时间格式如表 10-2 所示。

表 10-2 R 中具有代表性的日期时间格式

数据类型	格　式	示　例
年（四位数的公历年份）	%Y	2017
月（填充 0）	%m	11
日（填充 0）	%d	06
时（24 小时制）	%H	06
分（填充 0）	%M	06
秒（填充 0）	%S	09

关键点

本段代码使用的函数，其性能比默认提供的函数（如 parse_date_time2 和 fast_strptime 等）更好，代码比较理想。

基于 Python 的预处理

虽然 Python 中有各种日期时间型，但通常使用 datetime64[ns] 类型就足够了，“[]”内的字符表示日期时间涉及的最小单位。虽然日期型也能指定为 datetime64[D] 类型，但通常会很不方便，比如无法由 datetime64[ns] 转换为 datetime64[D] 等，所以先转换为 datetime64[ns] 类型再获取日期和时间会更方便。

Python 理想代码

python_awesome.py（节选）

```
# 通过 to_datetime 函数转换为 datetime64[ns] 类型
pd.to_datetime(reserve_tb['reserve_datetime'], format='%Y-%m-%d %H:%M:%S')
pd.to_datetime(reserve_tb['checkin_date'] + reserve_tb['checkin_time'],
               format='%Y-%m-%d %H:%M:%S')

# 从 datetime64[ns] 类型获取日期信息
pd.to_datetime(reserve_tb['reserve_datetime'],
               format='%Y-%m-%d %H:%M:%S').dt.date
pd.to_datetime(reserve_tb['checkin_date'], format='%Y-%m-%d').dt.date
```

Pandas 库的 to_datetime 函数用于将数据转换为 datetime64 类型，虽然处理的最小单位是自动指定的，但基本上都是 datetime64[ns]。函数的第 1 个参数是要转换为 POSIXct 类型的字符串，format 参数是用日期时间格式设置的字符串与日期时间之间的对应关系。Python 中代表性的日期时间格式与 R 相同。此外，由转换后的 datetime64 类型访问其 dt.date 元素，即可获取日期。同样地，访问其 dt.time 元素即可获取时间（虽然也存在 datetime.date 等数据型，但由于将 date 类型当作 datetime64[ns] 类型处理也没有问题，所以没必要特意使用那些数据类型）。

关键点

在 Python 中，Pandas 库和 NumPy 库的规范复杂交织，要理解全部的数据类型非常困难。但是，如果能转换为 datetime64[ns] 类型，则可以实现针对日期时间型的基本预处理。本段代码比较理想，需要记住的知识并不多。

10–2 转换为年、月、日、时、分、秒、星期

SQL R Python

我们经常使用从日期时间型中获取特定的日期时间元素的操作。例如，为计算年度销售额而获取年份等。虽然使用正则表达式也可以从字符串中获取特定的日期时间元素，但先转换为日期时间型再获取的方式，其代码更简单。

Q 获取各日期时间元素

目标数据集是酒店的预订记录数据，请从预订记录表的 reserve_datetime 中获取年、月、日、时、分、秒，并转换为“年 – 月 – 日 时 : 分 : 秒”形式的字符串（图 10–1）。

reserve_datetime	reserve_date
2016-03-06 13:09:42	2016-03-06
2016-07-16 23:39:55	2016-07-16
2016-09-24 10:03:17	2016-09-24
2017-03-08 03:20:10	2017-03-08
2017-09-05 19:50:37	2017-09-05
2017-11-27 18:47:05	2017-11-27

reserve_datetime	reserve_date	month	day_in_month	wday	weekdays	hour	minute	second	format_str
2016-03-06 13:09:42	2016-03-06	3	31	1	星期日	13	9	42	2016-03-06 13:09:42
2016-07-16 23:39:55	2016-07-16	7	31	7	星期六	23	39	55	2016-07-16 23:39:55
2016-09-24 10:03:17	2016-09-24	9	30	7	星期六	10	3	17	2016-09-24 10:03:17
2017-03-08 03:20:10	2017-03-08	3	31	4	星期三	3	20	10	2017-03-08 03:20:10
2017-09-05 19:50:37	2017-09-05	9	30	3	星期二	19	50	37	2017-09-05 19:50:37
2017-11-27 18:47:05	2017-11-27	11	30	2	星期一	18	47	5	2017-11-27 18:47:05

图 10–1 获取日期时间元素

示例代码▶010_datetime/02

基于 SQL 的预处理

SQL 提供了用于获取特定日期元素的 DATE_PART 函数和用于转换为指定字符串的 TO_CHAR 函数。如果只需获取 1 个特定的日期元素，最好使用 DATE_PART 函数。

SQL 理想代码

sql_awesome.sql

```
WITH tmp_log AS(
  SELECT
    CAST(
      TO_TIMESTAMP(reserve_datetime, 'YYYY-MM-DD HH24:MI:SS') AS TIMESTAMP
    ) AS reserve_datetime_timestamp,
  FROM work.reserve_tb
)
SELECT
  -- DATE 类型可使用 DATE_PART 函数
  -- TIMESTAMP 类型不可使用 DATE_PART 函数
  -- 获取年份
  DATE_PART(year, reserve_datetime_timestamp)
    AS reserve_datetime_year,

  -- 获取月份
```

```
  DATE_PART(month, reserve_datetime_timestamp)
    AS reserve_datetime_month,

  -- 获取日期
  DATE_PART(day, reserve_datetime_timestamp)
    AS reserve_datetime_day,

  -- 获取星期（0=星期天，1=星期一）
  DATE_PART(dow, reserve_datetime_timestamp)
    AS reserve_datetime_dow,

  -- 获取时间中的时
  DATE_PART(hour, reserve_datetime_timestamp)
    AS reserve_datetime_hour,

  -- 获取时间中的分
  DATE_PART(minute, reserve_datetime_timestamp)
    AS reserve_datetime_minute,

  -- 获取时间中的秒
  DATE_PART(second, reserve_datetime_timestamp)
    AS reserve_datetime_second,

  -- 转换为指定格式的字符串
  TO_CHAR(reserve_datetime_timestamp, 'YYYY-MM-DD HH24:MI:SS')
    AS reserve_datetime_char

FROM tmp_log
```

DATE_PART 函数用于获取日期时间的元素。第 1 个参数是要获取的日期时间的元素，第 2 个参数是 TIMESTAMP 类型或 DATE 类型的列，要注意不能指定为 TIMESTAMPTZ 类型。此外要注意，如果指定 DATE 类型而尝试获取 hour、minute 和 second，则仅仅返回 0，不会报错。

TO_CHAR 函数用于将日期时间型的数据转换为指定格式的字符串。第 1 个参数指定为 TIMESTAMP 类型或 DATE 类型的列，第 2 个参数指定为日期时间格式。该函数不仅可以转换为日期时间的元素，还可以转换为其他固定格式。

关键点

本段代码先将数据转换为 TIMESTAMP 类型，然后获取了日期时间的元素，比较理想。懂得“欲速则不达”的道理对于书写理想的代码是很重要的。

基于 R 的预处理

在 R 中，从 POSIXct、Date 类型中获取日期时间元素与从 POSIXlt 类型中获取是不同的。

因为 POSIXct 类型以距 1970 年 1 月 1 日 0 时 0 分 0 秒的秒数存储日期时间数据，所以必须先计算再获取各个日期时间元素。Date 类型也是如此。而 POSIXlt 类型则是将年、月、日、时、分、秒存储为单个的数值数据，所以可以直接访问变量，从而获取元素。

在获取日期时间元素时，由于 POSIXlt 不需要进行计算，所以很方便。此外，使用 format 函数可以将数据转换为指定格式的字符串。

R 理想代码

r_awesome.R（节选）

```
library(lubridate)

# 将 reserve_datetime 转换为 POSIXct 类型
reserve_tb$reserve_datetime_ct <-
  as.POSIXct(reserve_tb$reserve_datetime, orders='%Y-%m-%d %H:%M:%S')

# 将 reserve_datetime 转换为 POSIXlt 类型
reserve_tb$reserve_datetime_lt <-
  as.POSIXlt(reserve_tb$reserve_datetime, format='%Y-%m-%d %H:%M:%S')

# 如果是 POSIXct 类型与 Date 类型，则使用函数获取特定的日期时间元素
#（在内部进行用于获取日期时间元素的计算）
# 如果是 POSIXlt 类型，则可以直接获取特定的日期时间元素

# 获取年份①
year(reserve_tb$reserve_datetime_ct)
reserve_tb$reserve_datetime_lt$year

# 获取月份
month(reserve_tb$reserve_datetime_ct)
reserve_tb$reserve_datetime_lt$mon

# 获取日期
days_in_month(reserve_tb$reserve_datetime_ct)
reserve_tb$reserve_datetime_lt$mday

# 以数值形式获取星期（0= 星期日，1= 星期一）
wday(reserve_tb$reserve_datetime_ct)
reserve_tb$reserve_datetime_lt$wday

# 以字符串形式获取星期
```

① 注意，这里返回的 year 加上 1900 才能表示转换后的真实年份，即需要进行换算。另外，返回的 month 是从 0 开始计数的，即当返回 11 时，代表 12 月份。——译者注

```
weekdays(reserve_tb$reserve_datetime_ct)

# 获取时间中的时
hour(reserve_tb$reserve_datetime_ct)
reserve_tb$reserve_datetime_lt$hour

# 获取时间中的分
minute(reserve_tb$reserve_datetime_ct)
reserve_tb$reserve_datetime_lt$min

# 获取时间中的秒
second(reserve_tb$reserve_datetime_ct)
reserve_tb$reserve_datetime_lt$sec

# 转换为指定格式的字符串
format(reserve_tb$reserve_datetime_ct, '%Y-%m-%d %H:%M:%S')
```

year 函数、month 函数、days_in_month 函数、wday 函数、weekdays 函数、hour 函数、minute 函数和 second 函数用于获取各日期时间元素。参数可指定为 POSIXct 类型、Date 类型和 POSIXlt 类型中的任意一种。

如果是 POSIXlt 类型，则可以直接获取各日期时间元素，变量名分别为 year、mon、mday、wday、hour、min 和 sec。但是，如果是用 fast_strptime 函数转换为 POSIXlt 类型，则不会计算 wday，那么就无法直接获取 wday（会返回 NA）。

format 函数用于将日期时间型转换为指定格式的字符串。第 1 个参数指定为 POSIXct 类型、Date 类型和 POSIXlt 类型中任意一种类型的列，第 2 个参数指定为日期时间格式。

关键点

本段代码根据数据类型选择了合适的日期时间元素的获取方式，比较理想。

基于 Python 的预处理

datetime64[ns] 类型与 R 的 POSIXlt 类型一样，都是将日期时间元素存在数据中，因此可以直接获取其中存储的日期时间元素。此外，使用 strftime 函数可以将数据转换为指定格式的字符串。由于列中名为 dt 的对象同时包含了日期时间元素和 strftime 函数的调用，所以我们通过 dt 对象来调用。

Python 理想代码

python_awesome.py（节选）

```
# 将 reserve_datetime 转换为 datetime64[ns] 类型
reserve_tb['reserve_datetime'] = \
  pd.to_datetime(reserve_tb['reserve_datetime'], format='%Y-%m-%d %H:%M:%S')
```

```
# 获取年份
reserve_tb['reserve_datetime'].dt.year

# 获取月份
reserve_tb['reserve_datetime'].dt.month

# 获取日期
reserve_tb['reserve_datetime'].dt.day

# 以数值形式获取星期（0= 星期日，1= 星期一）
reserve_tb['reserve_datetime'].dt.dayofweek

# 获取时间中的时
reserve_tb['reserve_datetime'].dt.hour

# 获取时间中的分
reserve_tb['reserve_datetime'].dt.minute

# 获取时间中的秒
reserve_tb['reserve_datetime'].dt.second

# 转换为指定格式的字符串
reserve_tb['reserve_datetime'].dt.strftime('%Y-%m-%d %H:%M:%S')
```

strftime 函数用于将日期时间型转换为指定格式的字符串。调用源是要转换的列，参数是指定的日期时间格式。

关键点

本段代码并无特别之处，但恰当地获取了日期时间元素，比较理想。这里多说一点：虽然我们在表示年月日时经常用"/"分隔，如 2016/08/14，但这并非世界标准。因此，默认的日期时间字符串格式中未使用"/"。这种情况不仅存在于数据分析中，在写文章时也是如此，所以当与国外互通电子邮件时要注意这一点。

10-3 转换为日期时间差

SQL R Python

当有多个日期时间型的数据时，经常需要求日期时间数据之间的**日期时间差**（年数差、月数差、周数差、天数差和时间差等）。例如，有时想要了解从访问网站到买入商品所花费的时间，或者预定日期与住宿日期之间的天数差等。

如果我们不能明确地给日期时间的差值下定义，就无法清楚这个差值的含义。例如，就12:45:59和12:46:00之间的分钟差来说，到底是应该忽略秒及其以后的值，将分钟差视为1（46 − 45）分，还是应该考虑秒及其以后的值，从而将分钟差视为0.016 666...（(60 − 59) / 60）分？答案因具体场景的不同而有所不同。但是，月和年必须按照前一种方式处理，因为月和年的长度都不固定，不能作为单位使用。由于闰年的影响，每年的天数会因年份而有所不同，并且每个月的天数也会因具体月份而不同。

计算日期时间差

目标数据集是酒店的预订记录数据，请计算预订记录表中预订时间与入住时间之间的年、月、日、时、分、秒的差值（图10-2）。在计算年、月的差值时，无须考虑月、日及其以下的元素，但在计算时、分、秒的差值时，要先换算为相应的单位再计算。

reserve_datetime	checkin_date	checkin_time
2016-03-06 13:09:42	2016-03-26	10:00:00
2016-07-16 23:39:55	2016-07-20	11:30:00
2016-09-24 10:03:17	2016-10-19	09:00:00
2017-03-08 03:20:10	2017-03-29	11:00:00
2017-09-05 19:50:37	2017-09-22	10:30:00
2017-11-27 18:47:05	2017-12-04	12:00:00

计算日期时间的差值

reserve_datetime	checkin_datetime_ct	diff_year	diff_month	diff_day	diff_hour	diff_min	diff_sec
2016-03-06 13:09:42	2016-03-26 10:00:00	0	0	19.868264 days	476.83833 hour	28610.300 mins	1719918 secs
2016-07-16 23:39:55	2016-07-20 11:30:00	0	0	3.493113 days	83.83472 hour	5030.083 mins	301805 secs
2016-09-24 10:03:17	2016-10-19 09:00:00	0	1	24.956053 days	598.94528 hour	35936.717 mins	2156203 secs
2017-03-08 03:20:10	2017-03-29 11:00:00	0	0	21.319329 days	511.66389 hour	30699.833 mins	1841990 secs
2017-09-05 19:50:37	2017-09-22 10:30:00	0	0	16.610683 days	398.65639 hour	23919.383 mins	1435163 secs
2017-11-27 18:47:05	2017-12-04 12:00:00	0	1	6.717303 days	161.21528 hour	9672.617 mins	580375 secs

图10-2 计算日期时间差

示例代码▶010_datetime/03

基于SQL的预处理

通过SQL实现该例题的方法多种多样，例如，可以用上一节介绍的方法先获取日期时间元素，然后进行减法运算。不过，这里使用`DATEDIFF`函数会更理想。只是`DATEDIFF`函数不会进行单位换算，而是直接将指定单位及其以下的日期时间元素省略，然后计算差值（2015年12月31日和2016年1月1日的年份差值为1年，但2016年1月1日和2016年12月31日的年份差值为0年）。

SQL 理想代码 sql_awesome.sql

```
WITH tmp_log AS(
  SELECT
    -- 将 reserve_datetime 转换为 TIMESTAMP 类型
    CAST(
      TO_TIMESTAMP(reserve_datetime, 'YYYY-MM-DD HH24:MI:SS') AS TIMESTAMP
    ) AS reserve_datetime,

    -- 将 checkin_datetime 转换为 TIMESTAMP 类型
    CAST(
      TO_TIMESTAMP(checkin_date || checkin_time, 'YYYY-MM-DD HH24:MI:SS')
      AS TIMESTAMP
    ) AS checkin_datetime

  FROM work.reserve_tb
)
SELECT
  -- 计算年份差（不考虑月及其以后的日期时间元素）
  DATEDIFF(year, reserve_datetime, checkin_datetime) AS diff_year,

  -- 获取月份差（不考虑天及其以后的日期时间元素）
  DATEDIFF(month, reserve_datetime, checkin_datetime) AS diff_month,

  -- 下面 3 个不属于例题要求，仅供参考

  -- 计算天数的差值（不考虑小时及其以后的日期时间元素）
  DATEDIFF(day, reserve_datetime, checkin_datetime) AS diff_day,

  -- 计算小时的差值（不考虑分钟及其以后的日期时间元素）
  DATEDIFF(hour, reserve_datetime, checkin_datetime) AS diff_hour,

  -- 计算分钟的差值（不考虑秒及其以后的日期时间元素）
  DATEDIFF(minute, reserve_datetime, checkin_datetime) AS diff_minute,

  -- 以天为单位计算差值
  CAST(DATEDIFF(second, reserve_datetime, checkin_datetime) AS FLOAT) /
    (60 * 60 * 24) AS diff_day2,

  -- 以时为单位计算差值
  CAST(DATEDIFF(second, reserve_datetime, checkin_datetime) AS FLOAT) /
    (60 * 60) AS diff_hour2,

  -- 以分为单位计算差值
  CAST(DATEDIFF(second, reserve_datetime, checkin_datetime) AS FLOAT) /
    60 AS diff_minute2,
```

```
  -- 以秒为单位计算差值
  DATEDIFF(second, reserve_datetime, checkin_datetime) AS diff_second
FROM tmp_log
```

DATEDIFF 函数可以用于计算日期时间型的差值。第 1 个参数指定为计算差值时的单位，第 2、3 个参数指定为日期时间型的数据，差值是第 3 个参数减去第 2 个参数。在计算日期时间型的数据差值时，无须对指定单位及其以后的日期时间元素进行计算。因此，如果在计算差值时，想要将指定单位及其以后的日期时间元素也考虑在内，则必须指定 second 等更细粒度的日期时间单位，并进行相应的计算。比如在转换为以分为单位时，只需除以 60 即可。我们还可以指定为 weeks 等单位，不过本段代码未对此进行介绍。

关键点

本段代码使用 DATEDIFF 函数计算了两种模式下的日期时间差值，比较理想。大家要记住，日期时间差值有两种。

基于 R 的预处理

R 中也有各种以天、时、分、秒为单位计算日期时间差值的方法。例如，由于 POSIXct 类型相减即可获取相差的以秒为单位的时间（当 Date 类型相减时获取的是相差的天数），所以不用特殊的函数即可实现。不过，如果使用 difftime 函数，则可读性更强，代码也更理想。但在计算年、月的差值时，我们无法使用 difftime 函数，必须先获取年、月等日期时间元素再进行计算。

R 理想代码

r_awesome.R（节选）

```
library(lubridate)

# 将 reserve_datetime 转换为 POSIXct 类型
reserve_tb$reserve_datetime <-
  as.POSIXct(reserve_tb$reserve_datetime, orders='%Y-%m-%d %H:%M:%S')

# 将 checkin_datetime 转换为 POSIXct 类型
reserve_tb$checkin_datetime <-
  as.POSIXct(paste(reserve_tb$checkin_date, reserve_tb$checkin_time),
             format='%Y-%m-%d %H:%M:%S')

# 计算年份的差值（不考虑月及其以后的日期时间元素）
year(reserve_tb$checkin_datetime_lt) - year(reserve_tb$reserve_datetime)

# 获取月份的差值（不考虑天及其以后的日期时间元素）
(year(reserve_tb$checkin_datetime) * 12
 + month(reserve_tb$checkin_datetime)) -
(year(reserve_tb$reserve_datetime) * 12
```

```
 + month(reserve_tb$reserve_datetime))

# 以天为单位计算差值
difftime(reserve_tb$checkin_datetime, reserve_tb$reserve_datetime,
         units='days')

# 以时为单位计算差值
difftime(reserve_tb$checkin_datetime, reserve_tb$reserve_datetime,
         units='hours')

# 以分为单位计算差值
difftime(reserve_tb$checkin_datetime, reserve_tb$reserve_datetime,
         units='mins')

# 以秒为单位计算差值
difftime(reserve_tb$checkin_datetime, reserve_tb$reserve_datetime,
         units='secs')
```

difftime 函数可以用于计算日期时间型的差值。第 1、2 个参数指定的是日期时间型的数据，可以指定为 POSIXct 类型或 POSIXlt 类型。之所以能够使用 POSIXlt 类型，是因为该类型会在 difftime 函数内部被转换为 POSIXct 类型。units 参数指定的是计算差值时的单位。函数通过第 1 个参数减去第 2 个参数来计算差值。在计算差值时，指定单位及其以后的日期时间元素也被考虑在内。我们还可以指定为 weeks 等单位，但本段代码并未对此进行介绍。

在计算月份的差值时，必须要注意：在计算年份的差值时，获取年的元素并进行减法运算即可，但是在计算月份的差值时，如果不先将年份换算成月份并相加，然后再进行减法运算，就会产生很奇怪的结果。以 2017 年 3 月和 2015 年 5 月的月份差为例来说，简单地获取月份并进行减法运算，则结果将会变成 $3-5=-2$ 。而通过将年份换算成月份来计算，即 $(2017 \times 12+3)-(2015 \times 12+5)=22$，则可以得到正确的结果。

关键点

本段代码通过获取日期时间元素进行计算，并灵活、恰当地运用了 difftime 函数，比较理想。

基于 Python 的预处理

如果将 datetime64[ns] 类型的数据相减，则会返回 datetime64[ns] 类型的分解为日、时、分、秒后的差值数据。如果只是想得到差值，只需进行减法运算就足够了。如果想将差值转换为以日、时、分、秒为单位的数据，那么通过 astype 函数将其转换为 timedelta64[D/h/m/s] 类型即可实现。此外，与 R 一样，在计算年、月的差值时，必须先获取年份、月份再进行计算。

Python 理想代码

python_awesome.py（节选）

```
# 将 reserve_datetime 转换为 datetime64[ns] 类型
reserve_tb['reserve_datetime'] = \
  pd.to_datetime(reserve_tb['reserve_datetime'], format='%Y-%m-%d %H:%M:%S')

# 将 checkin_datetime 转换为 datetime64[ns] 类型
reserve_tb['checkin_datetime'] = \
  pd.to_datetime(reserve_tb['checkin_date'] + reserve_tb['checkin_time'],
                 format='%Y-%m-%d %H:%M:%S')

# 计算年份的差值（不考虑月及其以后的日期时间元素）
reserve_tb['reserve_datetime'].dt.year - \
reserve_tb['checkin_datetime'].dt.year

# 计算月份的差值（不考虑天及其以后的日期时间元素）
(reserve_tb['reserve_datetime'].dt.year * 12 +
 reserve_tb['reserve_datetime'].dt.month) \
 - (reserve_tb['checkin_datetime'].dt.year * 12 +
    reserve_tb['checkin_datetime'].dt.month)

# 以天为单位计算差值
(reserve_tb['reserve_datetime'] - reserve_tb['checkin_datetime']) \
  .astype('timedelta64[D]')

# 以时为单位计算差值
(reserve_tb['reserve_datetime'] - reserve_tb['checkin_datetime']) \
  .astype('timedelta64[h]')

# 以分为单位计算差值
(reserve_tb['reserve_datetime'] - reserve_tb['checkin_datetime']) \
  .astype('timedelta64[m]')

# 以秒为单位计算差值
(reserve_tb['reserve_datetime'] - reserve_tb['checkin_datetime']) \
  .astype('timedelta64[s]')
```

在通过 timedelta64[D/h/m/s] 类型将差值转换为以天、时、分、秒为单位时，返回的结果不包含小数点后面的部分，因此 Python 与 SQL、R 的计算结果不同。例如，当差值为 2 天 3 时时，如果要转换为以天为单位，则会返回 3（天）。

关键点

本段代码通过获取日期时间元素进行计算，并灵活、恰当地运用了 timedelta64 类型，比较理想。

10-4 日期时间型的增减

SQL
R
Python

在数据分析中，经常会出现要将日期时间型的数据偏移特定时间段的情况。例如，要了解到预订日期为止最近 30 天内的预订次数，就必须提取从预订日期到 30 天前的日期时间数据，将其作为目标数据计算预订次数。每种语言都提供了各种用于计算将日期时间型的数据偏移特定时间段后的日期时间的方法，但用简单的函数书写简洁的代码才是通往理想代码的捷径。

在指定时间段时，如果按上一节的介绍以年或月为单位，则数据长度会由于条件不同而不同，那就必须在处理时根据数据值更改时间段，所以最好不要使用该方法。

日期时间的增减处理

目标数据集是酒店的预订记录数据，请对预订记录表中的预订时间分别加上 1 天、1 时、1 分、1 秒（图 10-3）。此外，对预订日期也加上 1 天。

reserve_datetime	reserve_date
2016-03-06 13:09:42	2016-03-06
2016-07-16 23:39:55	2016-07-16
2016-09-24 10:03:17	2016-09-24
2017-03-08 03:20:10	2017-03-08
2017-09-05 19:50:37	2017-09-05
2017-11-27 18:47:05	2017-11-27

添加日期时间的差值

reserve_datetime	reserve_date	datetime_add_day	datetime_add_hour	datetime_add_min	datetime_add_sec	datetime_add_day
2016-03-06 13:09:42	2016-03-06	2016-03-07 13:09:42	2016-03-06 14:09:42	2016-03-06 13:10:42	2016-03-06 13:09:43	2016-03-07
2016-07-16 23:39:55	2016-07-16	2016-07-17 23:39:55	2016-07-16 00:39:55	2016-07-16 23:40:55	2016-07-16 23:39:56	2016-07-17
2016-09-24 10:03:17	2016-09-24	2016-09-25 10:03:17	2016-09-24 11:03:17	2016-09-24 10:04:17	2016-09-24 10:03:18	2016-09-25
2017-03-08 03:20:10	2017-03-08	2017-03-09 03:20:10	2017-03-08 04:20:10	2017-03-08 03:21:10	2017-03-08 03:20:11	2017-03-09
2017-09-05 19:50:37	2017-09-05	2017-09-09 19:50:37	2017-09-05 20:50:37	2017-09-05 19:51:37	2017-09-05 19:50:38	2017-09-06
2017-11-27 18:47:05	2017-11-27	2017-11-28 18:47:05	2017-11-27 19:47:05	2017-11-27 18:48:05	2017-11-27 18:47:06	2017-11-28

图 10-3　日期时间的增减处理

示例代码▶010_datetime/04

基于 SQL 的预处理

在使用 SQL 增减日期时间型的数据时，使用 `interval` 非常方便。虽然 SQL 中也有 `DATEADD` 等函数，但其不能实现以时、分、秒为单位的增减，只能实现天及其以上单位的增减。

SQL 理想代码

sql_awesome.sql

```
WITH tmp_log AS(
  SELECT
    -- 将 reserve_datetime 转换为 TIMESTAMP 类型
    CAST(
      TO_TIMESTAMP(reserve_datetime, 'YYYY-MM-DD HH24:MI:SS') AS TIMESTAMP
    ) AS reserve_datetime,

    -- 将 reserve_datetime 转换为 DATE 类型
    TO_DATE(reserve_datetime, 'YYYY-MM-DD HH24:MI:SS') AS reserve_date

  FROM work.reserve_tb
)
SELECT
  -- 将 reserve_datetime 加上 1 天
  reserve_datetime + interval '1 day' AS reserve_datetime_1d,

  -- 将 reserve_date 加上 1 天
  reserve_date + interval '1 day' AS reserve_date_1d,

  -- 将 reserve_datetime 加上 1 时
  reserve_datetime + interval '1 hour' AS reserve_datetime_1h,

  -- 将 reserve_datetime 加上 1 分
  reserve_datetime + interval '1 minute' AS reserve_datetime_1m,

  -- 将 reserve_datetime 加上 1 秒
  reserve_datetime + interval '1 second' AS reserve_datetime_1s

FROM tmp_log
```

interval 是间隔字面量（表示间隔的常数），可以应用于 TIMESTAMP 类型和 DATE 类型，加上或减去特定的时间段。此外，也可以像 + interval '1 day 1 hour' 这样通过将多个单位组合来实现。当然也可以使用 week 等单位，不过本段代码并未对此进行介绍。

关键点

本段代码使用 interval 实现了以时、分、秒为单位的偏移，比较理想。

基于 R 的预处理

在使用 R 增减日期时间型的数据时，直接对 POSIXct 类型或 Date 类型增减数值即可，其中 POSIXct 类型以秒为单位增减，Date 类型以天为单位增减。但是，如果使用 lubridate 包提供的 weeks 函数、days 函数、hours 函数、minutes 函数和 seconds 函数，则可以直接指定时间单位而不用关心原始数据类型。各个函数的参数指定为基于各时间单位的时间长度。例如，days(3) 表示 3 天。

R 理想代码

r_awesome.R（节选）

```
library(lubridate)

# 将 reserve_datetime 转换为 POSIXct 类型
reserve_tb$reserve_datetime <-
  as.POSIXct(reserve_tb$reserve_datetime, orders='%Y-%m-%d %H:%M:%S')

# 将 reserve_date 转换为 Date 类型
reserve_tb$reserve_date <-
  as.Date(reserve_tb$reserve_datetime, format='%Y-%m-%d')

# 将 reserve_datetime 加上 1 天
reserve_tb$reserve_datetime + days(1)

# 将 reserve_datetime 加上 1 时
reserve_tb$reserve_datetime + hours(1)

# 将 reserve_datetime 加上 1 分
reserve_tb$reserve_datetime + minutes(1)

# 将 reserve_datetime 加上 1 秒
reserve_tb$reserve_datetime + seconds(1)

# 将 reserve_date 加上 1 天
reserve_tb$reserve_date + days(1)
```

关键点

本段代码灵活运用了以数值形式保存数据的 POSIXct 类型和 Date 类型的特点，比较理想。

基于 Python 的预处理

在 Python 中，有表示日期时间间隔的 timedelta 类型，推荐使用。我们在 10-3 节的例题中介绍过 timedelta 类型，它不仅能对 datetime 类型进行减法运算，还能进行加法运算。timedelta 类型可以使用 datetime.timedelta 函数生成。

Python 理想代码

python_awesome.py（节选）

```
# 导入 timedelta 所在的 datetime 库
import datetime

# 将 reserve_datetime 转换为 datetime64[ns] 类型
reserve_tb['reserve_datetime'] = \
  pd.to_datetime(reserve_tb['reserve_datetime'], format='%Y-%m-%d %H:%M:%S')

# 从 reserve_datetime 中提取 date
reserve_tb['reserve_date'] = reserve_tb['reserve_datetime'].dt.date

# 将 reserve_datetime 加上 1 天
reserve_tb['reserve_datetime'] + datetime.timedelta(days=1)

# 将 reserve_date 加上 1 天
reserve_tb['reserve_date'] + datetime.timedelta(days=1)

# 将 reserve_datetime 加上 1 时
reserve_tb['reserve_datetime'] + datetime.timedelta(hours=1)

# 将 reserve_datetime 加上 1 分
reserve_tb['reserve_datetime'] + datetime.timedelta(minutes=1)

# 将 reserve_datetime 加上 1 秒
reserve_tb['reserve_datetime'] + datetime.timedelta(seconds=1)
```

datetime.timedelta 函数用于生成 timedelta 类型。通过在参数中指定 days、hours、minutes、seconds 的数值，可以设置各种日期时间单位的长度。参数中可以设置多个日期时间单位的长度。还可以设置 weeks 等单位，不过本段代码并未对此进行介绍。

关键点

本段代码灵活运用了 timedelta 类型，比较理想。

10-5 转换为季节

有些分析对象的特征会随着季节的不同而相差较大，所以有时需要分析季节变化。虽然采用月

数据也可以表示季节，但这样就需要处理 12 种分类值。如 8-3 节所述，当分类数过多时，我们将难以掌握整体趋势，所以有时也需要基于季节而非月份进行分析。在这种情况下，将日期型的数据转换为季节便非常有效。

在分析季节变化时，不推荐马上将日期型的数据转换为季节。在转换前，要深入思考分析对象如何受季节的影响，并考虑是否应当按季节处理，这很重要。因为如果能够正确表示数据元素，就能够正确掌握分析对象的特征，进而构建出非常强大的预测模型。

以冰激凌的销量和季节变化为例思考一下。冰激凌销量最好的季节是夏季，如果进一步思考夏季的什么因素影响了冰激凌的销量，我们便可以猜想夏季的高温是影响因素。如果这一猜想是正确的，那么最好将气温而非季节作为分析因素，因为如果仅用夏季这一因素解释冰激凌的销量，那就无法通过数据区分炎热的夏季和凉爽的夏季；而如果能够用气温因素解释冰激凌的销量，则能够表示凉爽夏季和炎热夏季销量的不同。

另外，用春夏秋冬 4 个季节来表示并不一定合适。以搬家次数为例，在日本，虽然在春季和秋季搬家次数最多，但准确地说是仅仅在 4 月、10 月前的时间段比较多，并非在整个春季和秋季都多[①]。通过将 4 月前的某个固定时间段表示为“春季忙碌期”，将 10 月前的某个固定时间段表示为“秋季忙碌期”，将其他时间段表示为“空闲期”，而不是一味地以四季表示，便能够正确地了解搬家次数的特征。

如上所述，在考虑季节变化时，思考比季节变化更直接的影响因素很重要。虽然有一些因素会由于我们没想到或者想到了但没有数据化而无法使用，但重要的是始终要意识到这些。

Q 转换为季节

目标数据集是酒店的预订记录数据，请根据预订记录表中 reserve_datetime 的月份生成预订时的季节数据（图 10-4）。3、4、5 月是春季，6、7、8 月是夏季，9、10、11 月是秋季，12、1、2 月是冬季。

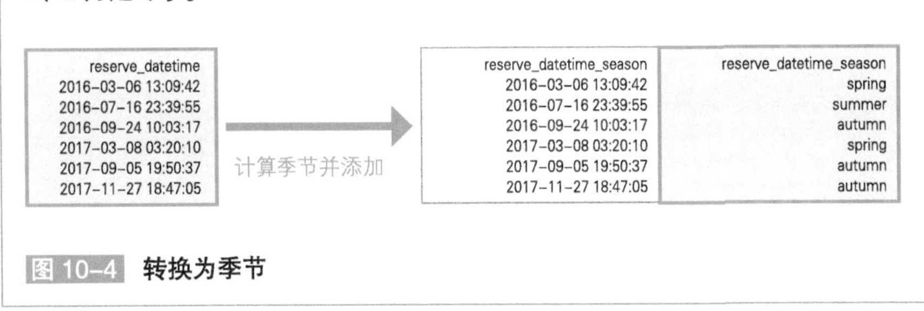

图 10-4 转换为季节

示例代码▶010_datetime/05

① 在日本，4 月和 10 月是新生入学、新员工入职等的高峰期，尤其是日本学生住校的较少，大学生通常在校外租房，所以 4 月和 10 月经常出现搬家潮。——译者注

基于 SQL 的预处理

在使用 SQL 执行日期时间型的转换时，可以使用 CASE 语句。

SQL 理想代码

sql_awesome.sql

```
WITH tmp_log AS(
  SELECT
    -- 将 reserve_datetime 转换为 TIMESTAMP 类型并获取月份
    DATE_PART(
      month,
      CAST(
        TO_TIMESTAMP(reserve_datetime, 'YYYY-MM-DD HH24:MI:SS') AS TIMESTAMP
      )
    ) AS reserve_month

  FROM work.reserve_tb
)
SELECT
  CASE
    -- 当月份大于等于 3 且小于等于 5 时，返回 spring
    WHEN 3 <= reserve_month and reserve_month <= 5 THEN 'spring'

    -- 当月份大于等于 6 且小于等于 8 时，返回 summer
    WHEN 6 <= reserve_month and reserve_month <= 8 THEN 'summer'

    -- 当月份大于等于 9 且小于等于 8 时，返回 autumn
    WHEN 9 <= reserve_month and reserve_month <= 11 THEN 'autumn'

    -- 当不属于以上情况（即月份为 1、2、12）时，返回 winter
    ELSE 'winter' END

  AS reserve_season
FROM tmp_log
```

关键点

本段代码使用 CASE 语句将月份转换为了季节，比较理想。当想要在 CASE 语句中指定多个条件时，通过重复使用 WHEN 和 THEN 的组合，可以写得很简洁。注意不要重复使用 CASE 语句，写出复杂的嵌套的 SQL 代码。笔者就是忘了这一点，才在刚开始写示例代码时重复使用了 CASE 语句。

基于 R 的预处理

在使用 R 将日期时间型转换为季节时，使用 POSIXct 类型和 Date 类型的代码，与使用

POSIXlt 类型的代码有所不同。由于 POSIXct 类型和 Date 类型可以在 dplyr 包内使用，所以在 mutate 函数内即可转换为季节，而 POSIXlt 类型无法在 dplyr 包内使用，所以必须借助 sapply 函数。

R 理想代码

r_1_awesome.R（节选）

```
# 将 reserve_datetime 转换为 POSIXct 类型
reserve_tb$reserve_datetime_ct <-
  as.POSIXct(reserve_tb$reserve_datetime, orders='%Y-%m-%d %H:%M:%S')

# 用于将月份转换为季节的函数（也可以直接在 mutate 函数内定义）
to_season <- function(month_num){
  case_when(
    month_num >= 3 & month_num < 6  ~ 'spring',
    month_num >= 6 & month_num < 9  ~ 'summer',
    month_num >= 9 & month_num < 12 ~ 'autumn',
    TRUE                            ~ 'winter'
  )
}

# 转换为季节
reserve_tb <-
  reserve_tb %>%
    mutate(reserve_datetime_season=to_season(month(reserve_datetime_ct)))

# 转换为分类型
reserve_tb$reserve_datetime_season <-
  factor(reserve_tb$reserve_datetime_season,
         levels=c('spring', 'summer', 'autumn', 'winter'))
```

关键点

本段代码构建了可以在 mutate 函数内使用的季节转换函数，实现了将 POSIXct 类型转换为季节，可读性强，比较理想。虽然在 mutate 函数内可以直接指定匿名函数（没有名字的函数），但是单独定义转换函数的做法会使得代码可读性更强，更改转换内容也更容易，所以在执行复杂转换处理时，建议单独定义它。

R 理想代码

r_2_awesome.R（节选）

```
# 将 reserve_datetime 转换为 POSIXlt 类型
reserve_tb$reserve_datetime_lt <-
  as.POSIXlt(reserve_tb$reserve_datetime, format='%Y-%m-%d %H:%M:%S')
```

```
# 用于将月份转换为季节的函数
to_season <-function(month_num){
  case_when(
    month_num >= 3 & month_num < 6  ~ 'spring',
    month_num >= 6 & month_num < 9  ~ 'summer',
    month_num >= 9 & month_num < 12 ~ 'autumn',
    TRUE                            ~ 'winter'
  )
}

# 转换为季节
reserve_tb$reserve_datetime_season <-
  sapply(reserve_tb$reserve_datetime_lt$mon, to_season)

# 转换为分类型
reserve_tb$reserve_datetime_season <-
  factor(reserve_tb$reserve_datetime_season,
         levels=c('spring', 'summer', 'autumn', 'winter'))
```

关键点

mutate 函数内部无法处理 POSIXlt 类型，可以使用 sapply 函数代替它执行季节转换，生成新的列。此外，对于 POSIXlt 类型，无须计算便可获取月份。虽然 POSIXct 类型和 POSIXlt 类型之间兼容性很好，但我们要像本段代码一样基于其特点灵活选择。本段代码体现了 POSIXlt 类型优秀的一面，比较理想。

基于 Python 的预处理

在使用 Python 实现日期时间型的转换时，通过在 apply 函数中指定转换函数即可轻松实现。

Python 理想代码

python_awesome.py（节选）

```
# 将 reserve_datetime 转换为 datetime64[ns] 类型
reserve_tb['reserve_datetime'] = pd.to_datetime(
  reserve_tb['reserve_datetime'], format='%Y-%m-%d %H:%M:%S'
)

# 用于将月份转换为季节的函数
def to_season(month_num):
  season = 'winter'
  if 3 <= month_num <= 5:
    season = 'spring'
```

```
  elif 6 <= month_num <= 8:
    season = 'summer'
  elif 9 <= month_num <= 11:
    season = 'autumn'

  return season

# 转换为季节
reserve_tb['reserve_season'] = pd.Categorical(
  reserve_tb['reserve_datetime'].dt.month.apply(to_season),
  categories=['spring', 'summer', 'autumn', 'winter']
)
```

关键点

本段代码是没有使用特殊处理的理想代码。代码由月份的 Series 对象调用 apply 函数，并在其中指定了季节转换函数。apply 函数直接将调用源的 Series 对象的值传入指定函数中。如果想在传入之前对值进行转换，必须使用 lambda 表达式。

10-6 转换为时间段

与 10-5 节介绍的季节一样，有时也需要按时间段进行分析。由于在将时刻直接作为分类值时，将产生 24 种分类值，所以在无法准备大量数据的情况下，就需要将时刻转换为时间段。和季节一样，此时要深入思考分析对象如何受时间段的影响，并考虑是否应当按时间段处理，这很重要。

以便利店的咖啡销量为例思考一下。咖啡在早上卖得很好，但详细地说，是早上上班时间带动了咖啡的销量。要想了解上班带来的销量提升效果，不能定义“早上”时间段，而要定义“上班前”时间段，并在此基础上分析。另外，即使是相同的时间段，有时也需要按日期不同分开考虑。例如，我们可以预测到，哪怕同样是上班时间段，工作日和休息日的特征也会有很大不同。因此，最好通过 9-4 节介绍的方法将分类值进行组合，分为工作日早晨、休息日早晨、休息日晚上等。我们要通过假设、验证、确定的过程，决定如何设置时间段并进行转换，这一点很重要。

时刻数据向时间段的转换与 10-5 节介绍的一样，所以此处省略。

10-7 转换为工作日、休息日

SQL R Python

人们在工作日和休息日的生活模式有很大差异，因此在以人的活动为对象进行数据分析时，考虑工作日和休息日便很重要。为将日期分为工作日和休息日，除了提取周末外，还必须提取出假期。一方面，我们必须考虑到假期的规则是复杂的，且每年都在变化。另一方面，由于假期的数量不是很多，所以手动创建主数据也很简单。

虽然我们介绍了划分工作日和休息日的方法，但从经验来看，仅凭这个方法无法考虑到休息日的全部影响。例如休息日前一天，即周五的晚上，酒馆的顾客会比其他工作日多；如果是连续的长假，旅客人数会比一般的休息日更多；如果是连续的长假之间的工作日，则与一般的工作日相比，会有更多的人休假。要想把类似的影响考虑进来，就必须进一步分为假期前一天、长假以及长假之间的工作日。

Q 添加休息日标志

目标数据集是酒店的预订记录数据，请给预订记录表中的 `checkin_date` 添加休息日主数据（休息日标志、休息日前一天标志）（图 10-5）。

reserve_id	hotel_id	customer_id	reserve_datetime	checkin_date	checkin_time	checkout_date	people_num	total_price
r1	h_75	c_1	2016-03-06 13:09:42	2016-03-26	10:00:00	2016-03-29	4	97200
r2	h_219	c_1	2016-07-16 23:39:55	2016-07-20	11:30:00	2016-07-21	2	20600
r3	h_179	c_1	2016-09-24 10:03:17	2016-10-19	09:00:00	2016-10-22	2	33600
r4	h_214	c_1	2017-03-08 03:20:10	2017-03-29	11:00:00	2017-03-30	4	194400
r5	h_16	c_1	2017-09-05 19:50:37	2017-09-22	10:30:00	2017-09-23	3	68100
r6	h_241	c_1	2017-11-27 18:47:05	2017-12-04	12:00:00	2017-12-06	3	36000

添加休息日主数据

reserve_id	hotel_id	customer_id	reserve_datetime	checkin_date	checkin_time	checkout_date	people_num	total_price	holidayday_flg	nextday_is_holiday_flg
r1	h_75	c_1	2016-03-06 13:09:42	2016-03-26	10:00:00	2016-03-29	4	97200	TRUE	TRUE
r2	h_219	c_1	2016-07-16 23:39:55	2016-07-20	11:30:00	2016-07-21	2	20600	FALSE	FALSE
r3	h_179	c_1	2016-09-24 10:03:17	2016-10-19	09:00:00	2016-10-22	2	33600	FALSE	FALSE
r4	h_214	c_1	2017-03-08 03:20:10	2017-03-29	11:00:00	2017-03-30	4	194400	FALSE	FALSE
r5	h_16	c_1	2017-09-05 19:50:37	2017-09-22	10:30:00	2017-09-23	3	68100	FALSE	TRUE
r6	h_241	c_1	2017-12-04	2017-11-27 18:47:05	12:00:00	2017-12-06	3	36000	FALSE	FALSE

图 10-5 添加休息日标志

示例代码▶ 010_datetime/07

基于 SQL 的预处理

与休息日主数据（包含日期、休息日标志、休息日前一天标志）连接，即可添加休息日标志和休息日前一天标志。

SQL 理想代码

sql_awesome.sql

```
SELECT
  base.*,

  -- 添加休息日标志
  mst.holidayday_flg,

  -- 添加休息日前一天标志
  mst.nextday_is_holiday_flg

FROM work.reserve_tb base

-- 与休息日主数据连接
INNER JOIN work.holiday_mst mst
  ON base.checkin_date = mst.target_day
```

关键点

本段代码通过连接轻松地添加了休息日主数据。与使用 CASE 语句和获取星期来添加休息日主数据相比，这段代码非常简单、理想。

基于 R 的预处理

在 R 中，也可以通过与休息日主数据的连接添加休息日标志和休息日前一天标志。虽然在 R 中也可以创建休息日主数据，但代码会很复杂，并不推荐使用。

R 理想代码

r_awesome.R（节选）

```
# 与休息日主数据连接
inner_join(reserve_tb, holiday_mst, by=c('checkin_date'='target_day'))
```

关键点

本段代码仅执行了连接操作，比较理想。

基于 Python 的预处理

在 Python 中，也可以通过与休息日主数据的连接添加休息日标志和休息日前一天标志。与 R 一样，虽然 Python 也能创建休息日主数据，但也会使代码变得比较复杂，这里不推荐使用。

Python 理想代码

python_awesome.py（节选）

```
# 与休息日主数据连接
pd.merge(reserve_tb, holiday_mst,
         left_on='checkin_date', right_on='target_day')
```

关键点

本段代码也是只执行连接操作的理想代码。

第 11 章 字符型

在许多数据中，字符是以单词和文本的形式使用的。由于人具备知识，所以阅读字符即可理解其中的含义，但是计算机最初并不具备这样的知识，无法像人一样理解。不过，计算机可以处理人无法处理的字符量，并可以从大量文本中发现趋势和特征。虽然其与目前为止介绍过的数据类型不同，在分析中较难处理，但是它具有足够的挑战价值。针对字符的预处理以及数据分析大致可分为两种，即依赖于语言的分析和不依赖于语言的分析。

依赖于语言的技术需要根据语言的种类（如日语、英语等）改变预处理和分析的方法。例如，对于日语文本，我们使用一种名为**形态分析**的方法，借助字典数据将文本分解为名词、动词、副词、助词、助动词、形容词；而英语文本由于词性是以空格分隔的，所以我们采用以空格为标记进行分解的方法。此外，在英语中，即使是相同的单词，在第三人称单数（get 和 gets 等）和过去式（get 和 got 等）中，其词尾也是不同的，所以在根据文本中包含的单词种类对文本内容进行分类时，要去掉词尾并取出词干（gets 转换为 get），将过去式转换为现在式（got 转换为 get）。

与之相对，不依赖于语言的技术就是指不受语言种类影响的预处理和分析。*N*-gram 预处理就属于这种，该方法每次移动一个字符，从文本中获取单词连续且字符数小于等于 N 的块。当 $N = 3$ 时，从“明天是晴天。”这一句话中可以获取如下形式的字符块。

- “明”“天”“是”“晴”“天”“。”
- “明天”“天是”“是晴”“晴天”“天。”
- “明天是”“天是晴”“是晴天”“晴天。”

虽然获取的字符块中有的没有意义，但也有恰当地提取了部分词性的字符块。在此示例中，由于 $N = 3$，所以获取的只是字符数小于或等于 3 的字符块，但通过设置更大的 N 值，也可以获取长单词（*N*-gram 不一定将一个字符作为一个处理单位。例如，在以一个单词作为一个单位提取连续单词的块时，也可以使用 *N*-gram）。

由于 *N*-gram 具有能够无遗漏地分解文本的特点，所以经常用作检索和提取新单词的预处理。例如，对提取出的字符块按种类进行统计，统计数目较多的经常出现的字符块很可能包含某种含义，利用这一特征便可提取出新的单词。

除此之外，采用递归神经网络（Recurrent Neural Network，RNN）将字符逐一输入模型进行分析的方法也属于不依赖于语言的方法。

不依赖于语言的方法能够对不同的语言使用同样的方法，而且基本上没有必要进行预处理，非常方便。但是该方法必须从数据中学习全部的趋势和特征，与依赖于语言的方法相比，所需的数据量更多。

如果拥有大量的数据则没有多大问题，但如果是在特定的服务和商业中对文本进行分析，通常无法保证充足的文本量。在这种情况下，依赖于语言的方法便很有效，本书中也仅对依赖于语言的方法进行介绍。

字符预处理的内容很深奥，仅这一方面就能写成一本书，因此本书中主要对经常使用的依赖于语言的预处理进行介绍。想要进一步学习的读者，可以阅读自然语言处理方面的专业书。

对于字符预处理，有许多复杂的计算操作，如形态分析处理中字典数据的引用和分解模式的得分等，最好用 R 或 Python 来处理。

11-1 通过形态分析进行分解

R
Python

在对文本数据进行处理时，一般是先分词再处理。通过分词，可以容易地找到文本中的一些共同点，还可以删除没有重要意义的接续词（即停用词）。在本节中，R 语言的示例采用使用较多的 jiebaR 包，而 Python 示例采用 jieba 库。

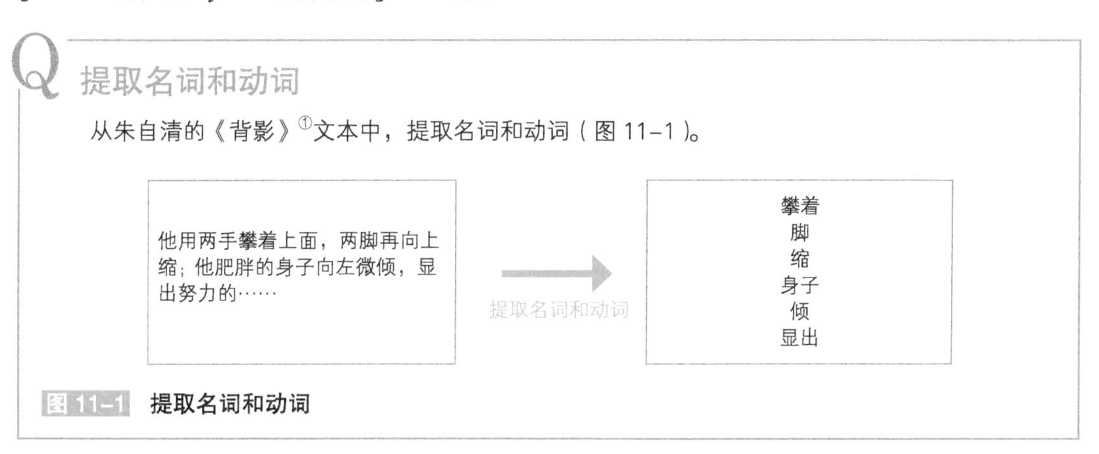

图 11-1 提取名词和动词

示例代码▶011_character/01

基于 R 的预处理

R 主要使用 jiebaR 包实现分词，在分词过程中可以自定义停用词库，从而去掉意义不大的单词。

① 原书示例是使用 Mecab 从太宰治的短篇小说《奔跑吧，梅洛斯》（日文）提取名词和动词，为方便读者阅读，这里在取得原作者同意的情况下相应地进行了汉化。——编者注

R 理想代码

r_awesome.R

```
# 导入 jiebaR 包
library(jiebaR)
# 创建 jieba 分词引擎（引擎设置参数较多，此处不赘述，tag 参数表示进行词性标注）
engine1<-worker("tag")
# 从文件中读入文本
chr<-readLines("data/txt/shadow.txt")
# 分词并进行词性标注
words<- engine1[chr]
# 将分词结果转换为 data.frame 格式
words<-data.frame(part=names(unlist(words)),word=unlist(words))
# 方便直接调用 data.frame 中的变量（若不使用 attach，则需要使用 words$part 的形式）
attach(words)
# 提取名词和动词
word_list<-words[part=='n' | part=='v','word']
detach(words)
```

首先，启动 jieba 分词引擎，即 worker 对象。worker 对象可以设置很多参数，其中比较关键的是 type 参数（用于设置分词类型），可以设置为 mix、mp、hmm、full、query、tag、simhash 以及 keywords 等值。另外，还可以根据 type 参数设置不同的可选参数（具体用法请查阅官方文档）。

其次，读入文本并使用引擎对象对文本进行词性标注。此处 tag 参数表示在实现文本分词的同时实现词性标注。返回值为 character 类型，需要转换为 data.frame 对象。

最后，通过 data.frame 的切片操作提取名词（n）和动词（v）对象。jieba 分词中词性分类较多，有兴趣的读者可以查阅相关文档。在进行切片时，为方便直接调用 data.frame 中的变量，此处使用了 attach 和 detach 操作。

关键点

本段代码使用 jiebaR 包，在实现分词的同时又实现了词性标注，然后通过转换为 data.frame 并切片的方式提取了动词和名词，比较理想。jiebaR 的功能很强大，模型参数丰富，在词性标注、文本相似性计算等场景中均可使用。另外，jiebaR 引擎对象还可以通过设置停用词参数去除意义不大的单词。如果要计算结果的唯一值，还可以使用 unique(word_list) 来计算，十分方便。

基于 Python 的预处理

在 Python 中，也可以使用 jieba 分词工具来实现分词。

Python 理想代码

python_awesome.py

```
import pandas as pd
# 导入 jieba 中的词性标注模块
```

```
# 需要先安装 jieba 包。这里省略了安装步骤
import jieba.posseg as pseg
# 读入文本
with open("data/txt/shadow.txt") as f:
   string=f.read()
   f.close()
# 分词并进行词性标注
words=pseg.cut(string)

# 从 generate 对象中提取单词及词性
lis_words=[]
for word,nature in words:
 lis_words.append({'word':word,'nature':nature})

# 构造 dataframe
dat=pd.DataFrame(data=lis_words,columns=['word','nature'])
# 提取动词和名词
noun_adv=dat.loc[(dat['nature']=='n') | (dat['nature']=='v'),'word'].values.tolist()
```

jieba.posseg 模块提供了分词以及词性标注的功能。通过 jieba.posseg.POSTokenizer (tokenizer=None)，可以新建自定义分词器，tokenizer 参数可以指定内部使用的 jieba.Tokenizer 分词器。jieba.posseg.dt 为默认的词性标注分词器。pseg.cut 函数用于分词以及词性标注，其参数为要分词的文本，返回值是生成器对象（generate object）。

首先以文件句柄的形式将文本文件读入到字符串，并使用 pseg.cut 实现分词以及词性标注，然后对返回的生成器对象进行解析，以嵌套字典列表的形式构建 pandas.DataFrame 对象，最后通过切片提取名词和动词。

关键点

本段代码通过 jieba.posseg 模块进行分词与词性标注，实现了动词和名词的提取，比较理想。代码仅展示了 jieba 库的其中一个模块，它还可以实现基于 TF-IDF 算法的关键词提取、基于 TextRank 算法的关键词提取、并行分词等丰富的功能，有兴趣的读者可以好好研究。

11-2 转换为单词的集合数据

R
Python

在上一节中，我们通过形态分析将文本分解为了单词，但当用于分析时，还必须执行进一步的预处理。这些预处理又可以分为考虑文本中的单词顺序和不考虑单词顺序两种方法。

关于是否有必要考虑文本中的单词顺序，要根据后续分析的内容来确定。例如，在判断文本内容是积极还是消极时，就非常有必要考虑单词顺序。对于文本“我差一点就没赶上飞机”，如果不考虑单词顺序，仅通过其中包含的单词来判断，那么从“差一点”“没赶上”等单词来看，似乎可以判断为消极的。但在对文本内容进行分类时，考虑单词顺序的必要性就没那么强。比如，在对“今天本桥选手在逆风时完成了进球。”等新闻文本进行分类时，从“选手”“逆风”“进球”等单词来看，似乎可以分类为体育新闻。

在考虑文本的单词顺序时，通常会进行被称为语法分析的预处理操作，即按照定义的语法明确文本结构。虽然处理起来比较复杂，但是利用谷歌公开的 `SyntaxNet` 等库即可轻松实现。然而，现状是除了自然语言处理的专家外，其他人很难灵活运用语法分析后的数据。而不考虑文本中单词顺序的数据格式（bag of words，**词袋**）可以作为多维数值数据处理，可以很方便地应用聚类等针对数值和分类值的技术，即使不是自然语言处理专家，也能很容易地处理。本节主要介绍转换为不考虑文本中单词顺序的词袋的预处理。关于考虑文本中单词顺序的预处理，请参考其他的专业书。

词袋是按文本中包含的每个单词的特征进行数值化的预处理。例如，表 11-1 展示了单词出现次数的词袋的转换。

表 11-1 用词袋表示单词出现次数的示例

文本	今天	明天	后天	晴天	雨天	阴天	是	也是
明天是晴天	0	1	0	1	0	0	1	0
明天是雨天，后天也是雨天	0	1	1	0	2	0	1	1
今天是阴天	1	0	0	0	0	1	1	0

本示例是将单词出现次数数值化的预处理，除此之外，还有使用文本中的单词出现比例（= 目标单词的出现次数 ÷ 文本中包含的单词总数）以及单词是否出现（当文本中未出现该单词时为 0，出现时为 1）等数值特征的预处理。

此外，提取目标名词和动词也比较常见。不过，大多数文本中会包含“是”“也”等词性的单词，这些单词基本上很难用于描述句子的内容，因而我们通常只提取那些容易用来描述句子内容的单词。那些无效的单词称为停用词，我们可以构造一个专门的停用词表用于剔除此类单词。

因为文本的单词种类非常多，在文本中多次出现的单词只是其中极少的一部分，所以数据存储形式最好采用 7-2 节介绍的稀疏矩阵格式。换言之，在创建“文本 × 单词出现次数”的表时，大多数单词的列值是 0。

创建词袋

创建文本文件夹下的每个文本文档中单词出现次数的词袋（图 11-2）。

背影	他用两手攀着上面，两脚再向上缩；他肥胖的身子向左微倾……
呐喊	单四嫂子抱了孩子，带着药包，越走觉得越重；孩子又不住的挣扎，路也觉得……
雪国	细长的叶子一株株地伸展开来，形似喷泉，实在太美了。叶子在路旁向阳的地方铺上了……

创建单词出现次数的词袋

TERM	背影 .txt	呐喊 .txt	雪国 .txt
不肯	1	1	0
买	1	3	0
倾	1	0	0
出去	1	0	0
到	4	5	1
卖东西	1	0	0

图 11-2　创建词袋①

示例代码▶011_character/02

基于 R 的预处理②

R 中也存在与构建词袋类似的操作，即构建 DTM（Document Term Matrix，文档 - 词频矩阵）、TDM（Term Document Matrix，词频 - 文档矩阵），该步骤是后续进行文本分类、主题分类、情感分析以及文本相似性分析等研究的基础，实质上 DTM、TDM 可以理解为按单词和文档展示的透视表。R 中常用的 `tm`、`text2vec` 等文本挖掘包均提供了用于创建 DTM、TDM 的函数，不过这些包在构建中文文本的 DTM 和 TDM 时略显复杂，所以本节示例代码中仅采用 `tm` 包作示例，以给大家一个直观印象。

R 理想代码

r_awesome.R（节选）

```
library(tm)
library(jiebaR)
library(magrittr)
library(dplyr)
# 分词并提取动词、名词
# 创建 jieba 分词引擎（引擎设置参数较多，此处不赘述，tag 参数表示进行词性标注）
```

① 原书示例中使用的文本分别是太宰治的短篇小说《奔跑吧，梅洛斯》（日文）和芥川龙之介的短篇小说《火神阿耆尼》《斗车》（日文），为方便读者阅读，这里在取得原作者同意的情况下进行了汉化。——编者注

② 此处原书示例使用的是 `RMeCab` 包的 `docDF` 函数。——编者注

```
engine1 <- worker("tag")
createBag <- function(doc_name){
  # 从文件中读入文本
  chr <- readLines(doc_name)
  # 分词并进行词性标注
  words <- engine1[chr]
  # 将分词结果转换为 data.frame 格式
  words <- data.frame(part=names(unlist(words)),word=unlist(words))
  # 方便直接调用 data.frame 中的变量（若不使用 attach，则需要使用 words$part 的形式）
  attach(words)
  # 提取名词和动词（还可以使用 which 语句）
  word_list <- words[part=='n' | part=='v','word']
  detach(words)
  # 将提取的动词和名词拼接成单个长字符串，用于生成语料库
  word_string <- paste(word_list,collapse = " ")
  # 构建语料库
  corpus <- Corpus(VectorSource(word_string), readerControl = list(language="SMART"))
  # 可以对 corpus 进行一些列转换操作，如转换为纯文本，转换为小写等
  # 转换为纯文本：corpus1 <- tm_map(corpus, PlainTextDocument)
  tdm <- TermDocumentMatrix(corpus,control = list(weighting =
  function(x)
  weightTf(x),
  stopwords=TRUE,
  removeNumbers = TRUE,
  removePunctuation = TRUE))
  tdm_frame <- as.data.frame(as.matrix(tdm))
  tdm_frame$Terms <- row.names(tdm_frame)
  # 将词频列重命名为文档名
  colnames(tdm_frame)[1] <- doc_name
  return(tdm_frame)
}
beiying <- createBag("data/txt/shadow.txt")
nahan <- createBag("data/txt/nahan.txt")
xueguo <- createBag("data/txt/yukikuni.txt")
# 全连接构建词袋
beiying <- beiying %>% full_join(nahan,by="Terms") %>% full_join(xueguo,by="Terms")
# 替换空值
beiying[is.na(beiying)] <- 0
# 将 Terms 列作为行号列
row.names(beiying) <- beiying$Terms
beiying<-beiying[,c("data/txt/shadow.txt","data/txt/nahan.txt","data/txt/yukikuni.txt")]
```

本段代码通过构造 VectorSource 数据源并生成语料库（Corpus），进而借助语料库直接调用 tm 包的 TermDocumentMatrix 函数，创建了词袋。

tm 包中的 Corpus 函数用于构建语料库，用于构造语料库的数据源包括 VectorSource、DirSource 和 DataFrameSource 等多种类型，大家可以根据需要选择。Corpus 函数的 readerControl 参数是列表的形式，可以设置 language 和 reader 参数。

tm 包中的 TermDocumentMatrix 函数用于借助语料库生成 TDM，其中第 1 个参数是所使用的语料库，control 参数的可选项较多，包括是否移除标点符号，是否使用停用词，以及用于计算 TF 或 TF-IDF 的函数等，有兴趣的读者可以参考 R 官方文档。当然，tm 包也提供了用于生成 DTM 的 DocumentTermMatrix 函数。

关键点

本段代码使用 tm 包的 Corpus 函数构造了语料库，并借助语料库生成了 TDM 矩阵，封装较好且易调用，比较理想。

基于 Python 的预处理[①]

Python 比 R 的灵活性更好，非常适用于自然语言处理。在 Python 中创建词袋，主要是使用 jieba 分词并借助 gensim 库的 corpora.Dictionary 以及 doc2bow 等工具，非常简单。

Python 理想代码

python_awesome.py

```
import os
import jieba
from string import punctuation
from gensim.corpora import Dictionary
from gensim import matutils
os.chdir(" 文本文件所在目录 ")
add_punc=',。、【 】"": ;( )《》''{}? ! ⑦ ()、%^>℃: ."“^-——=&#@ ￥'
all_punc=punctuation+add_punc
def readDoc(doc_name):
    with open(doc_name) as f:
          doc_content=f.read()
          doc_content=doc_content.replace("\n","")
          for i in doc_content:
              if i in all_punc:
                 doc_content=doc_content.replace(i,"")
          f.close()
    return doc_content
raw_doc=[]
for i in ["data/txt/shadow.txt","data/txt/nahan.txt","data/txt/yukikuni.txt"]:
    raw_doc.append(readDoc(i))
texts=[[word for word in jieba.cut(doc)] for doc in raw_doc]
# 存储分词结果
```

① 此处原书示例中使用的是 gensim 库。——编者注

```
dictionary=Dictionary(texts)
# 创建词袋
corpus = [dictionary.doc2bow(text) for text in texts]
# 转换为稀疏矩阵
DTM=matutils.corpus2csc(corpus)
```

用 Python 创建词袋非常简单。

首先，利用 jieba 库中的 cut 函数进行分词，该函数的第 1 个参数是要分词的文本对象，cut_all 参数用于控制是否采用全模式，HMM 参数用于控制是否使用 HMM 模型。

其次，使用 corpora 模块的 Dictionary 函数存储分词的结果，构建 Dictionary 对象。

最后，通过 Dictionary 对象调用 doc2bow 函数，直接生成词袋，并通过 gensim 库中 matutils 模块的 corpus2csc 函数转换为稀疏矩阵。关于 csc 类型的稀疏矩阵，请参见 7-2 节。

关键点

本段代码综合运用 jiebaR 分词包和 gensim 库构建词袋，并通过 gensim.matutils 模块将词袋转换为稀疏矩阵的形式，逻辑、结构清晰易懂，且实现起来很简洁，非常理想。

11-3 用 TF-IDF 调整单词权重

Python

上一节介绍了词袋的创建，本节将进一步介绍在字符数据预处理中如何根据 TF-IDF（Term Frequency-Inverse Document Frequency，词频 – 逆文档频率）调整单词权重。所谓单词权重，就是表示某个单词对文本特征的影响程度的值。仅存在于特定文本中（对应于 IDF）且在目标文本中占比（对应于 TF）越高的单词，其 TF-IDF 值越大。

TF 是 Term Frequency 的缩写，表示文本中单词的出现比例（= 目标单词的出现次数 ÷ 文本中包含的单词总数）；IDF 是 Inverse Document Frequency 的缩写，表示根据所有文本中单词的出现比例进行评分的结果（= log(所有文档数量 ÷ 出现目标单词的文档数量) + 1）。利用 TF × IDF 的值，即可实现用 TF-IDF 调整单词权重。

上一节的表 11-1 的文本“明天是雨天，后天也是雨天”中的“明天”“雨天”这两个单词的权重计算如下所示。

- 明天
  - TF：1 ÷ 8

    - IDF：log(3 ÷ 2) + 1
    - TF-IDF：1 ÷ 8 × (log(3 ÷ 2) + 1) = 约 0.147
- 雨天
    - TF：2 ÷ 8
    - IDF：log(3 ÷ 1) + 1
    - TF-IDF：2 ÷ 4 × (log(3 ÷ 1) + 1) = 约 0.369

单词“雨天”的 TF 和 IDF 都很高，可知其权重也较大。此外，即使两个单词在某文本中的出现次数相同，如果在全部文本中出现的比例不一样，则权重也不一样。换言之，某单词在全部文本中出现的比例越小，则该单词的权重越大。如上所述，用 TF-IDF 调整单词的权重，逻辑简单且运用合理。

在某些情况下，不同文本所包含的单词数量（文本长度）相差较大。为了将文本之间的单词权重的范围（scale）进行对齐，必须进行归一化。归一化方法有很多，我们通常使用 L2 范数（将一个文本所包含的全部单词的 TF-IDF 的平方和对齐为 1）来实现。

由于根据 TF-IDF 调整单词权重是形态分析的后续预处理，而 R 语言中构建 DTM、TDM 矩阵的过程相对较烦琐，所以我们仅采用 Python 来计算。

创建使用 TF-IDF 的词袋

计算文本文件夹下的每个文本文档中的 TF-IDF，进而按文本使用 L2 范数对 TF-IDF 值进行归一化，并构建词袋（图 11-3）。

背影	他用两手攀着上面，两脚再向上缩；他肥胖的身子向左微倾……
呐喊	单四嫂子抱了孩子，带着药包，越走觉得越重；孩子又不住的挣扎，路也觉得……
雪国	细长的叶子一株株地伸展开来，形似喷泉，实在太美了。叶子在路旁向阳的地方铺上了……

使用 L2 范数对 TF-IDF 值进行归一化并构建词袋

	0	1	2	3	4	5	6
0	0.0439161	0.0743564	0	0	0	0	0
1	0.0507686	0	0.0429794	0.0429794	0.0429794	0.0429794	0.0859587
2	0.0357057	0	0	0	0	0	0

图 11-3 创建使用 TF-IDF 的词袋

示例代码▶011_character/03

基于 Python 的预处理

在 Python 中，通过 gensim 库中的 models 对象的 TfidfModel 函数，即可轻松实现 TF-IDF 计算和归一化。

Python 理想代码

python_awesome_1.py（节选）

```
# 构建 TF-IDF 的词袋
from gensim import models
# 此处省略了前面构建语料库的部分
# 生成 TF-IDF 模型
tfidf_model=models.TfidfModel(corpus,normalize=True)
# 对语料库应用 TF-IDF
corpus_tfidf=tfidf_model[corpus]
word_matrix=matutils.corpus2csc(corpus_tfidf)
# 查看稀疏矩阵
# word_matrix.todense()
```

models.Tfidf 函数用于生成将语料库列表（11-2 节中的结果）转换为 TF-IDF 值的对象，其参数设置为语料库的列表，当 normalize 参数设置为 True 时，对象就会变成使用 L2 范数对 TF-IDF 值进行归一化的对象；而当设置为 False 时，则表示不进行归一化。通过向生成的对象中传入语料库列表（11-2 节中的结果），可以返回转换后的语料库列表。

对于生成的 csc 类型的稀疏矩阵，可以通过该矩阵调用其 todense() 函数来查看矩阵的内容。

关键点

本段代码使用便捷的函数轻松地实现了 TF-IDF 计算和归一化，比较理想。

Python 理想代码

python_awesome_2.py（节选）

```
from sklearn.feature_extraction.text import TfidfVectorizer
# 此处 texts 形式如：["word1 word2 word3", "word4 word2 word1"]
# 省略了语料库的构建部分（见源代码）
vectorizer=TfidfVectorizer(texts)
vec_fit=vectorizer.fit_transform(texts)
# 查看字典
vectorizer.vocabulary_
# 查看词袋
vec_fit
```

关键点

本段代码与 11-2 节中的代码类似，只需将 `CountVectorizer` 更改为 `TfidfVectorizer` 即可。

在自然语言处理领域，Python 比 R 更灵活，各种第三方库也比较丰富，实现起来往往也更简单，所以大家要学会灵活选择工具，尽可能地提高效率与模型质量。

第 12 章 位置信息型

说到位置信息，过去都是以地图信息为核心，最近随着智能手机的爆发式普及以及物联网的蓬勃发展，我们可以获取各种不同的位置信息。相应地，采用位置信息进行数据分析的场景也增多了。本书主要介绍代表性的位置信息（经度和纬度）的基本预处理。

12-1 从日本坐标系到世界坐标系的转换以及从度、分、秒到度的转换

R
Python

经度和纬度的表示方法有世界坐标系和日本坐标系两种。日本坐标系从明治时期开始使用，现在一般都使用作为世界标准的世界坐标系，不过目前仍然有些数据使用的是日本坐标系中的经纬度，笔者也曾在几个分析项目中处理过这种数据。但是，目前提供的使用经纬度数据的服务，如谷歌地图等，是基于世界坐标系的[①]，所以在存在日本坐标系数据的情况下，最好将其与世界坐标系对齐。

经纬度除了仅用度来表示之外，还可以用度、分、秒表示，即对于度的小数点后面的值，不用十进制表示，而用六十进制表示。具体来说，就是度以下的单位有分，60 分为 1 度，而分以下的单位有秒，60 秒为 1 分。例如，由于 15 秒是 0.25（15/60）分，所以 35 度 30 分 15 秒为 35 度 30.25 分。进一步地，30.25 分大约为 0.504（30.25/60）度。换言之，35 度 30 分 15 秒和 35.504 度表示的意思相同。在数据分析中处理经纬度时，由于在度、分、秒表示法中数值代表的含义是不同的，难以进行比较和计算，所以最好全部转换为仅用度表示的方法，使数据对齐。

从日本坐标系转换为世界坐标系

目标数据集是酒店的预订记录数据，请将顾客主表中家的经纬度更改为以度为单位，并将其从日本坐标系转换为世界坐标系（图 12-1）。

① 确切地说，即使是世界坐标系，其中也有多个标准，赤道半径略有不同。当前主流的是 WGS84 坐标系，谷歌地图当前也是基于 WGS84 提供服务的。

customer_id	age	sex	home_latitude	home_longitude
c_1	41	man	35.09219	136.5123
c_2	38	man	35.32508	139.4106
c_3	49	woman	35.12054	136.5112
c_4	43	man	43.03487	141.2403
c_5	31	man	35.10266	136.5238
c_6	52	man	34.44077	135.3905

将日本坐标系转换为世界坐标系

customer_id	age	sex	home_latitude	home_longitude
c_1	41	man	35.15932	136.8536
c_2	38	man	35.55069	139.6816
c_3	49	woman	35.20473	136.8503
c_4	43	man	43.06595	141.3971
c_5	31	man	35.17728	136.8743
c_6	52	man	34.73871	135.6485

图 12-1 从日本坐标系到世界坐标系的转换

示例代码▶012_gis/01

基于 R 的预处理

虽然没有将分、秒转换为度的较为方便的函数，但由于能够用简单的函数实现，所以我们来自己编写。使用 sp 包的 Spatial 对象即可轻松实现坐标系的转换，Spatial 对象是经纬度集合以集合形式构成的数据集。

不过，最近人们开发出了可替代 sp 包的 sf 包。sp 包存在无法读取部分数据类型、难以像 data.frame 一样处理等问题，sf 包正是为解决这些问题而生的。今后，sf 包很有可能成为主流，感兴趣的读者要赶紧学会它。

R 理想代码

r_awesome.R（节选）

```
# 导入用于处理 Spatial 对象的 sp 包
library(sp)

# 获取顾客主表中家的纬度和经度
home_locations <- customer_tb %>% select(home_longitude, home_latitude)

# 定义用于将分、秒转换为度的函数
convert_to_continuous <- function(x){
  x_min <- (x * 100 - as.integer(x * 100)) * 100
  x_sec <- (x - as.integer(x) - x_min / 10000) * 100
  return(as.integer(x) + x_sec / 60 + x_min / 60 / 60)
}
```

```
# 将分、秒转换为度
home_locations['home_longitude'] <-
  sapply(home_locations['home_longitude'], convert_to_continuous)
home_locations['home_latitude'] <-
  sapply(home_locations['home_latitude'], convert_to_continuous)

# 转换为 Spatial 对象（经纬度集合形式的数据类型）
coordinates(home_locations) <- c('home_longitude', 'home_latitude')

# 设置日本坐标系
# 限于篇幅关系，将语句切分并用 paste0 函数进行连接
proj4string(home_locations) <- CRS(
  paste0('+proj=longlat +ellps=bessel ',
         '+towgs84=-146.336,506.832,680.254,0,0,0,0 +no_defs')
)

# 转换为世界坐标系（WGS84）
# 在 spTransform 函数中使用 rgdal 包
home_locations <-
  spTransform(home_locations,
              CRS('+proj=longlat +ellps=WGS84 +datum=WGS84 +no_defs'))

# 转换为 data.frame
home_locations <- data.frame(home_locations)

# 将 customer_tb 的经纬度更新为世界坐标系
customer_tb$home_longitude <- home_locations$home_longitude
customer_tb$home_latitude <- home_locations$home_latitude
```

coordinates 函数用于生成 Spatial 对象。在参数中设置要转换为 Spatial 对象的 data.frame，并以经纬度的列名对其进行赋值。proj4string 函数可以访问参数 Spatial 对象的设置值（Coordinate Reference System 参数，即 CRS 参数）。由于刚生成的 Spatial 对象未设置任何信息，所以这里要设置为用 CRS 函数生成的日本坐标系的信息。CRS 函数中参数字符串的细节规范较难理解，大家可以将其当作固定形式记住。

spTransform 函数用于按照第 2 个参数 CRS 对第 1 个参数的 Spatial 对象进行转换。

关键点

本段代码运用 sp 包轻松地实现了坐标系的转换，比较理想。虽然也有人不使用包编写转换逻辑，但那样容易嵌入 bug，所以大家要学会运用 sp 包。

基于 Python 的预处理

Python 也和 R 一样，没有实现将分、秒转换为度的便捷函数，但由于可以使用简单的函数实

现，所以这里还是自己编写代码。

Python 理想代码

python_awesome.py（节选）

```
import pyproj


# 定义用于将分、秒转换为度的函数
def convert_to_continuous(x):
  # 在使用下述公式计算时会产生舍入误差
  # 要想计算准确的值，需要将其当作字符串按位数提取度、分、秒的数值
  x_min = (x * 100 - int(x * 100)) * 100
  x_sec = (x - int(x) - x_min / 10000) * 100
  return int(x) + x_sec / 60 + x_min / 60 / 60

# 将分、秒转换为度
customer_tb['home_latitude'] = customer_tb['home_latitude'] \
  .apply(lambda x: convert_to_continuous(x))
customer_tb['home_longitude'] = customer_tb['home_longitude'] \
  .apply(lambda x: convert_to_continuous(x))

# 获取世界坐标系（EPSG 代码 4326 与 WGS84 相同）
epsg_world = pyproj.Proj('+init=EPSG:4326')

# 获取日本坐标系
epsg_japan = pyproj.Proj('+init=EPSG:4301')

# 将日本坐标系转换为世界坐标系
home_position = customer_tb[['home_longitude', 'home_latitude']] \
  .apply(lambda x:
         pyproj.transform(epsg_japan, epsg_world, x[0], x[1]), axis=1)

# 将 customer_tb 的经纬度更新为世界坐标系
customer_tb['home_longitude'] = [x[0] for x in home_position]
customer_tb['home_latitude'] = [x[1] for x in home_position]
```

pyproj 库的 transform 函数用于转换经纬度的坐标系。第 1 个参数为转换前的坐标系对象，第 2 个参数为转换后的坐标系对象，第 3 个参数是经度，第 4 个参数是纬度，返回值是经度和纬度的组合。坐标系对象可以通过 pyproj 库的 Proj 函数生成，函数的参数指定为表示坐标系的字符串。

关键点

本段代码利用 pyproj 库非常简洁地进行了实现，比较理想。

12-2 两点间距离、方向的计算

R
Python

在数据分析中，有时需要根据两点的位置信息计算其距离和方位角。例如，知道商店和顾客的住址，便可以计算两点间的距离；知道车移动前的位置和移动后的位置，便可以计算移动的方位角。虽然由经纬度计算距离很简单，但有一点需要注意：由于地球表面是球面，所以有些计算公式会导致误差。

距离计算公式通常采用计算简单且精度较高的 Hubeny 公式，其误差约为 0.1%，距离越长则误差越大。此外还有 Vincenty 公式和 Haversine 公式，这些公式虽然计算复杂，但不太依赖于测量距离，产生的误差较小。虽然最好根据精度需求和目标距离的长度合理选择计算公式，不过在 2000 km 以内的情况下，采用 Hubeny 公式基本上没有问题。此外，在计算方位角后，通过以 –45 度至 45 度为北，以 45 度至 135 度为东，以 –180 度至 –135 度和 135 度至 180 度为南，以 –45 度至 –135 度为西，即可得到方向（图 12–2）。如果想要得到更详细的方向，那么在将方位角转换为方向时对范围进行细分即可。

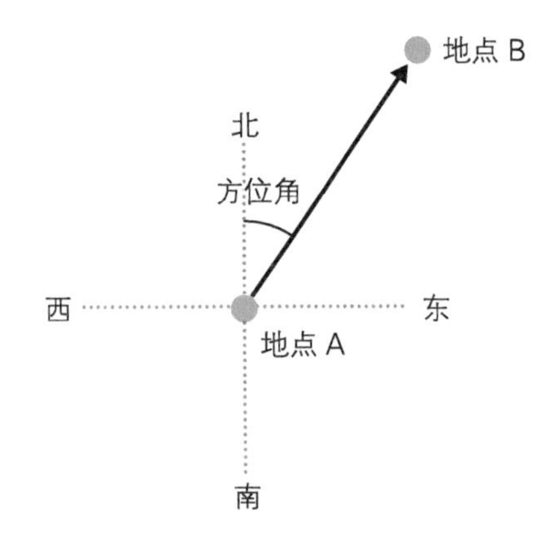

图 12–2 **获取方位角**

计算距离

目标数据集是酒店的预订记录数据，请将顾客主表和酒店主表连接到预订记录表，然后计算从家到酒店的距离（使用 Haversine 公式、Vincenty 公式和 Hubeny 公式）和方向（方位角）（图 12–3）。

reserve_id		home_latitude	home_longitude	hotel_latitude	hotel_longitude
r1		35.15932	136.8536	35.54586	139.7012
r2		35.15932	136.8536	35.64473	139.6934
r3	……	35.15932	136.8536	33.59996	130.6320
r4		35.15932	136.8536	38.33399	140.7918
r5		35.15932	136.8536	35.91139	139.9325
r6		35.15932	136.8536	35.81541	139.8390

根据世界坐标系中的经纬度计算距离和方位角

reserve_id		dist_haversine	dist_vincenty	dist_hubeny	azimuth
r1		262093.5	262093.5	262389.9	79.77027
r2		263272.9	263272.9	236567.4	77.38752
r3	……	597245.5	597245.5	597948.8	-105.04604
r4		498194.2	498194.2	498653.8	43.78791
r5		291191.6	291191.6	291510.8	72.47102
r6		280277.3	280277.3	280586.6	74.09673

图 12-3 计算距离

示例代码▶012_gis/02

基于 R 的预处理

geosphere 包中提供了用 Haversine 公式、Vincenty 公式计算距离以及方位角的函数。虽然没有提供用 Hubeny 公式计算距离的函数，但是实现起来也比较简单，所以我们自己来尝试实现。

R 理想代码

r_awesome.R（节选）

```
library(geosphere)

# 这里省略了部分代码（到将经纬度修正为日本坐标系为止的部分）

# 将顾客主表和酒店主表连接到预订记录表
reserve_all_tb <- inner_join(reserve_tb, hotel_tb, by='hotel_id')
reserve_all_tb <- inner_join(reserve_all_tb, customer_tb, by='customer_id')

# 计算方位角
bearing(reserve_all_tb[, c('home_longitude', 'home_latitude')],
        reserve_all_tb[, c('hotel_longitude', 'hotel_latitude')])

# 使用 Haversine 公式计算距离
distHaversine(reserve_all_tb[, c('home_longitude', 'home_latitude')],
              reserve_all_tb[, c('hotel_longitude', 'hotel_latitude')])
```

```
# 使用 Vincenty 公式计算距离
distVincentySphere(reserve_all_tb[, c('home_longitude', 'home_latitude')],
                   reserve_all_tb[, c('hotel_longitude', 'hotel_latitude')])

# 定义 Hubeny 公式的函数
distHubeny <- function(x){
  a=6378137
  b=6356752.314245
  e2 <- (a ** 2 - b ** 2) / a ** 2
  points <- sapply(x, function(x){return(x * (2 * pi) / 360)})
  lon1 <- points[[1]]
  lat1 <- points[[2]]
  lon2 <- points[[3]]
  lat2 <- points[[4]]
  w = 1 - e2 * sin((lat1 + lat2) / 2) ** 2
  c2 = cos((lat1 + lat2) / 2) ** 2
  return(sqrt((b ** 2 / w ** 3) * (lat1 - lat2) ** 2
              + (a ** 2 / w) * c2 * (lon1 - lon2) ** 2))
}

# 使用 Hubeny 公式计算距离
apply(
  reserve_all_tb[, c('home_longitude', 'home_latitude',
                     'hotel_longitude', 'hotel_latitude')],
  distHubeny, MARGIN=1
)
```

bearing 函数、distHaversine 函数和 distVincentySphere 函数分别是计算方位角的函数、使用 Haversine 公式计算距离的函数和使用 Vincenty 公式计算距离的函数。第 1 个参数是表示出发点经纬度的 data.frame，第 2 个参数是表示终点经纬度的 data.frame。

关键点

本段代码运用 geosphere 包实现了距离和方位角的计算，比较理想。

基于 Python 的预处理

pyproj.Geod 对象的 inv 函数可以一次性计算距离和方位角，在大多数情况下可以利用该函数。但由于该函数不支持用 Haversine 公式计算距离，所以这里使用的是 geopy 库。

Python 理想代码

python_awesome.py（节选）

```
# 导入 Python 中处理经纬度位置信息的库
import math
```

```
import pyproj

# 导入用于计算距离的库
from geopy.distance import great_circle, vincenty

# 这里省略了部分代码（到将经纬度修正为日本坐标系为止的部分）

# 将顾客主表和酒店主表连接到预订记录表
reserve_tb = \
  pd.merge(reserve_tb, customer_tb, on='customer_id', how='inner')
reserve_tb = pd.merge(reserve_tb, hotel_tb, on='hotel_id', how='inner')

# 获取家和酒店的经纬度信息
home_and_hotel_points = reserve_tb \
  .loc[:, ['home_longitude', 'home_latitude',
           'hotel_longitude', 'hotel_latitude']]

# 按 WGS84 标准设置赤道半径
g = pyproj.Geod(ellps='WGS84')

# 计算方位角、反方位角，使用 Vincenty 公式计算距离
home_to_hotel = home_and_hotel_points \
  .apply(lambda x: g.inv(x[0], x[1], x[2], x[3]), axis=1)

# 获取方位角
[x[0] for x in home_to_hotel]

# 使用 Vincenty 公式计算的距离
[x[2] for x in home_to_hotel]

# 使用 Haversine 公式计算距离
home_and_hotel_points.apply(
  lambda x: great_circle((x[1], x[0]), (x[3], x[2])).meters, axis=1)

# 使用 Vincenty 公式计算距离
home_and_hotel_points.apply(
  lambda x: vincenty((x[1], x[0]), (x[3], x[2])).meters, axis=1)


# 定义 Hubeny 公式的函数
def hubeny(lon1, lat1, lon2, lat2, a=6378137, b=6356752.314245):
    e2 = (a ** 2 - b ** 2) / a ** 2
    (lon1, lat1, lon2, lat2) = \
      [x * (2 * math.pi) / 360 for x in (lon1, lat1, lon2, lat2)]
    w = 1 - e2 * math.sin((lat1 + lat2) / 2) ** 2
    c2 = math.cos((lat1 + lat2) / 2) ** 2
    return math.sqrt((b ** 2 / w ** 3) * (lat1 - lat2) ** 2 +
```

```
                    (a ** 2 / w) * c2 * (lon1 - lon2) ** 2)

# 使用 Hubeny 公式计算距离
home_and_hotel_points \
  .apply(lambda x: hubeny(x[0], x[1], x[2], x[3]), axis=1)
```

pyproj.Geod 对象的 inv 函数用于计算方位角、反方位角，以及根据 Vincenty 公式计算距离。第 1 个参数是出发点的经度，第 2 个参数是出发点的纬度，第 3 个参数是终点的经度，第 4 个参数是终点的纬度。

great_circle 函数和 vincenty 函数分别用于根据 Haversine 公式和 Vincenty 公式计算距离。第 1 个参数是出发点经纬度的组合，第 2 个参数是终点经纬度的组合。

关键点

本段代码运用 pyproj 库和 geopy 库简洁地实现了距离和方位角的计算，比较理想。除此之外，Python 中还提供了 geodistance 以及 geographiclib 等用于处理多个位置信息的库，大家可以根据需要寻找用途相符的库。

第4部分

预处理实战

现实中的数据并非都能简单地实现预处理，如果数据比较复杂，则可能需要更详细的数据规范。第4部分将通过实战练习来向大家展示一下预处理的步骤。

第 13 章 实战练习

本章将基于前面讲解的预处理知识，带领大家进行实战练习。

13-1 聚合分析的预处理

SQL
R

本节将通过例题讲解如何实现聚合分析所需的预处理。聚合分析是最基本、最常用的一种数据分析方式，借助商业智能（Business Intelligence，BI）工具等软件即可简单地实现。但是部分 BI 工具是收费的，成本较高。此外，BI 工具通常以鼠标操作为前提，因此从实现分析自动化的角度来看，最好使用本书介绍的 SQL、Python、R。不过，BI 工具的可视化功能很丰富，即使不是程序员也可以轻松使用，这一点非常方便。

聚合分析的准备工作

请按“年龄 × 性别”对 2016 年酒店的预订趋势进行聚合分析。年龄段的划分以 10 岁为间隔，60 岁以上全部归为一组。为了分析预订趋势，请计算预订顾客数、总计预订次数、平均预订人数和平均预订单价（图 13-1）。

预订记录表、顾客主表、酒店主表

以年龄和性别为轴计算各个指标

age_rank	sex	customer_cnt	rsv_cnt	people_num_avg	price_per_person_avg
20	man	8	22	2.227273	69950.00
20	woman	9	23	2.913043	44930.43
30	man	111	282	2.609929	41801.06
30	woman	104	266	2.605263	39225.56
40	man	116	309	2.566343	38075.73
40	woman	116	289	2.512111	42566.78
50	man	74	189	2.597884	42148.68
50	woman	61	169	2.414201	43113.61
60 以上	man	151	382	2.581152	39637.17
60 以上	woman	138	371	2.493261	39614.29

以年龄和性别为轴生成各个指标的表

customer_cnt

sex	20	30	40	50	60 以上
man	8	111	116	74	151
woman	9	104	116	61	138

rsv_cnt

sex	20	30	40	50	60 以上
man	22	282	309	189	382
woman	23	266	289	169	371

people_num_avg

sex	20	30	40	50	60 以上
man	2.227273	2.609929	2.566343	2.597884	2.581152
woman	2.913043	2.605263	2.512111	2.414201	2.493261

price_per_person_avg

sex	20	30	40	50	60 以上
man	69950.00	41801.06	38075.73	42148.68	39637.17
woman	44930.43	39225.56	42566.78	43113.61	39614.29

图 13-1 聚合分析所需的准备工作

示例代码▶013_problem/01_insight

预处理步骤

1. 采用 SQL 将顾客信息与预订信息相连接，获取聚合对象的数据
2. 采用 R 对用 SQL 获取的数据执行转换处理，从而实现聚合处理

虽然两个步骤全都可以使用 SQL 实现，但由于在得到分析结果后，经常会改用新的聚合方法进行计算，所以这里不敢全都用 SQL 实现（上述写法具有灵活性）。虽然 SQL 也能用于更改聚合方法，但代码会变得冗长。而在用 R 描述时，在处理过程中也可以立即更改聚合方法，轻松添加新的聚合处理。因此，如果聚合对象数据在内存中，最好先通过 SQL 获取聚合对象数据，再用 R 执行聚合（这里多说一句，R 提供了可以在程序中同时执行分析处理和书写报告的 `R Markdown` 包，利用该包可以实现更有效率的基本分析，同时也可以很容易地修改分析报告，因此这里强烈推荐这种方法）。

1. 用SQL获取汇总数据

在 SQL 中，将顾客主表与作为聚合对象的 2016 年预订信息连接。本段 SQL 语句是在 R 程序的基础上实现的。

01_select_base_log.sql

```
SELECT
  cus.customer_id,
  cus.age,
  cus.sex,
  rsv.hotel_id,
  rsv.people_num,
  rsv.total_price
FROM work.reserve_table rsv

-- 连接顾客信息表
INNER JOIN work.customer_table cus
  ON rsv.customer_id = cus.customer_id

-- 设置要聚合记录的时间段
WHERE rsv.checkin_date >= '2016-01-01'
  AND rsv.checkin_date < '2017-01-01'
```

将顾客主表和预订记录表连接，根据要聚合记录的时间段获取所需的数据项。如果连接处理（JOIN）采用 R 或 Python，则中间数据可能无法完全读入内存，处理任务很繁重，所以最好尽可能地使用 SQL 执行连接处理。

2. 用R实现数据转换和聚合处理

使用 R 获取上一步中 SQL 的执行结果，并将年龄（age）分类化，然后按性别和年龄进行聚合，并按每个指标将年龄横向展开。

02_summarise.R（节选）

```
library(tidyr)
library(RPostgreSQL)

# 用 SQL 获取分析对象数据
con <- dbConnect(dbDriver('PostgreSQL'),
                 host='IP 地址或主机名 ',
                 port=' 连接的端口号 ',
                 dbname=' 数据库名 ',
                 user=' 连接的用户名 ',
                 password=' 连接的密码 ')
sql <- paste(readLines('01_select_base_log.sql'), collapse='\n')
```

```
base_log <- dbGetQuery(con,sql)

# 生成年龄的分类
base_log$age_rank <- as.factor(floor(base_log$age/10)*10)
levels(base_log$age_rank) <- c(levels(base_log$age_rank),'60 以上 ')
base_log[base_log$age_rank %in% c('60', '70', '80'), 'age_rank'] <- '60 以上 '
base_log$age_rank <- droplevels(base_log$age_rank)

# 按年龄和性别把握趋势
age_sex_summary <-
  base_log %>%
    group_by(age_rank, sex) %>%
    summarise(customer_cnt=n_distinct(customer_id),
              rsv_cnt=n(),
              people_num_avg=mean(people_num),
              price_per_person_avg=mean(total_price/people_num)
    )

# 按每个指标将性别横向展开
age_sex_summary %>%
  select(age_rank, sex, customer_cnt) %>%
  spread(age_rank, customer_cnt)

age_sex_summary %>%
  select(age_rank, sex, rsv_cnt) %>%
  spread(age_rank, rsv_cnt)

age_sex_summary %>%
  select(age_rank, sex, people_num_avg) %>%
  spread(age_rank, people_num_avg)

age_sex_summary %>%
  select(age_rank, sex, price_per_person_avg) %>%
  spread(age_rank, price_per_person_avg)
```

RPostgreSQL 包可以从 R 中访问 Redshift 数据库。原本该包是用来访问 PostgreSQL 数据库的，但由于 Redshift 是基于 PostgreSQL 的数据库，所以该包也可以访问 Redshift。首先，在 dbConnect 函数中设置参数并生成连接信息。然后，通过将生成的连接信息和执行的 SQL 语句设置为 dbGetQuery 函数的参数并调用该函数，即可以 R 的 data.frame 形式返回 SQL 语句的执行结果。

虽然也可以将 Redshift 中 SQL 的执行结果下载为 csv 文件并从 R 中读取，但由于这是手动操作，很容易出错，并且可能产生意想不到的数据类型转换，所以最好像示例代码一样直接从 R 中读取（除 RPostgreSQL 包外，R 还提供了其他可以连接 Redshift 的包，大家按各自喜好正确选用即可）。

当像例题中一样，要分组的变量有两种（性别和年龄）时，为了便于掌握趋势，可以创建采用 spread 函数展开的汇总表，这种做法更便于解读趋势。

13-2 用于推荐的预处理

SQL Python

本节将介绍使用“用户 × 项目”矩阵进行推荐的预处理。目前有各种不同的推荐技术，协同过滤中所采用的矩阵分解（matrix factorization）技术就很有名。此外，关于推荐，并不是输出报告就够了，其前提是实现推荐的系统化。因此，建议在获取数据的部分使用 SQL，在生成推荐矩阵的部分使用 Python。

Q 生成推荐矩阵

请生成用于推荐的矩阵（图 13-2），以顾客 ID 和酒店 ID 为轴表示 2016 年酒店的预订次数。

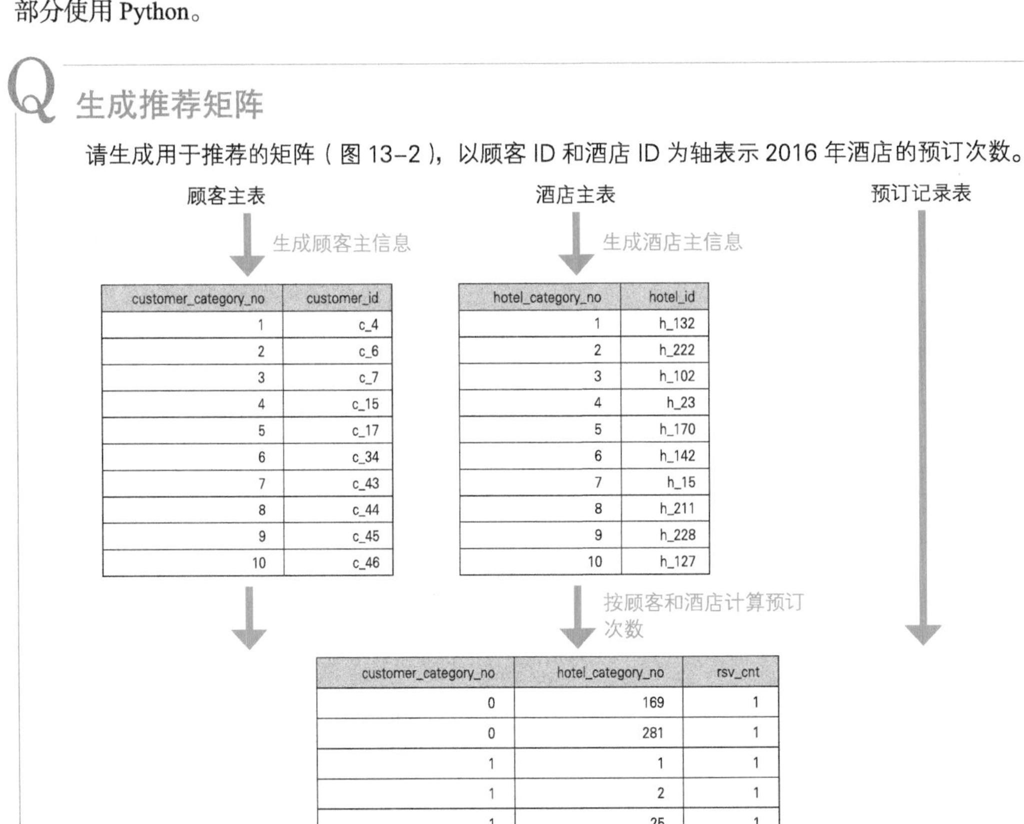

customer_category_no	customer_id
1	c_4
2	c_6
3	c_7
4	c_15
5	c_17
6	c_34
7	c_43
8	c_44
9	c_45
10	c_46

hotel_category_no	hotel_id
1	h_132
2	h_222
3	h_102
4	h_23
5	h_170
6	h_142
7	h_15
8	h_211
9	h_228
10	h_127

customer_category_no	hotel_category_no	rsv_cnt
0	169	1
0	281	1
1	1	1
1	2	1
1	25	1
1	170	1
1	199	1
2	101	1
2	172	1
3	3	1
3	4	1

	0	1	2	3	4	5	6	7	8	9	10	11	12
1	0	1	1	0	0	0	0	0	0	0	0	0	0
2	0	0	0	0	0	0	0	0	0	0	0	0	0
3	0	0	0	1	1	0	0	0	0	0	0	0	0
4	0	0	0	0	0	0	0	0	0	0	0	0	0
5	0	0	0	0	0	0	0	0	0	0	1	0	0
6	0	0	0	0	0	0	0	0	0	0	0	0	0
7	0	0	0	0	0	0	0	0	0	0	0	0	0
8	0	0	0	0	0	0	0	0	0	0	0	0	0
9	0	0	0	0	0	0	0	0	0	0	0	0	0
10	0	0	0	0	0	0	0	0	0	0	0	0	0
11	0	0	0	0	0	0	0	0	0	0	0	0	0
12	0	0	0	0	0	0	0	0	0	0	0	0	0

图 13-2 生成用于推荐的矩阵

示例代码▶013_problem/02_recommend

预处理步骤

此处的预处理步骤如下所示。

1. 采用 SQL 生成顾客的分类主数据
2. 采用 SQL 生成酒店的分类主数据
3. 采用 SQL 按顾客和酒店计算 2016 年的预订次数
4. 采用 Python 生成顾客和酒店的稀疏矩阵

相对于所有酒店来说，顾客曾预订过的酒店只是极少的一部分酒店，所以“顾客 ID × 酒店 ID”的矩阵是稀疏矩阵（大部分元素值为 0）。在将其用于推荐时，最好生成纵向显示的数据，并将其转换为稀疏矩阵。

虽然省略第 1 步和第 2 步，直接生成第 3 步中顾客和酒店的稀疏矩阵也可以，但答案代码中还是先生成了分类主数据，因为这样可以减少处理量。

针对用 SQL 得到的按顾客和酒店计算的 2016 年的预订次数，考虑其在不生成分类主数据和生成分类主数据这两种情况下的数据格式。

- 不使用分类主数据的情况
  [字符（顾客 ID），字符（酒店 ID），数值（预订次数）]
- 使用分类主数据的情况
  [数值（顾客分类的索引），数值（酒店分类的索引），数值（预订次数）]

如上所述，在不使用分类主数据时，获取的是顾户 ID 和酒店 ID 的字符串；而在使用分类主数据时，返回的是顾客分类和酒店分类的索引数值，因此使用分类主数据会使数据存储量更小，从 Redshift 向 Python 传输数据更快，而且 Python 中所需的内存量也会减少。此外，在使用分类主数据时，转换为稀疏矩阵也更快。这是因为，在根据“[字符（顾客 ID）， 字符（酒店 ID）， 数字（预订次数）]”生成稀疏矩阵时，必须对顾客 ID 和酒店 ID 执行分类化处理，而如果利用分类主数据，则可以免去这一步操作。由于推荐所需的数据量在大部分情况下非常大，所以这里强烈建议先生成分类主数据。

1. 用 SQL 生成顾客分类主数据

采用 SQL 根据顾客主表生成顾客的分类主数据，本段 SQL 直接基于 Redshift 执行。

01_create_customer_category_mst.sql

```
CREATE TABLE work.customer_category_mst AS(
  SELECT
    -- 生成分类的索引号（为了使之从 0 开始，这里要减 1）
    ROW_NUMBER() OVER() - 1 AS customer_category_no,

    customer_id
  FROM work.reserve_tb rsv

  -- 仅保留指定时间段内的预订记录中出现的顾客
  WHERE rsv.checkin_date >= '2016-01-01'
    AND rsv.checkin_date < '2017-01-01'

  GROUP BY customer_id
)
```

使用 CREATE TABLE 语句保存将对象顾客 ID 分类化后的结果。为什么要保存该表呢？这是因为在使用 Python 生成推荐结果时，要将顾客分类的索引号转换为顾客 ID，此时需要使用该表。

2. 用 SQL 生成酒店分类主数据

采用 SQL 根据酒店主表生成酒店的分类主数据，本段 SQL 直接基于 Redshift 执行。

02_create_model_category_mst.sql

```
CREATE TABLE work.hotel_category_mst AS(
  SELECT
    -- 生成分类的索引号
    ROW_NUMBER() OVER() - 1 AS hotel_category_no,

    hotel_id
  FROM work.reserve_tb rsv
```

```
  -- 仅保留指定时间段内的预订记录中出现的酒店
  WHERE rsv.checkin_date >= '2016-01-01'
    AND rsv.checkin_date < '2017-01-01'

  GROUP BY hotel_id
)
```

与上一步一样，生成酒店 ID 的分类主数据。

3. 用SQL计算预订次数

采用 SQL 按顾客和酒店计算 2016 年的预订次数，同时将顾客和酒店的分类主数据相连接，并添加分类的索引号。本段 SQL 基于 Python 程序的结果执行。

03_select_recommondation_data.sql

```
SELECT
  c_mst.customer_category_no,
  h_mst.hotel_category_no,

  -- 计算预订记录条数
  COUNT(rsv.reserve_id) AS rsv_cnt

FROM work.reserve_tb rsv

-- 与顾客的分类主数据连接
INNER JOIN work.customer_category_mst c_mst
  ON rsv.customer_id = c_mst.customer_id

-- 与酒店的分类主数据连接
INNER JOIN work.hotel_category_mst h_mst
  ON rsv.hotel_id = h_mst.hotel_id

-- 仅保留指定时间段内的预订记录中出现的酒店
WHERE rsv.checkin_date >= '2016-01-01'
  AND rsv.checkin_date < '2017-01-01'

GROUP BY c_mst.customer_category_no,
         h_mst.hotel_category_no
```

连接生成的分类主数据，并创建使用了索引号的预订记录条数统计表。通过替换 `COUNT(rsv.reserve_id)` 部分，可以将计数对象更改为除预订记录条数以外的矩阵。例如，通过将其替换为 `1 as rsv_flg`，并在 `GROUP BY` 中添加 `rsv_flg`，可以转换为表示有无预订的标志。

4. 用Python创建稀疏矩阵

采用 Python 从 Redshift 中接收顾客和酒店在 2016 年的预订次数数据，创建顾客和酒店的稀疏矩阵。

04_create_recommondation_matrix.py（节选）

```
import psycopg2
import os
from scipy.sparse import csr_matrix

# 使用 psycopg2 创建与 Redshift 的连接
con = psycopg2.connect(host='IP 地址或主机名 ',
                       port= 连接的端口号 ,
                       dbname=' 数据库名 ',
                       user=' 连接的用户名 ',
                       password=' 连接的密码 ')

# 从 Redshift 中获取顾客的分类主数据
# 用于在计算完推荐后将索引号转换为 ID
customer_category_mst = \
  pd.read_sql('SELECT * FROM work.customer_category_mst', con)

# 从 Redshift 中获取酒店的分类主数据
# 用于在计算完推荐后将索引号转换为 ID
hotel_category_mst = \
  pd.read_sql('SELECT * FROM work.hotel_category_mst', con)

# 从文件中导入 SQL 语句
sql_path = os.path.dirname(__file__)+"/03_select_recommendation_data.sql"
with open(sql_path) as f:
  sql = f.read()

# 从 Redshift 中获取按顾客和酒店计算的 2016 年预订次数的纵向显示数据
matrix_data = pd.read_sql(sql, con)

# 使用 csc_matrix 并生成稀疏矩阵
recommend_matrix = csr_matrix(
  (matrix_data['rsv_cnt'],
   (matrix_data['customer_category_no'], matrix_data['hotel_category_no'])),
  shape=(customer_category_mst.shape[0], hotel_category_mst.shape[0])
)
```

psycopg2 库可以创建从 Python 到 Redshift 的连接。在 connect 函数的参数中指定配置信息并创建连接，然后通过将创建的连接信息和要执行的 SQL 指定为 Pandas 库中 read_sql 函数的参数并调用该函数，就能以 Pandas 中的 DataFrame 的形式获取 SQL 的执行结果。

虽然也可以直接以 csv 文件的形式下载 Redshift 中 SQL 的执行结果并从 Python 中读取该文件，但与 R 一样，这可能会导致数据被隐式地转换为意想不到的数据类型等问题，因此最好不要这样做。

关于稀疏矩阵的种类选择，由于根据推荐逻辑，既会有按行访问也会有按列访问，所以使用 csr_matrix 或 csc_matrix 都没有问题。

13-3 预测建模的预处理

SQL Python

本节将通过例题讲解如何实现用于预测建模的预处理，主要的预处理有如下几个。

- 准备作为预测对象的数据
- 构造解释变量、转换为用于建模的数据
- 将分类型哑变量化
- 归一化
- 拆分训练数据和测试数据

例题中包含了各种不同的预处理，可以说是预处理的综合演练。这也是笔者送给立志学习真正的预处理技术的各位的最后一个礼物。

Q 用于预测建模的预处理

请创建针对某月顾客是否会预订酒店的预测模型。这里利用 2016 年度（2016-04-01 到 2017-03-31）的数据准备建模数据（图 13-3）。

预订记录表、顾客主表、酒店主表

生成机器学习模型中使用的解释变量和预测对象的预订标志

解释变量

预订标志

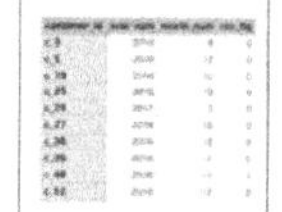

切分训练数据（80%）和测试数据（20%）

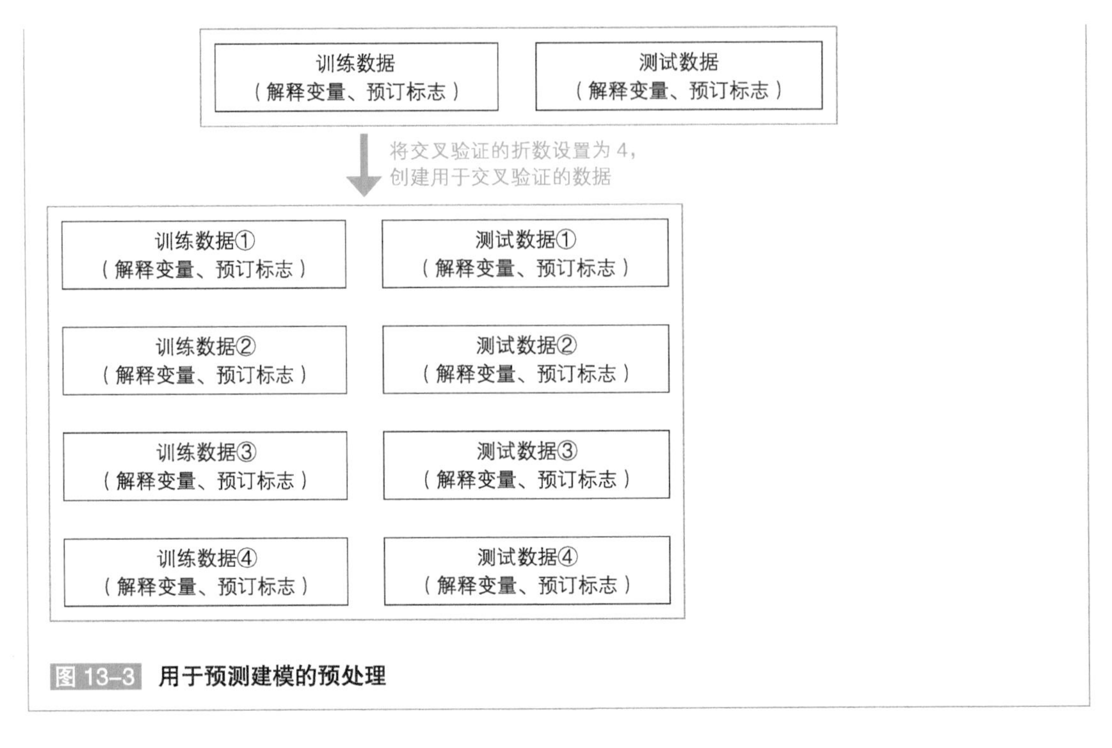

图 13-3 用于预测建模的预处理

示例代码▶013_problem/03_predict

预处理步骤

1. 采用 SQL 生成用于建模的数据
   i. 对顾客主表和月份主表[①] 执行交叉连接，准备基础数据
   ii. 将步骤 i 中生成的数据和预订记录表连接起来，按顾客和月份生成预订标志
   iii. 根据步骤 ii 中的表得到此前 1 至 3 个月的预订标志，并将其作为解释变量
   iv. 按顾客 ID 对其某月的数据进行随机采样（从 12 个月中随机选择某月）
   v. 将步骤 iv 采样得到的数据与该数据过去一年的预订记录表连接起来
   vi. 按顾客和月份对步骤 v 生成的数据进行聚合，并将已连接的过去一年的预订记录表的项目转换为聚合的解释变量
2. 采用 Python 进行用于建模的转换，并切分训练数据和测试数据
   i. 从 Python 通过 SQL 访问 Redshift，获取数据
   ii. 进行哑变量化、对数化等用于建模的数据转换
   iii. 取出用于留出验证的测试数据，将剩下的数据用于交叉验证

① 具体形式可以参考 4-4 节中的年月主表。——译者注

本例题与 13-1 节、13-2 节的例题不同，需要进行如上所述的大量预处理。不过这些都是第 2 章和第 3 章中介绍过的预处理的组合，只要逐一选择合适的处理即可实现。

在当前预处理中，我们将全部顾客一年的数据按顾客和月份的组合进行切分（比如某顾客 1 月的预订记录为一组，某顾客 2 月的记录为一组等），从各顾客 12 个月的数据中随机选择特定的 1 个月并提取模型所用数据。为什么要选择这样的采样方法呢？因为这样创建的模型既能避免泄漏风险，又能考虑到季节性特征。

通过按顾客 ID 进行采样，同一顾客的数据就不会重复，这样可以大大降低泄漏导致过拟合的风险。例如，顾客 A 的 3 月份数据与顾客 A 的 2 月份数据不会同时存在于训练数据中。相反地，如果同时存在，且顾客 A 的 3 月份数据中包含前一个月的有无预订的标志，则顾客 A 的 3 月份数据中便包含其 2 月份数据的答案。在这种情况下，训练数据中包含答案，那么根据其他解释变量的组合，有时就会产生过拟合。此外，通过随机选择月份，能够避免数据集中到特定的月份，而且得到的数据也考虑到了季节性特征。如果不进行随机采样，仅使用 8 月份的数据进行建模，则得到的模型将会变成预测 8 月份有无预订的模型，无论解释变量的值如何，分析结果中都很有可能包含暑假等 8 月份特有的影响。具体来说，无论哪个月份，该模型都会将想要利用暑假带孩子旅游的顾客的预订概率预测得非常高。但通过随机采样，我们可以从各月份均匀地选择建模数据，从而避免上述问题，得到考虑了季节性特征的数据。

1. 用SQL生成用于建模的数据

01_select_model_data.sql

```sql
WITH target_customer_month_log AS(
  -- 为了使数据结构易于理解，这里使用了 2 层 with 语句
  -- 对顾客主表和月份主表执行交叉连接，构造用于预测的数据
  WITH customer_month_log AS(
    SELECT
      cus.customer_id,
      cus.age,
      cus.sex,
      mst.year_num,
      mst.month_num,
      TO_DATE(mst.month_first_day, 'YYYY-MM-DD') AS month_first_day,
      TO_DATE(mst.month_last_day, 'YYYY-MM-DD') AS month_last_day
    FROM work.customer_tb cus
    CROSS JOIN work.month_mst mst

    -- 时间段不是 2016-04-01 至 2017-04-01 的 1 年的时间，还要向前延长 3 个月
    -- 因为稍后会将最多 3 个月前的预订标志添加为解释变量
    WHERE mst.month_first_day >= '2016-01-01'
      AND mst.month_first_day < '2017-04-01'
  )
  -- 连接预订记录表并添加预订标志
```

```
-- 为了生成解释变量，后半部分会再次连接预订记录表
-- 虽然可以将处理合在一起，但这里为了易于理解而将其分开了
, tmp_rsvflg_log AS(
  SELECT
    base.customer_id,
    base.sex,
    base.age,
    base.year_num,
    base.month_num,
    base.month_first_day,

    -- 生成预订标志
    CASE WHEN COUNT(target_rsv.reserve_id) > 0 THEN 1 ELSE 0 END
      AS rsv_flg

  FROM customer_month_log base

  -- 连接与目标月份的时间段相对应的预订记录表
  LEFT JOIN work.reserve_tb target_rsv
    ON base.customer_id = target_rsv.customer_id
    AND TO_DATE(target_rsv.reserve_datetime, 'YYYY-MM-DD HH24:MI:SS')
        BETWEEN base.month_first_day AND base.month_last_day

  GROUP BY base.customer_id,
           base.sex,
           base.age,
           base.year_num,
           base.month_num,
           base.month_first_day
)
-- 使用 LAG 函数，添加此前 1 至 3 个月的预订标志
, rsvflg_log AS(
  SELECT
    *,

    -- 往前数第 1 个月的预订标志
    LAG(rsv_flg, 1) OVER(PARTITION BY customer_id
                         ORDER BY month_first_day)
      AS before_rsv_flg_m1,

    -- 往前数第 2 个月的预订标志
    LAG(rsv_flg, 2) OVER(PARTITION BY customer_id
                         ORDER BY month_first_day)
      AS before_rsv_flg_m2,

    -- 往前数第 3 个月的预订标志
    LAG(rsv_flg, 3) OVER(PARTITION BY customer_id
```

```
                                ORDER BY month_first_day)
        AS before_rsv_flg_m3

    FROM tmp_rsvflg_log
  )
  -- 为按顾客对特定月份的数据进行采样，用随机数添加排序
  , rsvflg_target_log AS(
    SELECT
      *,

      -- 用随机数计算位次
      ROW_NUMBER() OVER (PARTITION BY customer_id ORDER BY RANDOM())
        AS random_rank

    FROM rsvflg_log

    -- 提取 2016 年度（2016-04-01 至 2017-03-31）的数据
    WHERE month_first_day >= '2016-04-01'
      AND month_first_day < '2017-04-01'
  )
  -- 利用随机数生成的位次进行随机采样
  SELECT * FROM rsvflg_target_log where random_rank = 1
)
-- 连接过去 1 年（365 天）内的预订记录表，准备生成解释变量数据
, rsvflg_and_history_rsv_log AS(
  SELECT
    base.*,
    before_rsv.reserve_id AS before_reserve_id,

    -- 转换为预订日期（具体到天）
    TO_DATE(before_rsv.reserve_datetime, 'YYYY-MM-DD HH24:MI:SS')
      AS before_reserve_date,
    before_rsv.total_price AS before_total_price,

    -- 计算住宿人数为 1 人的标志
    CASE WHEN before_rsv.people_num = 1 THEN 1 ELSE 0 END
      AS before_people_num_1,

    -- 计算住宿人数为 2 人及以上的标志
    CASE WHEN before_rsv.people_num >= 2 THEN 1 ELSE 0 END
      AS before_people_num_over2,

    -- 计算过去的住宿月份是否为同一月份（不同年份相同月份也算同一月份）的标志
    CASE
      WHEN base.month_num =
        CAST(DATE_PART(MONTH, TO_DATE(before_rsv.reserve_datetime,
                                      'YYYY-MM-DD HH24:MI:SS')) AS INT)
```

```
        THEN 1 ELSE 0 END AS before_rsv_target_month

  FROM target_customer_month_log base

  -- 连接同一顾客过去 1 年（365 天）内的预订记录
  LEFT JOIN work.reserve_tb before_rsv
    ON base.customer_id = before_rsv.customer_id
    AND TO_DATE(before_rsv.checkin_date, 'YYYY-MM-DD')
        BETWEEN DATEADD(DAY, -365,
                        TO_DATE(base.month_first_day, 'YYYY-MM-DD'))
            AND DATEADD(DAY, -1,
                        TO_DATE(base.month_first_day, 'YYYY-MM-DD'))
)
-- 对已连接的过去 1 年内的预订记录进行聚合，转换为解释变量
--（也可以和前一段 SQL 和操作合在一起）
SELECT
  customer_id,
  rsv_flg,
  sex,
  age,
  month_num,
  before_rsv_flg_m1,
  before_rsv_flg_m2,
  before_rsv_flg_m3,

  -- 计算过去 1 年内的住宿费总额（当没有预订记录时，用 0 填充）
  COALESCE(SUM(before_total_price), 0) AS before_total_price,

  -- 过去 1 年内的预订次数
  COUNT(before_reserve_id) AS before_rsv_cnt,

  -- 过去 1 年内住宿人数为 1 人的预订次数
  SUM(before_people_num_1) AS before_rsv_cnt_People_num_1,

  -- 过去 1 年内住宿人数为 2 人及其以上的预订次数
  SUM(before_people_num_over2) AS before_rsv_cnt_People_num_over2,

  -- 计算最近一次预订是多少天前
  -- 当最近没有预订记录时，用 366（1 年前 + 1 天前 = 366 天前）填充
  COALESCE(DATEDIFF(day, MAX(before_reserve_date), month_first_day), 0)
    AS last_rsv_day_diff,

  -- 计算过去 1 年内相同月份的预订次数
  SUM(before_rsv_target_month) AS before_rsv_cnt_target_month

FROM rsvflg_and_history_rsv_log
GROUP BY
```

```
  customer_id,
  sex,
  age,
  month_num,
  before_rsv_flg_m1,
  before_rsv_flg_m2,
  before_rsv_flg_m3,
  month_first_day,
  rsv_flg,
  month_first_day
```

虽然本段 SQL 代码较长，但每个处理都不难。在处理任务比较重时，要重新设置使中间表中的数据数目增加最多的连接条件，尽可能地减少中间过程的数据数目。此外，虽然代码注释中提及可以将多个部分合并成一个 SQL，但在处理较长且难以理解的情况下，要学会利用中间表，通过各中间表一边确认数据一边实现预处理。

2. 用 Python 实现数据转换和切分

02_create_model_data.py（节选）

```
import psycopg2
import os
import random
from sklearn.model_selection import train_test_split
from sklearn.model_selection import KFold

# 使用 psycopg2 创建与 Redshift 的连接
con = psycopg2.connect(host='IP 地址或者主机名 ',
                       port= 连接端口号 ,
                       dbname=' 数据库名 ',
                       user=' 连接的用户名 ',
                       password=' 连接的密码 ')


# 从文件中读入 SQL 语句
with open(os.path.dirname(__file__)+'/01_select_model_data.sql') as f:
  sql = f.read()

# 从 Redshift 中获取建模所用数据
rsv_flg_logs = pd.read_sql(sql, con)

# 创建哑变量
rsv_flg_logs['is_man'] = \
  pd.get_dummies(rsv_flg_logs['sex'], drop_first=True)
```

```
# 以数值状态对分类值进行聚合，然后转换为分类型
rsv_flg_logs['age_rank'] = np.floor(rsv_flg_logs['age'] / 10) * 10
rsv_flg_logs.loc[rsv_flg_logs['age_rank'] < 20, 'age_rank'] = 10
rsv_flg_logs.loc[rsv_flg_logs['age_rank'] >= 60, 'age_rank'] = 60

# 转换为分类型
rsv_flg_logs['age_rank'] = rsv_flg_logs['age_rank'].astype('category')

# 将年龄由分类型转换为哑变量并添加
rsv_flg_logs = pd.concat(
  [rsv_flg_logs,
   pd.get_dummies(rsv_flg_logs['age_rank'], drop_first=False)],
  axis=1
)

# 根据 12 个种类的分类值将月份数值化
# 在有过拟合趋势时，首先怀疑这个变量
rsvcnt_m = rsv_flg_logs.groupby('month_num')['rsv_flg'].sum()
cuscnt_m = rsv_flg_logs.groupby('month_num')['customer_id'].count()
rsv_flg_logs['month_num_flg_rate'] =\
  rsv_flg_logs[['month_num', 'rsv_flg']].apply(
    lambda x: (rsvcnt_m[x[0]] - x[1]) / (cuscnt_m[x[0]] - 1), axis=1)

# 将过去 1 年内的住宿费总额对数化
# 这是为了在预测时体现出总额越大，总额的绝对大小越小的趋势
rsv_flg_logs['before_total_price_log'] = \
  rsv_flg_logs['before_total_price'].apply(lambda x: np.log(x / 10000 + 1))

# 切分为训练数据和验证数据

# 设置模型中所用的变量名
target_log = rsv_flg_logs[['rsv_flg']]
# 删除不再需要的变量
rsv_flg_logs.drop(['customer_id', 'rsv_flg', 'sex', 'age', 'age_rank',
                   'month_num', 'before_total_price'], axis=1, inplace=True)

# 切分训练数据和验证数据，以便进行留出验证
train_data, test_data, train_target, test_target =\
  train_test_split(rsv_flg_logs, target_log, test_size=0.2)

# 重设索引号
train_data.reset_index(inplace=True, drop=True)
test_data.reset_index(inplace=True, drop=True)
train_target.reset_index(inplace=True, drop=True)
test_target.reset_index(inplace=True, drop=True)

# 切分交叉验证所用的数据
```

```
row_no_list = list(range(len(train_target)))
random.shuffle(row_no_list)
k_fold = KFold(n_splits=4)

# 循环交叉验证的折数次
for train_cv_no, test_cv_no in k_fold.split(row_no_list):
  train_data_cv = train_data.iloc[train_cv_no, :]
  train_target_cv = train_target.iloc[train_cv_no, :]
  test_data_cv = train_data.iloc[test_cv_no, :]
  test_target_cv = train_target.iloc[test_cv_no, :]

  # 交叉验证建模
  # 训练数据：train_data_cv, train_target_cv
  # 测试数据：test_data_cv, test_target_cv

# 留出验证建模
# 训练数据：train_data, train_target
# 验证数据：test_data, test_target
```

对于上面这样的用于预测建模的预处理，基本上不存在写一次代码就万事大吉的情况。在实际情况中，在检查模型精度后，通常会更改或增加预处理。例如，更改解释变量的类型，或者增加新的解释变量。

这里推荐使用 SQL 执行连接处理和聚合处理，使用 Python 执行类型转换、训练数据与测试数据的切分等数据转换操作。

一方面，SQL 能在连接处理的条件表达式中使用不等式，与 Python 和 R 相比，可以通过性能良好的简洁语句实现连接。此外，SQL 的聚合函数丰富，我们可以先对数据执行聚合处理，使数据存储量减少，然后用 Python 或 R 读取，这样可以减少所需的内存大小，提升性能。

另一方面，数据类型因进行机器学习的编程语言不同而不同，我们需要在 Python 或 R 上进行转换，而不是 SQL。另外，在进行对数化等转换数据值的操作时，需要根据模型精度反复修改转换方法。我们可以在易于重新执行的 Python 和 R 上书写数据转换操作，因为其代码更容易修改。

重写模型预测时的预处理

在模型训练完后，为了使用模型进行预测，必须对预测中使用的应用数据进行与模型训练时相同的预处理。该预处理与模型训练时的预处理基本相同，但必须更改一部分内容，基本上要更改以下 4 处。

1. 将要获取的数据的目标时间段仅设置为预测目标时间段
2. 不进行采样
3. 不进行用于模型训练的预处理
4. 更改利用了预测目标值的预处理的转换方法

要想在本次示例代码中应用上述 4 种更改，必须进行如下修改。

1. 在用 SQL 提取数据时，将目标时间段指定为预测目标时间段中的 1 个月
2. 删除用 SQL 执行采样的部分
3-1. 删除用 Python 执行留出验证及交叉验证的数据切分部分
3-2. 删除用 SQL、Python 生成用于模型学习的预测标志的部分
4. 更改为用 Python 根据过去数据的平均值将月份变量转换为数值

在使用 Python 的情况下，需要注意在性别、年龄的分类值中不要出现“在模型训练时没有而在预测时有”的分类值。可以通过按分类值切分数据来确保分类值的聚合和足够的采样数量。

填充解释变量

下面的内容有些偏离正题，我们来介绍一下示例代码中生成的解释变量的含义。

1. is_man、age_rank
    - 对预订人的年龄和性别分类
    - 假设生活模式会因性别和年龄的不同而不同
2. before_rsv_flg_m1、before_rsv_flg_m2 和 before_rsv_flg_m3
    - 此前 1 到 3 个月有无预订
    - 假设“最近有预订记录的顾客比较活跃，其预订概率高”
    - 假设“由于周期性，仅在 1 个月之前有预订记录的顾客很可能暂时不会再预订”
3. before_rsv_cnt
    - 过去 1 年内的预订次数
    - 假设“顾客的预订次数越多，其预订概率越高”
4. before_rsv_cnt_people_num_1 和 before_rsv_cnt_people_num_over2
    - 过去 1 年内预订人数为 1 人的预订次数，以及预订人数为 2 人及以上的预订次数
    - 假设“为 1 人时是商务出差，为 2 人及以上时是与家人、朋友旅行”
    - 假设“商务出差较多的顾客会定期出差，其预订概率比较稳定”
    - 假设“与家人、朋友旅行较多的顾客，如果最近预订过，则暂时不会再预订”
5. before_rsv_cnt_target_month
    - 去年同月的预订次数（同比）
    - 假设“在存在每年旅行一次的顾客时，去年同月的预订次数越多则其预订概率越高”
6. last_rsv_day_diff
    - 距最后一次预订日期所经过的天数
    - 假设“当经过的天数过长或过短时，预订概率会降低”

7. `before_total_price_log`
    - 将过去 1 年内的住宿费总额对数化
    - 假设“住宿费越多，则闲钱越少，预订概率越低”
    - 假设“该变量与预订次数相关，但变化幅度随着预订次数的对数增加而降低”
8. `month_num_flg_rate`
    - 预订月份的平均预订概率
    - 假设“需求受季节影响而不同，季节会对预订概率产生影响”
    - 如果使用的机器学习模型是非线性的，那么由于有时会希望按月更改变量的影响强度，所以数值化不一定合适

虽然我们根据上述假设生成了各种不同的解释变量，但实际情况并不一定与假设相符。我们要通过创建模型时的解释变量的权重和基本分析，在确认假设的同时打磨和完善解释变量，这一点很重要。

此外，上述假设中存在线性模型无法表示的部分。例如，`last_rsv_day_diff` 是连续的数值（距上一次预订经过的天数），假设该值无论过大还是过小，都会使预订概率降低，且只有当值合适时预订概率才会提高。对于这种趋势，线性模型就无法表示。在这种情况下，在使用线性模型时，需要对连续数值应用非线性函数，或将其转换为分类型。

对于这个例题，笔者找到了一个很棒的解法，但这种解法偏离了预处理的主题，因此之后的模型创建与测试、验证等，就留给读者自己挑战了。

在数据大航海时代，当各位读者陷入预处理深渊时，如果本书能够成为大家的指路明灯，笔者将倍感荣幸。

愿理想代码与你同在！

结语

“从今天开始我要让你作为一名出色的数据科学家出道!”

如果你刚到一家新公司，才认识不久的大叔这样对你说，你会怎么想？没多久，我便确信这位大叔真的是一个很荒谬的人。他竟然没有经过我的同意，就跟别人商量了出书的事，还联系了出版社。然后稀里糊涂地，我就跟出版社的编辑聊上了，根本无暇与他争辩。这就是我写这本书的真实契机。

甚至在写作计划已经开启后，我仍然感到迷茫，不知道像我这样籍籍无名、技术也一般般的人是否真的可以写书。出一本好书可以有点吹嘘的资本，但如果被公众抨击，我该怎么办……我纠结不已，而且对写作也没有产生任何使命感。后来，责任编辑告诉我，这本书要拯救那些对数据分析懵懵懂懂的从业者，但同时也是一本轻松的读物。这方才打消我的顾虑。他们需要我做的并非写出学术上很专业的高级读物，而是提供一些技术来帮助那些受到环境等因素限制的人摆脱现状，而夹带一点幽默感还可以使遭遇同样困境的朋友稍微放松一下。至此，我终于下定了决心：只要对他们有帮助，即使受到公众抨击，我也要挑战一下。

在编写本书时，HOXO-M 株式会社的同事，尤其是高柳慎一、松浦健太郎、市川太祐和汤谷启明等给出了很好的建议和点评，请允许我在此表示感谢。此外，也感谢当我喊着“我不行了”“再也不想被谁骂了”而想要放弃时悉心照顾我这个大酒鬼的伙伴们的支持，真心感谢陪我一起喝酒的朋友。此外，非常感谢责任编辑在基本的写作问题上给予的指导。更要感谢在孩子刚出生的特殊时期保证我写作时间的妻子千惠，以及能够暂时原谅我不陪他玩游戏的儿子创士朗。

最后，我要感谢阅读本书的读者朋友，真心希望这本书能够帮到你们。

参考文献

- 岩崎学 . 不完全データの統計解析 [M]. 東京：エコノミスト社，2010.
- 星野崇宏 . 調査観察データの統計科学 [M]. 東京：岩波書店，2009.
- 高橋将宜，渡辺美智子 . 欠測データ処理 [M]. 東京：共立出版，2017.
- David Nettleton. Commercial Data Mining [M]. San Francisco：Morgan Kaufmann，2014.
- 福島真太朗 . データ分析プロセス [M]. 東京：共立出版，2015.
- あんちべ . データ解析の実務プロセス入門 [M]. 東京：森北出版，2015.
- 酒巻隆治，里洋平 . ビジネス活用事例で学ぶデータサイエンス入門 [M]. 東京：SB クリエイティブ，2014.
- 有賀康顕，中山心太，西林孝 . 仕事ではじめる機械学習 [M]. 東京：オーライリージャパン，2018.
- 加嵜長門，田宮直人 . ビッグデータ分析・活用のための SQL レシピ [M]. 東京：マイナビ出版，2017.
- 青木峰郎 . 10 年戦えるデータ分析入門：SQL を武器にデータ活用時代を生き抜く [M]. 東京：SB クリエイティブ，2015.
- 株式会社 ALBERT 巣山剛，データ分析部，システム開発・コンサルティング部 . データ集計・分析のための SQL 入門 [M]. 東京：マイナビ出版，2014.
- Kun Ren. Learning R Programming [M]. Birmingham：Packt Publishing，2017.
- Wes Mckinney. Python for Data Analysis [M]. California：O'Reilly & Associates Inc. Jacqueline，2017.
- Kazil，Katharine Jarmul. Data Wrangling with Python [M]. California：O'Reilly Media，2016.
- 東京大学教養学部統計学教室 . 統計学入門 [M]. 東京：東京大学出版会，1991.
- Mark Lutz. Learning Python [M]. California：O'Reilly Media，2009.
- Sebastian Raschka，Vahid Mirjalili. Python Machine Learning [M]. Birmingham：Packt Publishing，2017.
- Garrett Grolemund. Hands-On Programming with R [M]. California：O'Reilly Media，2014.

版权声明